U0336586

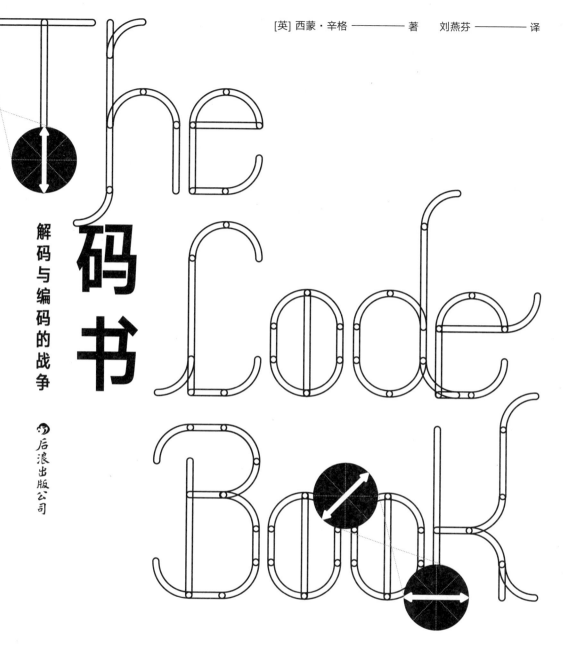

[英] 西蒙·辛格 ———— 著   刘燕芬 ———— 译

解码与编码的战争

后浪出版公司

BY SIMON SINGH

THE SCIENCE OF SECRECY FROM ANCIENT EGYPT
TO QUANTUM CRYPTOGRAPHY

HOW TO MAKE IT, BREAK IT, HACK IT, CRACK IT

江西人民出版社
Jiangxi People's Publishing House
全国百佳出版社

揭开秘密的冲动是人类根深蒂固的天性。就是最不好奇的心，也会为即将得知他人的秘密而悸动。有些幸运的人能以解谜为业，我们大部分的人却得靠解开那些供消遣之用的矫造谜语来满足这种欲望。对一般人而言，侦探故事或纵横字谜便已足够，极少数人则是以破解玄秘的符号为志业。

约翰·查德威克——《线形文字B的破译》

作者序

数千年来，不管是君王或将军，都需要一套很有效率的通讯模式来治理国家、指挥军队。他们当然也深知万一信息落入不当人士手里，让敌国窥知机密，或让反对势力获取关键信息时，所会产生的严重后果。密码术——一种伪装信息，唯有指定的收信人才能读出原意的技术——就是应对敌人拦截机密的威胁而发展出来的。

为了保密，每个国家都设立了密码部门，发明及使用最好的密码来确保通讯安全。相对地，敌方的解码专家则努力破解密码以偷取机密。这些译码专家可说是语言学的炼金术士；就像炼金术士想将石头炼成黄金，他们则尝试从无意义的符号堆里揣度出合理的文字。密码术的历史其实就是几世纪以来编码者与译码者之间的战争史，他们的战争是一场影响历史走向甚巨的知识武器竞赛。

《码书》这本书有两个主旨。首先，我想汇整出密码的演化史。演化？是的，我认为这个词语非常妥切，因为密码的发展过程犹如物种演化的生存竞争。每种密码都会持续遭受译码者的攻击。他们一旦研发出可以突破其要害的新武器；这类密码就再也派不上用途。它要不是就此绝种，要不就是演化成更强的新密码。同样地，这种新密码会继续繁衍，直到解码者也辨识出它的弱点，如此不断循环下去。这和对付传染病细菌的情况很相似。这些细菌生长、繁衍、存活，直到医生找出能够针对它们的弱点进而予以歼灭的抗生素。细菌被迫演化，必须胜过抗生素。成功的话，就可再度繁衍，重新建立生存据点，如果停止演化，就难以逃脱更新型抗生素的赶尽杀绝。

编码者与译码者的持久战事激发了一连串与时俱进的科学突破。编码者不断努力建造更强的密码系统来防卫通讯，译码者则不断发明更有威力的方法来破解密码。在这场攻防拉锯战中，双方都广泛援引了各学科的知识与技术——从数学到语言学，从信息理论到量子论，无一不被征召投入战场。相对地，编码者与译码者也丰富了这些学科的内容，他们的工作加速了科技的发展，尤其是现代计算机的研发。

历史的标点符号是密码打上去的。它们决定了战争胜败，也结束了一些国君的性命。这事实让我得以引述几则政治阴谋以及攸关生死的故事来说明密码演化过程的几个关键性转折点。密码的历史数据异常丰富，我不得不舍弃很多引人入胜的故事。这也意味着我的阐述并非定论。若想更进一步了解你最感兴趣的故事或最喜欢的密码专家，不妨参考书末所附的相关书目，它们必定会颇有帮助。

讨论过密码的演化以及对历史的影响后，本书的第二主旨是以实例说明这个主题如何在今日变得比以往更有切身关系。在信息成为价值日增的必需品、通讯革命改变社会的此时，将信息编成密码的程序，亦即所谓的"加密"（encryption），在日常生活中也会扮演更重要的角色。今日，我们的电话交谈往返于卫星之间，我们的电子邮件得通过多台计算机或者服务器；这两种通讯形式都很容易被拦截，我们的隐私因而也更容易受到侵犯。同样地，愈来愈多的商业交易是通过互联网进行，设立一些安全措施来保护公司与客户是有必要的。加密是保护我们的隐私与确保电子商务能够顺利成长的唯一方法。秘密通讯的技术，亦即密码术(cryptography)，可以提供我们防卫信息时代的锁钥。

　　然而，社会大众日益踊跃使用密码技术的趋势，却跟犯罪防治与国家安全的需求相冲突。数十年来，警察与情报机关常进行窃听以收集恐怖分子与犯罪集团的不法证据。近来超强密码的发展，却可能使窃听技术失效。在迈入21世纪之际，民权运动者要求允许广泛使用密码技术，以保护个人隐私。企业人士也跟他们站在同一阵线，因为他们需要强大的加密技术来确保电子商务的交易安全。而同时，执法单位则游说政府限制加密技术的使用。问题在于，我们将何者看得更重要？我们的隐私，抑或强而有力的治安单位？这其中是否另有折中办法？

　　加密技术不仅对民间活动有很大的影响，在军事方面也一直是非常重要的课题。有人说，首度使用芥子气与氯气的第一次世界大战，可称之为化学家的战争，以原子弹结束的第二次世界大战，可称为物理学家的战争。依此类推，有人相信第三次世界大战将是数学家的战争，因为数学家将掌控下一场大战的重要武器——信息。数学家早已投入研发密码系统保护军方信息的工作。而在密码战中负责破解这些密码的，当然也是数学家。

　　在叙述密码的演化以及它们对历史的影响时，我有一段稍微偏离了主题。我在第5章讲述一些古文字的解译过程，包括线形文字B以及古埃及象形文字。严格说来，密码学的用途在于刻意设计来欺瞒敌人耳目的通讯内容，而这些古文字并没有这种用意，不过是我们已失去了解读它们的能力罢了。然而，了解古文字意义所需的技巧跟破解密码的技术非常相似。我读到约翰·查德威克(John Chadwick)在《线形文字B的破译》(*The Deciperment of Linear B*) 中详述线形文字B这种古地中海文字的破译过程时，我对那些学者惊人的成就赞叹不已：他们伟大的破译能力让我们得以阅读祖先的文字，了解他们的文明、信仰与日常生活。

　　关于本书书名，我得向纯正主义者说声抱歉。《码书》(*The Code Book*) 当然不单讨论代码(code)。代码这个字本来是指秘密通讯的方法之一；这种方法已经越来越少人用了。所谓代码，就是用一个字，或数字、符号，来取代某个字或词组。例如，情报人员都有个代号(codename)，也就是用来代替真实姓名以隐藏身份的名称。又例如，要传达"拂晓攻击"这个命令给战场指挥官时，可以用"朱庇特"(Jupiter)这个代码(codeword)来代替。总部和指挥官事先商议好代码，所以真正的收讯人很清楚"朱庇特"的意义，而拦截到这个信息的敌人则一头雾水。相对于代码，还有一种作用面较基层的方法名为密码(cipher)——更替一个个字母，而不是一次整个词。例如，某个词组的所有字母——以它在字母集里的邻居代替，亦即B代替A，C代替B，以此类推。如此，"拂晓攻击"的英文Attack at dawn就变成Buubdl bu ebxo 了。密码是加密技术不可或缺的一分子，所以本书实应命名为《代码与密码》(*The Code and Cipher Book*)。但为求简洁，我舍弃了较准确的名称。行文时若有必要，我会解释一些密码学术语的定义。在本书，我通常遵循正确的定义来使用术语，有时候为了让一般读者易于了解，我会在叙述时牺牲一点正确性，采用日常通行的词汇。例如，讲到破解密码(cipher)的人时，我常称之为"代码破解者"(codebreaker)而不是较准确的"密码破解者"(cipherbreaker)。

然而只有这个词在前后文的意思非常明显时，我才会这么做①。书末附有词汇解释供读者参考。话说回来，大部分的密码术语都相当明了易懂。例如，"明文"（plaintext）就是加密前的信息，而"密码文"（ciphertext）即是加密后的信息。

　　结束这篇序文之前，我必须提一下每位讨论密码技术的作者都会碰到的问题：大体而言，这门研究保密的科学本身就是被保密的科学。本书介绍了一些在密码学界有卓越贡献的人士，其中有很多在有生之年一直默默无闻，因为他们的发明在当时仍具外交或军事价值，因此无法公开赞扬他们的贡献。在为本书作研究时，英国政府通讯总部（Government Communications Headquarters，简称GCHQ）的专家在访问过程中，透露了20世纪70年代所做的一些非凡研究的细节。这些研究是因最近刚刚解密，才得见天日。也正因为它们不再是机密，三位世界级的密码专家才得以享受他们应得的名誉。这件事提醒了我们，还有更多这类任何科学作家都不知晓的研究正在默默进行中。英国政府通讯总部和美国国家安全局（National Security Agency；简称NSA）等机构，仍在持续进行机密的密码技术研究。他们有何突破？机密。成就应归功于谁？无名氏。

　　尽管受限于政府的保密措施以及相关研究的机密性，我仍尝试于本书最后一章推测密码技术的未来。这一章企图分析密码学的发展途径，看看我们能不能预测编码者和译码者之间这场演化竞争的最终赢家是谁。究竟是编码者设计出一套真正破不了的密码，实现绝对保密的梦想？还

---

① 关于code和cipher这两个字的翻译，由于中英文在语言上的差异，无法照英文完全转译。本书依原作者西蒙·辛格的定义，将code译为"代码"，cipher译为"密码"。另一方面，中文的使用习惯是以"密码"来泛指秘密书写，与英文使用code（代码）恰巧相反，所以原作者的顾虑在中文里并不存在。

是译码者造出一台可以破解任何讯息的机器？别忘了，有一些最伟大的头脑正在秘密实验室里工作，而且享有巨额的研究基金。因此，我在最后一章所作的陈述，可能不尽正确。例如，我说量子计算机——有望破解时下所有密码的机器——尚在起步阶段，可是，也许有人已经造出一台了。只是唯一能够指出我错误的人，正是那些不能揭露这些秘密的人。

目 录

第 1 章

苏格兰玛丽女王的密码

1586年10月15日星期三早上，玛丽女王(Mary Stuart)走进佛斯林费堡(Fotheringhay Castle)挤满人群的法庭。多年囚禁与风湿症的折磨，使她憔悴不已，但她依旧高贵冷静地展现不容置疑的帝王风范，在医生的协助下，从法官、官员、观众面前缓缓走近位于这狭长的审判室中间的御座。玛丽以为这御座显示她赢取了应得的敬意。她错了。这御座代表缺席的伊丽莎白女王(Elisabeth I.)——玛丽的仇敌与起诉人。玛丽被和缓地带离御座，走到审判室的另一边。被告席上，那张腥红色丝绒椅才是她的座位。

　　苏格兰的玛丽女王在此接受叛逆罪的审判。她被控密谋行刺伊丽莎白女王以夺取英格兰王位。伊丽莎白的国务大臣弗朗西斯·沃尔辛厄姆爵士(Sir Francis Walsingham)已逮到其他共犯，取得供词，并将他们处决了。现在，他要证明玛丽是这宗阴谋的核心人物，一样有罪、一样该当处死。

　　沃尔辛厄姆知道，要处死玛丽，得先让伊丽莎白女王相信她真的有罪。伊丽莎白虽蔑视玛丽，却因为诸多原因，迟迟不敢将她送上刑台。头一个顾虑是：玛丽是苏格兰女王。有不少人质疑，英格兰法庭是否有权处决外国君主。再者，处决玛丽恐会创立一项令人不安的先例——政府都可杀掉一国之君了，叛徒更不会顾忌再杀另一个，也就是伊丽莎白自己。

此外，伊丽莎白和玛丽是表姊妹，这层血缘关系更让伊丽莎白怯于判决她死刑。总而言之，除非沃尔辛厄姆能彻底证明玛丽参与了这宗行刺密谋，否则伊丽莎白是不会批准处决玛丽的。

这宗叛逆阴谋是一群年轻的英格兰天主教贵族所策划的。他们意图除掉伊丽莎白这个新教徒，让同为天主教徒的玛丽取而代之。法庭认为，玛丽显然是这群叛徒的名义领袖，但不确定她是否首肯这项阴谋。事实上，玛丽的确授意了此项行动。沃尔辛厄姆所面临的挑战是：他必须证实玛丽和这群党羽之间确有共犯关系。

图1：苏格兰的玛丽女王

　　审判日当天早晨，玛丽穿着色泽惨然的黑绒衣，独坐在被告席上。被控叛逆罪的嫌犯不得请辩护律师，也不准召唤证人。他们甚至不准她的臣子帮忙准备诉讼事宜。不过，玛丽还未身陷绝境；当初她可是很谨慎地一律使用密码与叛徒通讯的。她用密码系统把信息转换成一串无意义的符号。玛丽相信，就算沃尔辛厄姆搜出这些信件，他也读不出什么名堂来。这些信件的内容既然无解，也就不能成为呈堂证据。不过，这一线生机全维系在：她的密码未被破解。

　　不幸的是，沃尔辛厄姆不只是国务大臣，还是英格兰的间谍首脑。他不但拦截到玛丽送给那些叛徒的信件，还知道谁能破解这些密码。托马斯·菲利普(Thomas Phelippes)是英格兰破解密码的第一高手。多年来，他一再破解那些密谋对付伊丽莎白女王的信息，沃尔辛厄姆才得以将叛徒定罪。他若能破解玛丽授意那些叛徒罪证确凿的信息，她就难逃一死了。相反的，如果玛丽的密码强到足以隐瞒其中的秘密，她就有机会活命。一条命就这样取决于密码的力量，而这并不是第一次。

秘密书信的演进

　　秘密书信的历史非常悠远。被罗马哲学家及政治家西塞罗(Cicero，公元前106年－公元前43年)誉为"史学之父"的希罗多德(Herodotus，公元前484年？－公元前425年？)即讲过一些最早的秘密书信故事。希罗多德在《历史》(*The Historys*)一书中记载了希腊与波斯于公元前5世纪时的冲突。他把这些冲突视为自由对抗奴役、独立的希腊城邦对抗暴虐的波斯人的争战。根据他的记述，就是秘密书信的技术拯救了希腊，使他们幸免于被号称万王之王的波斯暴君薛西斯(Xerxes，公元前519年？-公元前465年)征服的厄运。

希腊与波斯之间的宿怨在薛西斯于波斯波利斯①(Persepolis)建造城市，作为傲世帝国的新首都后达到临界点。所有帝国境内的王国，乃至邻近城邦，都纷纷献上贡品与珍礼，唯独雅典与斯巴达明目张胆地置身其外。为报复这份无礼的羞辱，薛西斯开始整饬武力，宣称要"扩张波斯帝国的领土，使帝国国界齐同上帝的疆域，阳光所到之处无一不在吾人国境之内"。接下来的五年，他秘密集结了有史以来最强大的武力；公元前480年，他已就绪，准备发动一场突袭了。

偏偏这些波斯军队的集结行动竟被一位名叫狄马拉图斯②(Demaratus)的希腊人给瞧见了。狄马拉图斯被祖国驱逐而住在一个叫苏萨(Susa)的波斯城市里。虽然遭受流放，他对希腊仍存忠诚之心，因此决定送封信警告斯巴达人薛西斯的侵袭计划。问题是，这封信要怎么送才不会被波斯守卫拦截下来呢？希罗多德记述道：

> 被发现的风险很高，而只有一个办法能顺利送出这封信：将一副可对折的木制写字板上的蜡刮下来，把薛西斯的企图写在木头上，再用一层蜡把这则信息盖住。这样一来，这些木板看似一片空白，沿路卫兵也就不会找它们麻烦。这则信息抵达目的地时，没有人猜得到其中的奥秘。据我了解，是克利欧明斯(Cleomenes)的女儿，亦即李奥尼狄斯(Leonides)的妻子戈尔戈(Gorgo)瞧出端倪，告诉旁人：

---

① 位于今日的伊朗境内。
② 狄马拉图斯曾为斯巴达国王，跟与他一同执政的克利欧明斯国王不睦，而被借故驱逐。

把蜡刮掉，就会发现木头上有字。他们照做之后发现了信息，接着
便转告其他希腊人。

这道警告让原本毫无防备的希腊人开始进行武装准备。城邦所拥有
的银矿收益原本由城民均分，现在则改交给海军支用，建造了两百艘战舰。

至此，薛西斯已丧失奇袭先机。公元前480年9月23日，波斯舰队
抵达雅典附近的萨拉米斯湾(Bay of Salamis)时，希腊人已做好应战准备。
他们把波斯舰队诱进海湾时，薛西斯还以为希腊海军已是囊中之物。希
腊人自知他们舰队的船身小、数量少，留在外海会全军覆没，回到海湾
内则有机会以智取胜。风向一改，波斯人就被一股脑儿吹进海湾里，窘
迫地迎战希腊人。波斯公主雅特弥夏(Artemisia)三面受围，尝试退回外海，
却撞到自己的随行船只，引起一阵恐慌，导致更多波斯船只互撞。希腊
人趁势发动猛烈的攻击，短短一天之内，波斯的庞大武力随即宣告屈服。

狄马拉图斯的秘密通讯法只是单纯地把信息藏起来。希罗多德所记
述的另一个事件，也是用隐藏法就足以保障信息的传输安全。希斯泰尤
斯(Histaiaues)鼓动米里图斯①(Miletus)的亚里斯达哥拉斯(Aristagoras)
反叛波斯国王。希斯泰尤斯把信差的头发剃光，将信息写在他的头皮上，
等他头发又长出来了，才让他去传送秘令，那个时代对行事速度的要求
显然宽松些。表面上，这位信差未带任何不妥物品，因此旅程中未受任
何干扰。抵达目的地后，再度把发丝剃除，把头伸给指定的收讯人瞧瞧，
他的任务就完成了。

---

① 地名；位于土耳其西岸，已成为古迹。

　　这种掩饰信息存在性的保密通讯法称为隐匿法(steganography)，源自希腊文steganos和graphein两个单词，前者意为"掩蔽的"，后者则是"书写"。自希罗多德时代起，两千年来隐匿法的应用以千奇百怪的形式遍及世界各地。例如，古代的中国人把信息写在柔细的丝布上，揉成一个小球，覆上蜡，再让信差吞进这粒蜡球。16世纪的意大利科学家乔凡尼·波塔(Giovanni Porta)解说了在煮熟的蛋里藏匿信息的方法：用一盎司明矾和一品脱醋所混成的液体当作墨水写在蛋壳上。这种溶剂会穿透富含气孔的蛋壳，而在硬化的蛋白表层上留下信息——你得剥掉蛋壳才看得到。使用隐形墨水写信也是隐匿法的一种。早在公元1世纪，老普林尼①(Pliny the Elder)就解释道：thithymallus植物的汁液可以用作隐形墨水。它的汁液干掉后会变透明，但稍微加热就会焦掉而变成棕色。很多有机液体也有类似特性，因为它们富含碳质而很容易焦黑。事实上，就连现代间谍，当配发的隐形墨水用光时，也会想到用自己的尿液来应急。

　　隐匿法的寿命这么长，表示它显然是相当的安全。不过它有一个根本弱点。万一敌人搜查信差身体，发现信息，秘密通讯的内容马上就曝光了。一旦信息被拦截到，所有安全措施皆前功尽弃。一板一眼的卫兵可能依例搜查每位过境的旅人、刮一刮任何蜡板、烤一烤空白纸张、剥剥熟蛋的壳、剃剃人们的头等，多多少少总有些信息会败露的。

　　因此，就在隐匿法发展的同时，也衍生出了"密码法"(cryptography)。

---

① Gaius Plinius Secundus，公元23年~80年，非常博学的罗马人，除了睡觉和办公的时间外，都在读书(通常是请人家读给他听，所以即使是在吃饭、洗澡，仍旧可以"读书")、作摘要、作笔记。写了很多书，但只留下37卷的《博物志》，是百科全书和笔记的综合体，没有详尽的条目分类，例如第八至第十一卷可称为"动物卷"，但仍有一些关于动物的批注、评论散落在其他书卷中。

密码法这个词源自希腊文 kryptos，"隐藏"的意思。密码法的目标不是将信息本身隐藏起来，而是隐藏信息的意义；它的程序称为"加密"(encryption)——把信息转译成无法理解的文字或符号，也就是依据发信人与收信人预先协议好的规则来改写信息。收信人依照改写规则转换信息，就能还原信息的意义了。而不清楚改写规则的敌人，即使办得到，也得大费周章，才能把加密文字转换回原始信息。

　　密码法和隐匿法虽然没什么关联，却可合并使用，以强化安全性。例如，属于隐匿法的微缩小点(microdot)在第二次世界大战期间相当普及。在南美洲的德国情报人员把一页文字摄影、缩小成直径不到 1 厘米的小点，然后藏置在一封看似无关紧要的信函里，伪装成句点。1941 年，FBI 接获密报，首度找到微缩小点。这份情报告知美国人注意寻找信纸表面上微微发亮的小点，这些小点即是胶卷。这些被拦截下来的微缩小点，大多可以直接读取内容，有时德国情报员会预作防范，先将信息加密再摄影，如此一来，美国人就没辙了。所以，美国人虽拦截、阻绝了一些通讯，但遇到密码法与隐匿法并用的情况，就无法获知德国间谍活动的新消息。由此可见，密码法是秘密通讯两门技术中较强的一个，因为它有防止信息落入敌手的能力。

　　事实上，密码法本身又可分成两类：移位法(transposition)与替代法(substitution)。移位法是将信息里的字母调动顺序。这个方法不适用于非常简短的信息，像是只有一个单词的，因为少数几个字母的重组方式实在有限。举例来说，三个字母就只有六种排列方式，例如 COW、CWO、OCW、OWC、WCO、WOC。不过，字母数目一增加，排列方式的数目就会急速升高，除非确知改写步骤，否则不可能拼回原始信息。"For example, consider this short sentence."这句话只有 35 个字母，却有超过 50,000,000,000,000,000,000,000,000,000,000,000 种的排列方式。假使每人每秒检查一种排列方式，全世界的人都日以继夜做这项检查工作，也需要宇宙寿命 1,000 倍的时间才能检查完所有组合。

　　加密信息时，若将字母随意搬家，它的安全度一定非常高，因为即使是短短的句子，拦截到它的敌人也没办法解译出来。只是，这有个缺点。移位法等于是在制造回文谜，困难度可以非常惊人的回文谜[1]；如果字母的重组毫无章法，那么，不仅是敌人，就连原收信人也没办法解读。所以，字母的重组必须遵循发信人与收信人预先约定好的规则，这样的移位法才有实际效用。例如，有些学童会使用"篱笆式"（rail fence）的移位法来传递消息，也就是把信息内容的奇数位字母写成一排、偶数位字母写在另一排，再把偶数位字母接到奇数位字母后面。例如：

THY SECRET IS THY PRISONER; IF THOU LET IT GO, THOU ART A PRISONER TO IT

T Y E R T S H P I O E I T O L T T O H U R A R S N R O T
  H S C E I T Y R S N R F H U E I G T O A T P I O E T I

TYERTSHPIOEITOLTTOHURARSNROTHSCEITYRSNRFHUEIGTOATPIOETI

　　收信人只要逆向执行这个程序，就能复原信息。规则性移位法的形式很多，包括三排篱笆法，亦即先把信息改写成三排字母，而不是两排。还有一种方法是：将字母两两对调顺序，亦即第一个字母和第二个字母互调，第三个字母和第四个字母互调，以此类推。

---

[1] 回文谜（Anagram）：原意是指将单词的字母予以调换次序，以组成另一文字的游戏，例如 eat 可重组成 tea，lived 可重组成 devil。

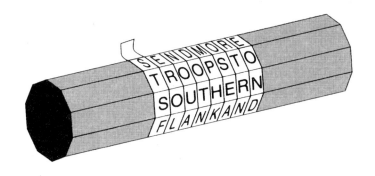

图 2: 从发信人的密码棒解下来时, 这皮带上的字母犹如随意胡写的, S、T、S、F……
唯有把这皮带缠绕在一根直径正确的密码棒上, 信息才会重现。

　　历史上第一件军用密码装置——公元前 5 世纪的斯巴达密码棒
(scytale), 则采用了另一种形式的移位法。密码棒是一根木棒 (如图 2),
缠绕上一条皮革或羊皮纸, 发信人在密码棒上横向写下信息, 再解下这
条皮带。展开来看, 皮带上的长串字母没有任何意义, 借此方法即可搅
乱信息的内容。有时候, 信差会把它当作腰带, 有字母的那一面当然向
内藏, 系在腰上——也算是隐匿法的一种。收信人把这条皮带缠绕在直
径相同的密码棒上, 就可以还原信息了。公元前 404 年, 一位遍体鳞伤的
信差来到斯巴达将领利桑德(Lysander)面前, 在这趟自波斯出发的艰困
旅程中, 只有他和四位同伴幸存。利桑德接过这位信差的腰带, 缠绕到
他的密码棒上, 得知波斯的发纳巴祖斯(Phamabazus)准备侵袭他。多亏
了密码棒, 利桑德得以预先防范, 从而击退了敌军。

　　除了移位法外, 另一种方法是替代法。早在公元 4 世纪, 婆罗门学者
跋舍耶那(Vatsyayana)所写的《爱欲经》(*kāma-sūtra*)即曾提到用替代
法加密信息, 而它的方法还是得自于公元前四世纪的古文稿。《爱欲经》

鼓励妇女学习64种技艺，如烹饪、服饰、按摩、制作香水等。此外还有一些有点儿出人意料的技艺，像是魔术、下棋、书籍装帧与木工。第45项则是秘密书信(mlecchita-vikalpa)，理由是可帮助妇女隐瞒她们的暧昧关系。其中一项建议方法是：先将字母随意配对，再用配对字母取代信息里的原始字母。如果将这方法套用到罗马字母，我们可以为字母进行如下的配对：

```
A  D  H  I  K  M  O  R  S  U  W  Y  Z
↕  ↕  ↕  ↕  ↕  ↕  ↕  ↕  ↕  ↕  ↕  ↕  ↕
V  X  B  G  J  C  Q  L  N  E  F  P  T
```

这么一来，发信人可以把meet at midnight（子夜见面）改写成CUUZ VZ CGXSGIBZ。这种秘密书写即称为替代式密码法(substitution cipher)，因为原始信息的每个字母都用另一个字母取代，可说是跟移位式密码法(transposition cipher)互补的一种方法。移位法是字母的内涵不变，位置变；替代法则是字母的内涵变了，位置不变。

替代式密码法在军事上的应用首度记载于恺撒大帝(Julius Caesar)的《高卢战纪》(*Gallic Wars*)。恺撒提到他如何送信给被围困许久而正考虑投降的西塞罗。他采用的替代法是用希腊字母取代罗马字母，把信息转译成敌人看不懂的符号。恺撒记述了这则讯息的戏剧性传递过程：

> 信差受到指示，如果无法送达，就把信绑在皮带上，随矛掷进防御阵地里去。这位高卢人怕危险不敢靠近，便依指示把矛丢掷过去。这支矛恰巧卡在楼塔上，卡了两天，都未被我军发现。直到第三天，

才被一位士兵看到，拿下来交给西塞罗。他读毕之后，召集全军公开宣达，众人听罢顿时欢欣鼓舞①。

恺撒使用秘密书信的次数非常频繁，瓦莱里·普洛布斯(Valerius Probus)写了一篇论文专门讨论他的密码法，可惜此书已失传。幸好，苏东尼乌斯(Suetonius)写于公元2世纪的《十二帝王传》(*Lives of the Caesars*)详细记载了恺撒常用的一种替代式密码法②。这位罗马皇帝把信息内容的字母——改成比它后三位的字母，例如将A写成D，将B写成E。在此顺便介绍一下密码学家常用的术语：原始信息所用的字母集称为明文字母(plain alphabet)，替代字母所组成的字母集则称为密码字母(cipher alphabet)。如图3，把明文字母列在密码字母上面，就可以清楚看出密码字母挪移了三位。因此,这类替代法通常被称为恺撒挪移式密码法(Caesar shift cipher)或简称恺撒密码法(Caesar cipher)。所有原始讯息字母一一由另一个字母或符号取代的替代法，都属于密码法(cipher)。

虽然苏东尼乌斯只提到一种挪移了三位的恺撒密码法，这类密码法的挪移数当然并不限于一种，如果使用26个英文字母，它的挪移位数可以是1到25，而得出25种互异的密码法。此外，我们也不一定要挪移固定位数，大可随意指定明文字母与密码字母间的对应关系，如此可产生数量非常庞大的密码法。这样的对应方式超过400,000,000,000,000,000,000,000,000种，我们也就可以有相同数目的密码法。

---

① 这则故事出自恺撒《高卢战纪》第5章第48节。
② 出自苏东尼乌斯《十二帝王传》中，"恺撒传"第56节。

明文字母集	a b c d e f g h i j k l m n o p q r s t u v w x y z
密码字母集	D E F G H I J K L M N O P Q R S T U V W X Y Z A B C
明文	v e n i , v i d I , v i c i
密码文	Y H Q L , Y L G L , Y L F L

图3:应用于简短信息的恺撒密码法。恺撒密码法的定义是:密码字母集相对于明文字母集挪移了一定数目的位置(在此例是挪移了三位)。密码学的惯例是:明文字母集用小写,密码字母集用大写。同样地,原始信息,亦即明文,也是用小写;加密过的信息,亦即密码文,则用大写。

每种密码法都可视为某种一般加密法——称为算法(algorithm)——再加上一把钥匙(key)的组合结果。钥匙是用来指定特定加密程序的演算细节。在上述例子,算法是指以密码字母集里的字母——取代明文字母集里的字母,而且密码字母集可以是明文字母集的任何一种重组结果。钥匙则定义加密过程中所用的密码字母集。我以图4说明算法和钥匙的关系。

敌人研究拦截下来的加密信息时,也许可以八九不离十地猜对它的算法,却很难推测出它的钥匙。例如,他们或能猜测到,明文的所有字母都根据一套特定的密码字母集——被调换了,但他们却不太可能知道对方用了哪一套密码字母集。只要发信人和收信人谨慎保密好这套密码字母集,亦即钥匙,敌人就解译不出他们拦截到的信息。钥匙的重要性远高于算法,这是密码学上颠扑不破的真理。荷兰语言学家纽文霍夫的奥古斯特·科克荷夫斯(Auguste Kerckhoffs von Nieuwenhof)1883年在《军事密码术》(*La Cryptographie militaire*)一书所述的"科克荷夫斯原则"明确道出钥匙的重要性:密码系统的安全性不在于防止敌人洞悉密码算法,钥匙的保密才是决定密码安全性的唯一关键。

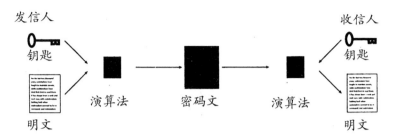

图4：发信人透过一道加密算法来加密明文信息。算法只是加密通则，还必须选配一把钥匙，才能定义出一套特定的加密系统。把钥匙与算法一起运用到明文信息上，就会产生加密过的信息，亦即密码文。敌人或能在信息传送过程拦截下密码文，但应该无法解译出信息。相对地，知道发信人所用钥匙与算法内容的收信人就能把密码文转换回明文信息。

除了严守钥匙不得泄露外，安全的密码系统还必须有数量庞大的可用钥匙。像恺撒挪移式密码系统的加密强度就相当弱，因为这类系统只有25把钥匙，敌人若拦截到信息，并怀疑它用的演算法是恺撒挪移法时，只需检查25种可能性就能找出答案。可是，发信人若使用一般的替代式算法，亦即他的密码字母集可以是明文字母集的任何一种重组结果，他就有400,000,000,000,000,000,000,000,000把钥匙可以选用。图5所示即为其中一种。就算敌人拦截到这则信息，也知道他用的算法是什么，恐怕还是没有勇气执行检查所有可用钥匙的恐怖工作。即使敌方每秒可检查一种钥匙，也得花上宇宙寿命10亿倍的时间才能检查完这400,000,000,000,000,000,000,000,000种可能性，来破解这则信息。

这类密码的妙处就是：执行容易，安全性却很高。对发信人而言，指定钥匙，亦即定出26个字母在密码字母集里的顺序，是件轻松简单的工作。对敌人而言，用所谓的暴力解法[①]来检查所有可能性,是根本不可行的。

---

① 暴力解法(brute-force attack)是指完全不依赖特殊情报，全凭"蛮力"将所有可能性一一尝试来破解密码。

使用此法时，钥匙的定义应该要简易，因为发信人和收信人两方都必须清楚知晓钥匙为何；钥匙愈简单，发生误会的机会就愈少。

```
明文字母集      a b c d e f g h i j k l m n o p q r s t u v w x y z
密码字母集      J L P A W I Q B C T R Z Y D S K E G F X H U O N V M
明文           e t   t u,   b r u t e ?
密码文         W X   X H,   L G H X W ?
```

图5：一般替代式算法的例子——根据钥匙，一一替换明文的字母。钥匙的内容就是这套可以是明文字母集的任一重组结果的密码字母集。

事实上，只要收信人愿意将可用钥匙的数目略减，钥匙的定义可以更加简单。制定密码字母集时，发信人可以选用一个钥匙词(keyword)或钥匙词组(keyphrase)，而不必将全部的字母随机重排。例如，选用 JULIUS CAESAR 当钥匙词组，然后把空格及重复的字母都去掉(变成 JULISCAER)，再以这些字母当密码字母集的起始字母。接着，把字母集的其他字母，依照原有顺序，接到钥匙词组字母的后面，就能造出如下的密码字母集：

```
明文字母集      a b c d e f g h i j k l m n o p q r s t u v w x y z
密码字母集      J U L I S C A E R T V W X Y Z B D F G H K M N O P Q
```

用这种方式制定出来的密码字母集的好处是，只要记住钥匙词或钥匙词组，就等于记下整套密码字母集了。这一点很重要。如果发信人必须把密码字母集记在一张纸上，敌人就有可能截获这张纸，得到钥匙，而得以阅读所有以这把钥匙加密的通讯内容。若是把钥匙默记在脑袋里，敌人得到它的机会就会小很多。用钥匙词组所能造出来的密码字母集虽然比随机产生的来得少，但数量仍旧很庞大。对敌人而言，检查所有可用钥匙词组以破解信息，仍是一件毫不可行的任务。

　　简易与牢固的特性，让替代式密码法在秘密通讯界风光了公元 1 至 10 世纪之间的一千年。就像生物演化一样，编码者已逐步建立起一套能确保通讯安全的系统，没有必要再继续研发了。既然没有需求，何必要进一步发明呢？重担落到尝试破解替代式密码法的解码者身上。敌方可不可能解得开加密的信息？许多古代学者相信，由于可用钥匙的数目太过庞大，替代式密码法是无法破解的。数个世纪以来，这种看法似乎始终成立。然而，解码者终究会找到一条搜寻钥匙的捷径。破解密码，不再需要数十亿年的时间，抄捷径的话，只要几分钟就可揭开信息内容了。这项突破发生于东方，而且是语言学、统计学与宗教热诚的辉煌结晶。

阿拉伯的密码分析家

　　穆罕默德 40 岁左右开始定期前往麦加城外的希拉山（Mount Hira）上一座偏僻的洞窟。他在这里祷告、沉思、冥想。公元 610 年左右，他正在深思之间，天使长加伯列（archangel Gabriel）来到他面前，宣称穆罕默德是上帝的使者。之后，又继续出现一连串的天启，直到二十来年后穆罕默德过世为止。先知穆罕默德在世时，有几位书记记录下这些天启，但都只是片段。直到第一任伊斯兰教领袖阿布巴克（Abū Bakr），才开始将这些片段记录集结在一起。第二任领袖乌玛（Umar）和他的女儿哈芙撒（Hafsa）接续了这份工作，最后到第三任领袖奥斯曼（Uthman）的手上才完成这项工作。每个启示一章，结集成总共 114 章的《古兰经》。

　　领袖的责任是接续先知穆罕默德的工作，宣弘他的教义，传播他的信息。从阿布巴克成为教主到661年第四任领袖阿里(Alī)崩殂这段时间，伊斯兰教迅速传播，当时已知的世界，半数被纳入伊斯兰教教徒的手中。到了750年，经过一世纪的生养，阿巴斯(Abbasid)王朝开启了伊斯兰文明的黄金时期。艺术与科学同步蓬勃发展。伊斯兰工匠遗留给我们璀璨的图画、华丽的雕刻以及历史上最精巧的纺织品。而散布在现代科学辞典里的阿拉伯词汇，如代数(algebra)、碱(alkaline)、天顶(zenith)，则见证了伊斯兰科学家的辉煌成就。

伊斯兰文化之所以这么多彩多姿，归功于安和、富裕的社会。阿巴斯王朝的国王不像前几任君主那么好征战，转而致力于建立一个有组织的繁荣社会。低税赋使得交易频繁，并促进商业与工业的大幅增长；严厉的法令则能抑制贪污、保护百姓。这一切全凭借效率良好的行政系统，而行政官员则是仰赖以加密法完成的安全通讯系统。根据记载，除了机密的国政事务之外，税务数据也予以加密保护，足证密码技术的使用非常广泛与频繁。许多行政手册提供了进一步的实证，例如成书于10世纪的《事务官手册》(Adab al-Kuttab)就有好几篇章节专门讨论密码法。

这些行政官员所使用的密码字母通常是如前一节所述，将明文字母重组而得。不过他们也在密码字母中掺杂了一些别的符号，例如明文字母的a可能会以＃来替代，b则用＋等。这类用符号或字母、或两者混用，以一个密码字母代替一个明文字母的方法，通称为单套字母替代式密码法(monoalphabetic substitution cipher)。我们到目前为止所介绍的替代式密码法都属于这一类。

倘若这些阿拉伯人只是习于使用单套字母替代式密码法，他们就不会在密码学史上占有一席之地。然而除了使用密码外，这些阿拉伯学者还会破解密码。事实上，他们发明了密码分析学(cryptanalysis)——在无从得知钥匙的情况下解译信息的科学。编码专家在研发秘密书写的新方法时，密码分析家则在苦思这些方法的弱点，以破解信息的秘密。单套字母替代式密码法在维持了数世纪无法破解之后，终于被阿拉伯的密码分析家找到破解的方法。

密码分析学的催生需要一个高度文明——举凡数学、统计学和语言学等学科，都必须具备高度水平。伊斯兰教文明提供了一个孕育密码分析学的理想摇篮，因为伊斯兰教要求所有人类活动都以公正为旨，而这需要知识（称为ilm）的协助才能达成。每位伊斯兰教教徒都应该追求各种形式的知识，阿巴斯王朝丰硕的经济成果即给予学者足够的时间、金钱与材料来履行他们的任务。他们搜集埃及文、巴比伦文、印度文、中文、法希文①、叙利亚文、亚美尼亚文、希伯来文以及罗马文经典并翻译成阿拉伯文，以吸收旧有文明的知识。公元815年，曼姆国王(Caliph al-Ma'mun)在巴格达建立了"智慧殿堂"(Bait al-Hikmah)——一座图书馆及翻译中心。

在学习知识的同时，伊斯兰文明也具备传播这些知识的能力，因为他们从中国学到了造纸术。造纸术衍生出一门新行业——warraqīn，意为"处理纸张的人"，其实就是专门抄写文稿的人力复印机；他们是新兴出版业的基石。在全盛时期，每年的出版量达数万本，光是一个巴格达郊区就有百余家书店。除了《一千零一夜》这类古典文学之外，这些书店也贩卖各种想象得到的领域的教科书，满足这个当时全世界识字率最高、最好学的社会需求。

---

① Farsi: 使用于今伊朗境内的语言。

　　除了深广的世俗知识外，宗教学的发展也促进了密码分析学的发明。巴士拉(Basra)、库法(Kufa)和巴格达等城都建立了重要的神学学校，这里的神学家仔细审究《古兰经》所载穆罕默德的天启，想为这些天启编定年代顺序。他们所采用的方法是：计算各个单词在每一篇启示的出现频率。这个方法的理论是：有些单词是稍晚才出现的，如果某篇启示有很多这类的新单词，这篇启示的年代就应该较晚。这些神学家也研究《纪事》(*Hadith*)，此书记载了先知穆罕默德的日常谈话。他们尝试证明每一句话都真的出自穆罕默德之口。因此，他们研究书中单词的语源以及句型结构，以检测某些段落文字是否跟穆罕默德的语言习惯一致。

　　对日后造成深远影响的是，这些宗教学者的审究并未停留在单词的阶段，他们还分析个别的字母，因而发现有些字母的出现次数比其他字母频繁。字母a和1在阿拉伯文的出现频率最高，一部分是因为定冠词al-(相当于英文的the)的缘故。相对地，j的出现频率则只有它们的1/10。这项看似无关紧要的观察结果，日后却造成了密码分析学的第一次大突破。

　　我们无法确知是谁先意识到字母出现频率的差异可以用来破解密码，就目前所知，这项技术的说明最早见于公元9世纪的科学家肯迪(al-Kindi，全名Abu Yusuf Ya 'qub ibn Is-haq ibn as-Sabbah ibn 'omran ibn Ismail al-Kindi)的著作。被称为"阿拉伯哲人"的肯迪有290部著作，题材广及医学、天文学、数学、语言学与音乐。他最伟大的作品是《解译加密信息手稿》(*A Manuscript on Deciphering Cryptographic Messages*)，收藏在伊斯坦布尔的苏来玛尼亚鄂图曼档案库(Sulaimaniyyah Ottoman Archive)，直到1987年才被再度发现(第一页参见图6)。这部作品对统计学、阿拉伯语音学以及阿拉伯文句法构造的讨论非常详细。不过，肯迪革命性的密码分析系统则被浓缩在下列两段短文：

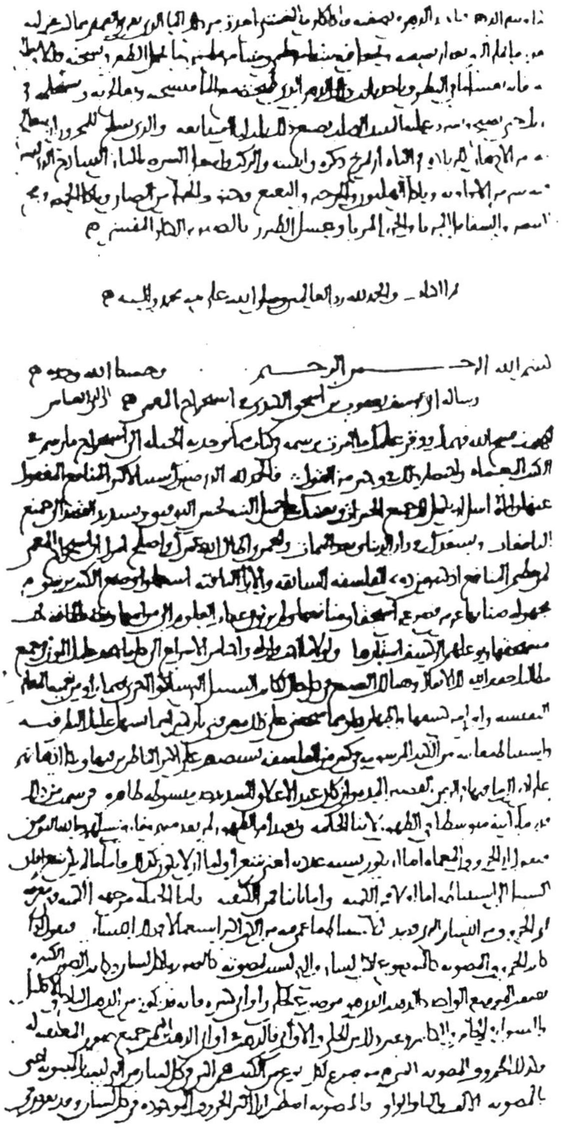

图6:肯迪《解译加密信息手稿》的首页。这篇文稿包含目前所知最早的密码分析学频率分析法的说明。

倘若我们知道加密信息所使用的语言，有一种破解它的方法是：找出一篇至少一页长的相同语言的明文文章，数算每个字母的出现次数。把最常出现的字母称为"一号"，次常出现的字母称为"二号"，再次常出现的则称为"三号"，以此类推，直到这篇明文样本的所有字母都如此整理完毕。接下来，就轮到我们要解译的密码文了，我们也将它的符号如此分类。找到最常出现的符号后，将它替换成明文样本的"一号"字母，次常出现的符号换成"二号"字母，再次常出现的符号依例换成"三号"字母，以此类推，直到密码文的所有符号都替换完毕为止。

肯迪的说明，以英文字母为例比较容易解释。首先，为了确立每个英文字母的出现频率，我们必须分析一长篇或甚至数篇普通的英文文章。英文字母出现频率最高的是e,接下来是t,然后是a……如表1所示。再来，检视我们要处理的密码文，也把每个字母的出现频率整理出来。假设密码文内出现频率最高的字母是j，那么它很可能就是e的替身；如果密码文内出现频率次高的字母是P，那它可能就是t的替身了，以此类推。肯迪的方法显示：只要分析一下密码文的符号出现频率，根本不需要逐一检查数十亿把钥匙，就有可能揭开加密信息的内容了。这个方法称为频率分析法(frequency analysis)。

不过，肯迪的秘方并不能无条件地应用于任何状况，因为如表1所示的频率标准表是平均值，不会跟所有文件的字母频率完全符合。譬如，像这样一则讨论大气对非洲四肢斑纹动物的影响的简短信息："From Zanzibar to Zambia and Zaire, ozone zones make zebras run zany zigzags."（臭氧层使得自桑给巴尔到赞比亚及扎伊尔的斑马都像傻瓜似的蛇行跑动），直接套用频率分析法可就无效了。一般而言，短文的分析结果很可能跟标准频率相去甚远，如果信息长度少于100个字母时，就会很难解译。相反地，较长的文句就较可能符合标准频率，尽管有时仍有例外。1969年，法国作家乔治·佩雷克（Georges Perec）写了一本200页的小说《消失》（*La Disparition*），竟没用到任何含字母e的词汇。更令人拍案叫绝的是，英国小说家及评论家吉尔伯特·亚戴尔（Gilbert Adair）成功地依循佩雷克避用字母e的原则把《消失》译成英文。而且这本名为《虚空》（*A Void*）的英译本，还是出人意料地通顺易读（请参阅附录A）。倘若这整本书以单套字母替代式密码法加密，解译者如果没料到全书根本不使用英文中出现频率最高的字母，而仍单纯地采用频率分析法，结果恐怕是徒劳无功。

字母	百分比	字母	百分比
a	8.2	n	6.7
b	1.5	o	7.5
c	2.8	P	1.9
d	4.3	q	0.1
e	12.7	r	6.0
f	2.2	s	6.3
g	2.0	t	9.1
h	6.1	u	2.8
i	7.0	v	1.0
j	0.2	w	2.4
k	0.8	x	0.2
l	4.0	y	2.0
m	2.4	z	0.1

表1：这个相对频率表的统计依据是取自报纸和小说的章节，共计100,362个字母；由贝克（H.Beker）和派柏（F. Piper）编纂，最早见于《密码系统：保护通讯》*(Cipher Systems: The Protection Of Communication)* 。

介绍过密码分析的第一件工具后，接着举例说明如何使用频率分析法来解译密码文。我无意让整本书遍布密码分析的范例，可是对频率分析法我想破例。一方面是因为频率分析法并没有想象中那么难，另一方面它也是密码分析的首要工具。而且以下的例子可以让读者一窥密码分析家的工作方法。你会发现除了逻辑思考外，频率分析法也需要一些策略、直觉、弹性与猜测。

分析密码文

PCQ VMJYPD LBYK LYSO KBXBJWXV BXV ZCJPO EYPD
KBXBJYUXJ LBJOO KCPK. CP LBO LBCMKXPV XPV IYJKL
PYDBL, QBOP KBO BXV OPVOV LBO LXRO Cl SX'XJMI, KBO
JCKO XPV EYKKOV LBO DJCMPV ZOICJO BYS, KXUYPD: DJOXL
EYPD, ICJ X LBCMKXPV XPV CPO PYDBLK Y BXNO ZOOP
JOACMPLYPD LC UCM LBO IXZROK Cl FXKL XDOK XPV LBO
RODOPVK Cl XPAYOPL EYPDK. SXU Y SXEO KC ZCRV XK LC
AJXNO X IXNCMJ Cl UCMJ SXGOKLU? ´

OFYRCDMO, LXROK IJCS LBO LBCMKXPV XPV CPO PYDBLK

假设我们拦截到这则加密信息，必须解译其内容。我们知道原始语言是英文，也知道它是用单套字母替代式密码法加密的，可是不知道钥匙为何。搜查所有可用钥匙是不可行的，因此必须应用频率分析法。以下是分析这段密码文的逐步说明。你有把握的话，也可略过这几段，尝试自己独立破解这段文字。

任何密码分析家看到这类密码文的头一个反应都是分析所有字母的出现频率，由此得出如表2的结果。正如我们所预期的，每个字母的出现频率各不相同。问题是，我们可以根据它们的频率来判别它们的真实身份吗？这段密码文相当短，我们不能将频率分析法拿来直接照套。倘若相信密码文里出现最多次的O即是最常用的英文字母e的替身，或是出现次数排第八的Y即是第八常用的英文字母h，那就未免太天真了。倘若不加思索地直接套用频率分析法，我们只会译出一堆叽哩咕噜的词，像第一个词PCQ就会被解译成aov。

字母	频率		字母	频率	
	出现次数	百分比		出现次数	百分比
A	3	0.9	N	3	0.9
B	25	7.4	O	38	11.2
C	27	8.0	P	31	9.2
D	14	4.1	Q	2	0.6
E	5	1.5	R	6	1.8
F	2	0.6	S	7	2.1
G	1	0.3	T	0	0.0
H	0	0.0	U	6	1.8
I	11	3.3	V	18	5.3
J	18	5.3	W	1	0.3
K	26	7.7	X	34	10.1
L	25	7.4	Y	19	5.6
M	11	3.3	Z	5	1.5

表2：加密信息的频率分析

我们先来分析那3个出现超过30次的字母，亦即O、X和P。我们大可假设这3个在此篇密码文最常用到的字母，可能就代表英文最常用的3个字母，只是顺序还有待商榷。换句话说，我们不能一口咬定O=e，X=t，P=a，但可做如下的假设：O=e、t或a、X=e、t或a、P=e、t或a。

我们需要一种更精细的频率分析法，才能有把握地继续下去，判别出这3个最常用的字母O、X、P的真实身份。我们可以把观察焦点转向它们跟其他字母相邻的频率。例如，字母O是否出现在许多字母之前或之后？还是它只出现在某些特定的字母旁边？这些问题的答案可以进一步告诉我们 O 所替代的字母是元音还是辅音。如果 O 所替代的字母是元音，跟它相邻（在它前面或后面）的字母应该会很多；如果它所替代的是辅音，有很多字母可能没有机会跟它相邻。例如，字母 e 几乎可以出现在任何其他字母的前面或后面，但字母 t 就不太可能出现在 b、d、g、j、k、m、q 或 v 的前面或后面。

　　下表列出这三个密码文里最常用到的字母，与每个字母相邻出现的频率。例如，O 在 A 前面出现过一次，但从未在 A 后面出现，就在第一格记上 1。O 几乎是大多数字母的邻居，只有七个字母从未出现在它前后，所以在 O 这一排有七个 O。字母 X 也一样爱交朋友，它也跟大多数的字母为邻，只有八个没见过面。字母 P 就比较孤僻，它只和少数几个字母打交道，另外十五个则完全不搭理。这些证据暗示 O 和 X 所替代的是元音字母，而 P 所替代的则是辅音字母。

```
  A B C D E F G H I J K L M N O P Q R S T U V W X Y Z
O 1 9 0 3 1 1 1 0 1 4 6 0 1 2 2 8 0 4 1 0 0 3 0 1 1 2
X 0 7 0 1 1 1 1 0 2 4 6 3 0 3 1 9 0 2 4 0 3 3 2 0 0 1
P 1 0 5 6 0 0 0 0 0 1 1 2 2 0 8 0 0 0 0 0 0 0 11 0 9 9 0
```

　　接下来的问题是：O 和 X 所替代的是哪些元音？应该是 e 和 a 这两个英语最常用的元音。但是，是 O=e、X=a 抑或 O=a、X=e？这密码文有一个特征很有意思，那就是 OO 这个组合出现过两次，XX 却从没出现过。在正常英文里，ee 出现的频率远超过 aa，所以，答案很可能是 O=e、X=a。

　　至此，我们很有把握地判读出密码文里的两个字母了。X=a 的结论还有一项佐证：在密码文里，X 有单独出现的纪录，而英文只有两个单词是只有一个字母的，a即是其一。另一个在密码文里单独出现过的字母是Y，所以它非常可能就是另一个只有一个字母的单词：i。留意那些只有一个字母的单词，是标准的密码分析诀窍。附录B还列有其他密码分析诀窍。幸好这篇密码文还保留单词之间的空格，这个诀窍才派得上用场。在真实案例中，编码者通常会去掉所有空格，以增添敌人破解信息的困难度。

不论密码文是否被接成一长串不含空格的文字，接下来的这个诀窍仍可以派上用场。一旦判读出字母e，我们很容易可以找出字母h。英文的h常出现在e前面（像the、then、they等），跟在e后面的情形却很罕见。下表列出密码文里的O（我们相信它的真实身份是e)出现在其他字母前面或后面的频率。这个表格暗示B即是h的替身，因为它出现在O之前9次，却不曾出现在O之后。表格里的其他字母跟O的关系都没有这么不对称。

	A	B	C	D	E	F	G	H	I	J	K	L	M	N	O	P	Q	R	S	T	U	V	W	X	Y	Z
O 之后	1	0	0	1	0	1	0	0	1	0	4	0	0	0	2	5	0	0	0	0	2	0	1	0	0
O 之前	0	9	0	2	1	0	1	0	0	4	2	0	1	2	2	3	0	4	1	0	0	1	0	1	2

英文的每个字母都有自己的独特个性，包括它的出现频率以及它跟其他字母的关系。透过这些独特个性，即使它们已经过单套字母替代法的伪装，我们仍得以判读出字母的真实身份。

我们已经很有把握地确立四个字母的身份：O=e，X=a，Y=i，B=h，可以开始把密码文里的一些密码字母更换成正确的明文字母了。我将依照惯例，以大写表示密码字母，以小写表示明文字母。这可以帮助我们区别哪些字母还有待判读，哪些字母则是已经确定的。

PCQ VMJiPD LhiK LiSe KhahJaWaV haV ZCJPe EiPD KhahJiUaJ LhJee
KCPK. CP Lhe LhCMKaPV aPV liJKL PiDhL, QheP Khe haV ePVeV Lhe
LaRe Cl Sa，aJMI, Khe JCKe aPV EiKKev Lhe DJCMPV ZelCJe hiS,
KaUiPD: ´DJeaL EiPD, ICJ a LhCMKaPV aPV CPe PiDhLK i haNe ZeeP
JeACMPLiPD LC UCM Lhe laZReK Cl FaKL aDeK aPV Lhe ReDePVK Cl
aPAiePL EiPDK. SaU i SaEe KC ZCRV aK LC AJaNe a laNCMJ Cl UCMJ
SaGeKLU? ´

eFiRCDMe, LaReK IJCS Lhe LhCMKaPV aPV CPe PiDhLK

经过这个步骤，我们又可以辨认出几个字母，因为有一些密码文的单词可以轻易猜出。例如，三个字母组成的英文单词中，最常用的是 the 和 and；这两个字在这里很容易认出来——Lhe 出现六次，而 aPV 出现五次。所以，L 大概就是 t，P 大概是 n，而 V 则是 d。现在，我们可以去把密码文上的这几个字母也替换回来：

nCQ dMJinD thiK tiSe KhahJaWad had ZCJne EinD KhahJiUaJ thJee
KCnK. Cn the thCMKand and liJKt niDht, Qhen Khe had ended the taRe
Cl Sa'aJMI, Khe JCKe and EiKKed the DJCMnd ZelCJe hiS, KaUinD:
´DJeat EinD, ICJ a thCMKand and Cne niDhtK i haNe Zeen JeACMntinD
tC UCM the laZReK Cl FaKt aDeK and the ReDendK Cl anAient EinDK.
SaU i SaEe KC ZCRd aK tC AJaNe a laNCMJ Cl UCMJ SaGeKtU? ´

eFiRCDMe, taReK IJCS the thCMKand and Cne niDhtK

一旦确立几个字母后，密码分析的工作就可以非常快速地进展下去了。例如，第二个句子的头一个词是 Cn。每个词都有至少一个元音，所以 C 一定是元音字母。我们只剩两个元音还不知道：u 和 o。把 u 套上去，不合；所以 C 一定是 o 了。还有，Khe 这个字暗示 K 可能是 t 或 s。可是我们已经知道 L=t，所以答案显然是 K=s。我们且再把这几个字母套进密码文里去。瞧，文中出现一个词组 thoMsand and one niDhts。根据常理推测，它应是 thousand and one nights（一千零一夜），而且最后一行好像是要告诉我们这段文字是取材自 Tales from the Thousand and One Nights。这表示：M=u，I=f，J=r，D=g，R=l，S=m。

　　我们可以继续推测文中的字句来辨识出其他字母，不过我们且停下来看看到目前为止所确立的明文字母和密码字母的关系。这两套字母集的关联性即是编码者运用替代法加密信息时所用的钥匙。当我们逐一辨认出密码字母的真实身份时，同时也正逐渐揭开这套密码字母集的全貌。我们到目前为止的成绩，可以列成如下的明文和密码字母对照表。

明文字母集	a b c d e f g h i j k l m n o p q r s t u v w x y z
密码字母集	X - - V O I D B Y - - R S P C - - J K L M - - - - -

　　继续检视密码字母集的已知内容，就可以完成我们的密码分析工作了。在密码字母集里，VOIDBY 这一排字母暗示，制作这则信息的编码者选了一个钥匙词组当作这只钥匙的基础。再稍加揣想，我们可以推论这个钥匙词组应该是 "A VOID BY GEORGES PEREC"，去掉空格和重复的字母后就成了 "AVOIDBYGERSPC"。剩下的字母依顺序，跳过已在钥匙词组里出现过的字母，排接上去，这套密码字母集就完成了。在这个例子中，这位编码者做了一个不太寻常的动作：钥匙词组不是从密码字母集的起点开始，而是从第三个字母开始。这很可能是因为钥匙词组是以 A 开头，而编码者又不想把 a 改写为 A。现在，这套密码字母集建立好了，我们可以把密码文字完整地还原出来，这份密码分析的任务也就大功告成了。

明文字母集	a b c d e f g h i j k l m n o p q r s t u v w x y z
密码字母集	X Z A V O I D B Y G E R S P C F H J K L M N Q T U W

Now during this time Shahrazad had borne King Shahriyar three sons. On the thousand and first night,when she had ended the tale of Ma'aruf, she rose and kissed the ground before him,saying:'Great King,for a thousand a one nights I have been recounting to you the fables of past ages and the legends of ancient kings. May I make so bold as to crave a favour of your majesty?'

Epilogue, Tales from the Thousand and One Nights

[如今，山鲁佐德（Shahrazad）已为国王山利亚尔（Shahriyar）生了三个儿子。在第一千零一夜，当她说完玛阿鲁夫（Ma'aruf）的故事后，她起身亲吻国王御前的地面，说道："大王，一千零一夜以来我已为您讲述古老的寓言及先王的传奇。现在我可否斗胆向陛下提出一个请求？"]

复兴于西方

公元800至1200年之间，阿拉伯学者正在享受知识澎湃跃进的时光，欧洲却仍深陷在黑暗时代。肯迪在讲述密码分析学的时候，欧洲人还在跟密码学的基本原理奋斗。在欧洲，唯一还鼓励研究秘密书写技术的组织是修道院。修士在这里钻研圣经，视图找出隐藏在文字里面的意义——这种言外之意的魅力一直持续到现代（参阅附录C）。

旧约圣经含有一些蓄意的、明显的密码应用例子，让中世纪的修士深深着迷。例如，旧约圣经就有几段以"atbash法"加密的文字。atbash是一种传统的希伯来文替代式密码法：要替换字母时，先记下它在字母集的顺序编号，再取从字母集后头倒数过来顺序编号相同的字母来取代。以英文为例，第一个字母a，就以最后一个字母Z来替换，b则用

Y 代替，以此类推。事实上，atbash 这个词就暗示了它所描述的替代法。它包含了第一个希伯来文字母 aleph，跟着是最后一个字母 taw，再来是第二个字母 beth，最后是倒数第二个字母 shin。旧约耶利米书第 25 章 26 节和第 51 章 41 节就有 atbash 法的实例。在这两处，Babel（巴别，及巴比伦）这个词被替代为 Sheshach（示沙克）。在希伯来文，"巴别"的第一个字母是 beth，它是希伯来文的第二个字母，所以被替换成倒数第二个字母 shin；"巴别"的第二个字母也是 beth，因此仍替换成 shin；第三个字母 lamed 是希伯来文的第 12 个字母，所以被换成第 12 个字母 kaph。

　　atbash 以及其他类似的圣经密码可能不过是想增添一点神秘性，并没有隐藏任何文意的用意，但也足以激发人们认真地研究密码学。欧洲的修士们开始发掘古老的替代式密码法，自己也发明了一些新的，在这过程中自然又把密码学重新引介回西方文明里去。目前所知第一部介绍密码术的欧洲书籍是 13 世纪的英国圣方济修会的修士、也是精通多门学问的学者罗杰·培根（Roger Bacon）所写的《论秘密工艺作品与无效的魔法》（*Epistle on the Secret Works of Art and the Nullity of Magic*）。书中介绍 7 种保护秘密的方法，并警告道："失去理智的人才会不使用能避开俗人耳目的方法书写秘密。"

　　到了 14 世纪，密码术的用途愈来愈广泛，炼金术士和科学家甚至用来隐匿他们的新发现。以文学成就闻名的杰弗里·乔叟（Geoffrey Chaucer）也是天文学家及密码学家，欧洲早期几件著名的加密案例，即有一件出自他手。乔叟在他的《星盘论》（*Treatise on the Astrolabe*）里加上一些题为"行星赤道"（The Equatorie of the Planetis）的附注，其中有几个段落是以密码写成的。乔叟的加密法是用符号来取代明文字母，例如把b换成δ。不用字母,而用奇怪的符号所组成的密码文,乍看之下似乎更为复杂。事实上,它跟传统以字母替换字母的替代法没什么两样。加密过程以及安全等级也完全相同。

到了15世纪,密码术在欧洲成为一门新兴行业。艺术、科学和人文学科在文艺复兴时期的重生培养了研发密码术的能力,频繁的政治权谋运作也大幅激发秘密通讯的动机。尤其是意大利,可说是密码术发展的最佳温床。不仅因为它位于文艺复兴的中枢位置,更因为它是由许多独立的城邦所组成,每个城邦之间都攻于算计。此时,外交举动频繁,城邦之间都会互遣大使,往来于彼此的宫廷。大使会收到国君的信函,详细指导他如何执行对外政策,而他也会把收集到的任何情报传送回去。他们当然有强烈的动机将传送的信息加密。因此,每个城邦都设有密码部门,每位大使也都有密码秘书。

就在密码术演变成基本的外交工具之际,密码分析学也正开始在西方崛起。外交家才刚熟悉建立安全通讯所需的技巧,就已经有人尝试破坏它的安全性了。当时的密码分析学,很有可能是欧洲自行发展出来的,但也有可能是从阿拉伯世界引进的。伊斯兰在科学和数学上的发现对欧洲的科学复兴有很大的影响,密码分析学可能也在这些进口知识之列。

欧洲第一位伟大的密码分析家,当推1506年被任命为威尼斯密码秘书的乔瓦尼·索罗(Giovanni Soro)。索罗的声誉响彻全意大利,某些友邦甚至会把截获的信息送来威尼斯分析。连梵蒂冈,大概可谓第二活跃的密码分析中心,也会把落入他们手中却无法破解的信息送请索罗解译。1526年教皇克莱门特七世(Pope Clement VII)交给他两则加密信息,送回来时,两则都成功分析出来了。有一次,教皇自己的加密信息被佛罗伦萨拦截到，于是他送了一则相同的信息给索罗，想确认信息的安全性。索罗宣称，他无法破解教皇的密码，意味佛罗伦萨人也破解不了。不过，这有可能是在哄骗梵蒂冈的密码秘书，让他们误以为他们的系统很安全。索罗可能不愿指认出教廷密码系统的弱点，以免梵蒂冈研发出更安全的密码，届时连索罗也可能破不了。

欧洲其他地方其他宫廷也开始任用干练的密码分析家，例如法国国王弗朗西斯一世(Francis I)的密码分析师菲利伯特·巴布(Philibert Babou)。巴布以惊人的毅力闻名；为了破解信息，他可以日以继夜不眠不休地工作，长达数周之久。不幸的是，法国国王竟趁此大好机会与他的妻子建立一段长期的暧昧关系。16世纪末，弗朗索瓦·韦达(Francois Viete)出现，强化了法国人破解密码的技能。韦达特别以破解西班牙的密码为乐。西班牙的密码专家，似乎比欧洲其他地方的对手天真。当他们发现法国人可以看透他们的信息时，竟不愿正视这件事实。西班牙国王菲利普二世(Philip II)甚至向梵蒂冈陈情，宣称韦达之所以能破解西班牙密码的唯一解释是：他是"与撒旦结盟的魔王"。菲利普诉请枢机法庭审判韦达的恶魔勾当。教皇深知自己的密码分析家多年来也一向能破解西班牙的密码，于是驳回他的陈情。这则新闻很快就传到各国专家的耳朵里，西班牙的密码专家顿时成为全欧的笑柄。

西班牙的窘状象征编码者和译码者的战局。这是一个过渡时期：编码者还在依赖单套字母替代法，而译码者已开始使用频率分析法破解它了。尚未察觉频率分析法威力的编码者，全然不知像索罗、巴布和韦达之辈的解码者，可以轻易解开他们的信息，仍然一味信赖单套字母替代法。

有些国家警觉到单靠单套字母替代法的弱点，便急于研发更好的密码系统，以防止敌方的专家破解他们的信息。他们想出一些简易的方法来增强单套字母替代法的安全性，其中一种方法是引进"虚元"（mulls），亦即不代表任何字母、像空格一样不具任何意义的字母或符号。例如我们可以在1到99之间任选26个数字来替代明文字母，剩余73个不代表任何字母的数字，则以不同的频率随意散置在密码文之间。这些虚元不会对收信人造成任何困扰，因为他知道哪些数字可以略去不管。拦截到信息的敌人却会很头痛，因为这些虚元会干扰频率分析法的应用。另一种简易的方法是在信息加密前，故意拼错字。Thys haz thi ifekkt off diztaughting thi ballans off frikwenseas（正确拼法是：This has the effect of distorting the balance of frequences，意即"这样会有扭曲频率分布的效果"），这也会让译码者更难使用频率分析法。知道钥匙的收信人则可以先从容解译这则信息，再来对付这些很糟，但不至于无法理解的拼字。

另一个扶助岌岌可危的单套字母替代法的办法则是使用代码单词（codewords）。code(代码)这个字在日常用语中有非常广泛的含义，常被用来描述任何秘密通讯方法。然而，如在前言所提到的，它其实有特定的意义，专指某种形式的替代法。到目前为止，我们所讨论的替代式密码法只有一种，就是每一字母都只以另一个不同的字母、数字或符号来替换。其实我们也可以提高替代法的应用层面：让整个单词改由另一个单词或符号替代(后者即称为代码)。例如：

assassinate（行刺）	=D	general（将军）	=Σ
immediately（即刻）	=08	blackmail（黑函）	=P
king（国王）	=Ω	today（今天）	=73

capture（俘虏）	=J	minister（部长）	=Ψ
tonight（今晚）	=28	protect（保护）	=Z
prince（王子）	=θ	tomorrow（明天）	=43

明文 ＝ assassinate the king tonight（今晚行刺国王）

加密信息　　　　　　　＝D–Ω–28

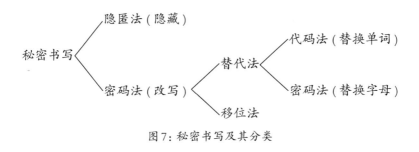

图 7：秘密书写及其分类

　　在技术上，代码法（code）指的是单词或词组层面的替代法；密码法（cipher）指的是字母层面的替代法。因此，密码加密（encipher）指的是用密码法改写信息；代码加密（encode）则是用代码法改写信息。同理，解译密码（decipher）是还原以密码法加密的信息，解译代码（decode）则是还原以代码法加密的信息。密码加密（encipher）和解译密码（decipher）这两个术语比较通用，泛指代码或密码的改写或还原。请参考图 7 的概括说明。基本上，我会遵循这些定义，不过有时候，不致造成误解时，我可能会用 code breaking（破解代码）这个字来讲述一个其实是 cipher breaking（破解密码）的过程——技术上而言，后者比较正确，可是前者的用法较普遍[①]。

---

① 如"前言"译注所述，由于中文习惯使用"密码"这个字，而且在意义上才是正确的用法，所以此后原作者使用 codebreaking 这个词时，仍译成"破解密码"（cipher breaking），而非破解代码。

乍看起来，代码法似乎比密码法安全，因为单词比较不怕频率分析法的攻击。解译单一字母密码法的时候，我们只需判读26个字符的真正身份；要解译代码法所加密的信息时，我们却得判读数百个乃至数千个代码的真实身份。不过，更仔细地检视代码法，我们会发现它有两大缺点，而不如密码法实用。第一，使用密码法时，发信人和收信人只要协议好26个密码字母（加密钥匙），就可以据此加密任何信息，而使用代码法时，若要达到同样的弹性，必须先辛苦地定义好数千个可能会用到的明文单词的代码。这样的一本代码簿恐怕会有好几百页，犹如一本厚厚的字典。换句话说，代码簿的编纂工作不会很轻松，而且带着这样一本书旅行也非常不方便。

再者，代码簿被敌人截获的后果会非常凄惨。顷刻之间，所有秘密通讯都变成完全透明。发信人和收信人必须再度辛苦地重新编纂一本全新的代码簿，然后得再把这本大部头的书籍安全无恙地送达通讯网络的每一份子（很可能包括驻留各国的每一位大使）才算了事。相较之下，若被敌人截获一把密码钥匙，只需重编一套包含26个字母的密码字母集，既好记又易分送，显然轻松便利多了。

即使在16世纪，密码专家也未低估代码法内在的弱点，而仍偏好密码法，或偶尔改用命名法(Nomenclator)。命名法这种加密系统主要是以密码字母集为主，再加进一些代码。所以，命名法手册的第一页通常是密码字母集，第二页则是一个代码表。尽管引进代码，命名法的安全性并不会比单纯的密码法高，因为讯息主体仍可用频率分析法来解译，其余用代码加密的单词则可利用前后文推测出来。

除了对付命名法外，那些最厉害的解码专家也有办法应付故意拼错词的信息和虚元的干扰。简言之，他们能破解绝大多数的加密信息。他们运用巧妙的技术揭露一则又一则的机密，影响他们主人的决策，乃至在关键时刻左右欧洲历史的发展。

苏格兰玛丽女王的案子，最戏剧性地彰显出密码分析学的影响力。这场审判的结果完全取决于她的编码专家和伊丽莎白女王的解码专家的战局。玛丽是16世纪最重要的人物之一，她既是苏格兰女王、法国王后，也是觊觎英格兰王位的人。而一张纸条——纸上的信息，以及信息是否能被解译——将决定她的命运。

贝平顿阴谋

1542年11月24日,英格兰亨利八世(Henry VIII)在索维莫斯(Solway Moss)一役击溃苏格兰大军。亨利八世征服苏格兰、夺取詹姆斯五世(James V)王位的野心，眼看就快实现了。经过这场战役，深受打击的苏格兰国王身心完全崩溃，退隐于福克兰(Falkland)的宫殿里。就连两周之后，女儿玛丽的诞生，也无法使这位病快快的国王振作起来。他似乎就等着继承人诞生,确定责任已了,即可平静地离开人世。玛丽诞生一个星期后，年方三十的詹姆斯五世随即驾崩。这位尚在襁褓的公主遂被封为苏格兰的玛丽女王。

玛丽是早产儿，有夭折之虞。英格兰甚至谣传这个婴儿已死。不过，这只是英格兰宫廷一厢情愿的想法，他们渴望听到任何可能在苏格兰引起动荡的消息。事实上，玛丽很快就长得又壮又健康。1543年9月9日，玛丽才9个月大，就在斯特灵城堡(Stirling Castle)的礼拜堂接受加冕，三位伯爵环伺在旁，代她接受王冠、令牌与御剑。

正因玛丽女王太过年幼，英格兰反而暂缓侵犯苏格兰。亨利八世顾虑，若于此刻出兵进犯一个旧王才崩殂、新王只是幼小女婴的国家，会被讥为没有骑士精神。因此英格兰国王改采怀柔政策，想安排玛丽与他的儿子爱德华(Edward)成亲，借此结合两国，将苏格兰也纳入都铎(Tudor)王室的统治之下。他开始施展他的计谋，释放那些在索维莫斯被掳的苏格兰贵族；释放条件是鼓吹苏格兰与英格兰合并。

可是，苏格兰拒绝了亨利八世的提议。他们宁愿让玛丽和法国皇太子弗朗西斯(Francis)缔结婚约。苏格兰选择跟同为信奉罗马天主教的法国结盟。这项决定颇合玛丽的母亲——桂兹的玛丽(Mary of Guise)——的心意。当年她跟詹姆斯五世的婚姻也负有巩固苏格兰与法国邦谊的使命。玛丽和法兰西都还是幼儿，身旁的大人却已计划好他们的未来：两人将结婚；弗朗西斯将登上法国王位，玛丽就是他的王妃；苏格兰和法国将因之结合，到时候，法国也就会帮苏格兰防御英格兰的进犯。

这项庇护承诺让苏格兰人感觉安心些，尤其是在面对亨利八世的威胁时。为了说服苏格兰人他的儿子更适合当玛丽女王的新郎，亨利八世改为采取恫吓的外交策略。他的军队干起盗匪的勾当、破坏农作物、烧毁村庄、攻击国界上的城镇与都市。亨利八世于1547年去世后，这种"蛮横的求婚"行为并未停止。在亨利之子英格兰国王爱德华六世(也就是求婚者)的默许下，侵犯行动升级为平稽克卢(Pinkie Cleugh)战役。苏格兰军队大败。经过这场杀戮，顾及玛丽的安全，苏格兰决定将她送往英格兰威胁不到的法国，留在那里等候与弗朗西斯完婚。1548年8月7日，6岁的玛丽出发前往罗斯科夫港(Roscoff)。

在法国宫廷的头几年，是玛丽一生中最惬意的时光。她享尽奢华，受到周密的保护，并与她未来的夫婿皇太子滋生爱意。16 岁时，玛丽与弗朗西斯完成婚事，并在来年分别成为法国国王与王妃。至此事事顺遂，玛丽似乎可以意气风发地返回苏格兰了。没想到，一向孱弱的弗朗西斯却病倒了。他在儿时感染的耳疾忽然恶化，发炎的部位扩散到脑部，引发脓疮。1560 年，登基未及一年的弗朗西斯撒手尘寰，玛丽成为寡妇。

从此，玛丽的一生尽是一场又一场的悲剧。1561 年，她回到苏格兰，发现她的国家已经变了样。长期在外的玛丽建立了坚定的天主教信仰，她的苏格兰臣民却逐渐走向新教教堂。刚开始，玛丽听从多数人的要求，统治得相当成功。1565 年，她嫁给表弟丹利伯爵亨利·斯图亚特(Henry Stewart,the Earl of Darnley)，自此卷进衰败的旋涡。丹利伯爵生性邪恶残暴，贪婪无情地攫取权力，由于他，玛丽女王失去苏格兰贵族的支持。来年，他在玛丽面前谋杀国务大臣大卫·里奇奥(David Riccio)，让她亲眼见识到她丈夫令人颤栗的野蛮天性。大家都觉悟到，为了苏格兰，非除掉丹利不可。历史学家至今仍在辩论，到底是玛丽还是苏格兰贵族唆使这项阴谋的；不管怎样，1567 年 2 月 9 日夜晚，丹利的房子忽然爆炸，他设法逃命之际，被人勒死。这场婚姻唯一的善果是一个儿子及王位继承人：詹姆斯(James)。

玛丽的下一场婚姻是跟波威尔伯爵四世(the Fourth Earl of Bothwell)詹姆斯·赫本(James Hepburn)，下场也好不到哪儿去。1567 年夏天，苏格兰的新教贵族对他们的天主教女王不再抱存任何希望，于是驱逐波威尔伯爵，囚禁玛丽，强迫她让位给 14 个月大的儿子詹姆斯六世，并由玛丽异父兄弟莫瑞伯爵(Earl of Moray)摄政[①]。来年，玛丽逃出囚房，召集了六千名忠诚者组成军队，为夺回王位做最后一搏。她的士兵在格拉斯哥(Glasgow)附近的小村子兰塞德(Langside)迎战摄政大臣的军队。玛丽在附近的山顶观看这场战役。她的军队虽在人数上占优势，但却缺乏训练，玛丽眼看着他们被击溃。失败既成定局，她即刻起身逃亡。理论上，她应该向东边的海岸走，从那儿渡海到法国去，可是这意味她得越过效忠她异父兄弟的领土，因此，她向南朝英格兰走，寄望她的表姊英格兰女王伊丽莎白一世会提供庇护。

玛丽下了一个可怕的错误判断。伊丽莎白提供给她的不过是另一座监牢。她遭受逮捕的官方理由是她涉及丹利的谋杀案，真正的原因则是玛丽对伊丽莎白构成威胁。因为英国天主教徒认为英格兰真正的国君应该是玛丽。玛丽的祖母玛格丽特·都铎(Margaret Tudor)是亨利八世的姐姐，所以她的确有权继承王位，只不过亨利八世仅存的子嗣伊丽莎白一世的继承权似乎排在她之前。然而，天主教徒认为伊丽莎白是非法君主，因为她是安妮·博林(Anne Boleyn)所生，而安妮·博林是亨利违抗教皇旨意，跟亚拉冈的凯瑟琳(Catherine of Aragon)离婚后的第二任妻子。英国的天主教徒既不认可亨利八世的离婚，也不承认他跟安妮·博林的婚姻，当然也就不接受他们的女儿伊丽莎白当女王。天主教把伊丽莎白视

---

① 玛丽·斯图亚特在历史记载中的面貌有很大的争议性。根据 Meyers 百科全书的记载，玛丽从法国回到苏格兰时，苏格兰已在她的异父兄弟莫瑞伯爵的领导下成为新教国家。玛丽跟天主教徒丹利伯爵结婚后，新教贵族以此为由发起一场暴动；暴动平定后，玛丽计划使苏格兰再度成为天主教国家，并准备对英国采取武力行动。她最重要的助手大卫·里奇奥，在贵族的策动、丹利伯爵知晓的情况下，被谋杀。她的儿子詹姆斯（日后成为英格兰国王詹姆斯一世）诞生后，她跟苏格兰贵族取得共识，丹利伯爵随即在1567年2月被谋杀。5月，她与法院宣判无罪但被公认为谋杀丹利伯爵的凶手波威尔伯爵举行新教仪式的婚礼；据说她早就跟波威尔伯爵，透过 casket letters(真实性颇受争议)往来密切。

为篡位的私生子。

玛丽一再被监禁于城堡和庄园里。虽然伊丽莎白把她视为英格兰最危险的人物之一，很多英格兰人仍承认他们仰慕她高贵的举止、显著的才智，以及迷人的丰姿。伊丽莎白的大臣威廉·塞西尔(William Cecil)谈到她"巧黠、甜美的待客手段，无人可比"。塞西尔的特使尼古拉斯·怀特(Nicholas White)也有类似的评论："她有诱人的高雅气质、悦耳的苏格兰口音，以及锐利但和善的机智。"可是，年复一年，她的美色消褪，健康转坏，而她也开始丧失希望了。负责监守她的艾米亚斯·波利特爵士(Sir Amyas Paulet)是个清教徒，对她的魅力无动于衷，待她愈来愈苛刻。

到了1586年，已被监禁18年的玛丽失去所有礼遇。她被禁闭在斯塔福郡(Staffordshire)的查特里宅邸(Chartley Hall)，再也不准去巴克斯顿(Buxton)接受矿泉治疗以减缓时时侵扰她的病痛。最后一次前往巴克斯顿时，她用钻石在玻璃窗上刻写道："巴克斯顿，你温暖的泉水使你闻名，我却恐怕再也无从拜访——别了！"她似已察觉到将失去最后一丝自由。她19岁的儿子苏格兰国王詹姆斯六世的作为更加深她的悲痛。她一直期盼终有一天能够逃回苏格兰，跟她18年未见的儿子分享权力。然而詹姆斯对他的母亲根本不存一丝亲情。他是由玛丽的敌人扶养长大的，他们告诉他，玛丽为了跟情人结婚而谋害了他的父亲。詹姆斯不仅轻蔑她，更怕她回来后会夺走王座。他对玛丽的憎恨之情可由他下列的举动略见一二：他毫不愧疚地向伊丽莎白这个囚禁他母亲(而且还大他30岁)的女人求婚。伊丽莎白回绝了。

玛丽写信给她的儿子，尝试赢回他的心。可是，她的信从未能到达苏格兰国境。至此阶段，玛丽已经被更进一步地孤立了，她所发出的信全都被没收，而任何寄给她的信息也都被扣留在监禁人的手上。玛丽的士气降到谷底，似乎所有希望都消逝了。就在这艰苦绝望的时刻，1586年1月6日，她惊愕地收到一批信。

这些信来自欧洲大陆支持玛丽的人士，是吉尔伯特·基弗(Gilbert Gifford)偷运进来的。基弗是天主教徒，1577年离开英格兰，在罗马的英格兰学院接受担任神职的教育。他在1585年回到英格兰，急于为玛丽效劳，马上赶到位于伦敦的法国大使馆。那里积放了一大沓寄给玛丽的书信。法国大使馆知道，如果依正常途径转送这些信件，玛丽永远看不到它们。基弗宣称他有办法把这些信件偷运进查特里宅邸，而他也真的办到了。这只是个开始。基弗开始担任起秘密信差，不仅送信给玛丽，也收集她的回信。他用一个相当巧妙的方法把信偷混进查特里宅邸去。他把信件带到当地的酿酒商，用皮革把信裹起来，再把包裹藏在封塞啤酒桶的空心木塞里。酿酒商把酒送进查特里宅邸，玛丽的仆人打开木塞，取出藏在里面的东西送交给苏格兰女王。将信息带出查特里宅邸也是用同样的方法。

玛丽不知道，一项营救她的计划此时正在伦敦的酒馆酝酿着。谋反计划的中心人物是安东尼·贝平顿(Anthony Babington)。贝平顿年方二十四，即以英俊、迷人、机智、放浪形骸的形象驰名于伦敦。他的众多仰慕者却不知道他打从心底厌恶英格兰这个迫害他、他的家人和他的信仰的体制。政府的反天主教政策已经达到恐怖的新极限：他们以叛逆罪迫害神父，任何胆敢藏匿神父的人，活生生地就被处以拷问、截肢、剖腹等酷刑。天主教弥撒被禁，忠于教皇的家庭被课征难以负担的重税。贝平顿的曾祖父达西爵爷(Lord Darcy)之死更燃起他的憎恨之火。

达西因为涉及天主教徒反亨利八世的叛变"恩典香旅"(Pilgrimage of Grace)而被处决。

1586年3月的一个晚上，贝平顿和六个密友在天普吧(Temple Bar)外一家名叫"犁"(The Plough)的客栈聚会，开始筹划叛变的密谋。正如历史学家菲力普·卡拉门(Philip Caraman)所评论的，"他以他特有的魅力和性格吸引了很多跟他同等地位、英勇、富冒险精神、胆敢在这段恶劣时期护卫天主教信仰的年轻天主教绅士。他们愿意从事任何有助于宏扬天主教信仰的艰辛危险活动。"几个月后，他们讨论出一项雄心勃勃的计划：救出苏格兰的玛丽女王，暗杀伊丽莎白女王，煽动一场叛变，并从外国引进援军。

这些谋反分子一致认为，这项后来被称为"贝平顿阴谋"的计划需要玛丽的赞同才进行得下去。问题是，他们找不到与她通讯的途径。1586年7月6日，基弗来到贝平顿的门前。他送来一封玛丽的信，说她在巴黎的支持者提到贝平顿，她很期待他的来信。贝平顿随即写了一封长信，描述计划的轮廓，并引述伊丽莎白在1570年被教皇庇护五世(Pope Pius V)逐出教会之事，以证明刺杀她的行动是正当的。

　　我和十位绅士以及上百名随员将担任这项从敌人手里救出陛下的任务。至于这个篡位者，她已被逐出教会，我们也就没有服从她的义务。有六位高贵的绅士，全是我的密友，本着他们对天主教宗旨的信念以及为陛下效命之忱，将负责执行这项悲剧性的死刑。

一如往常，基弗使用他的招数，把这个信息放进啤酒桶的木塞里，蒙混过玛丽的看守人的耳目。这可算是隐匿法的一种，因为这封信被藏起来了。贝平顿还采取了额外的措施，把他的信转成密码，万一密函被玛丽的看守人拦截到，他也无法解读内容，叛变的密谋就不会曝光。他所用的密码法不是一般的单一字母替代法，而是如图8所示的命名法。他用了23个符号来代替英文字母（不包括j、v、w），另有36个符号来代替单词或词组。此外，还有4个虚元（ff.⌐.⌣.d.），以及σ符号，用来表示下一个符号代表两个字母（'dowbleth'）。

　　基弗是一个年轻小伙子，比贝平顿还年轻，这件传递信息的差事却做得从容自在、游刃有余。他运用许多化名，例如寇乐丁（Colerdin）、皮特罗（Pietro）和孔立斯（Comelys），使他能不受猜疑地四处旅行，而且他在天主教团体里的联络人替他在伦敦和查特里宅邸之间提供了许多安全住所。可是，每趟来回查特里宅邸的旅途，他都会多拐一个弯。表面上他是玛丽的特务，事实上他是双面间谍。且再回到1585年，基弗在回到英格兰之前，写了封信给伊丽莎白女王的国务大臣弗朗西斯·沃尔辛厄姆爵士，向他毛遂自荐。基弗意识到，他的天主教背景是打进反伊丽莎白女王密谋核心的最佳面具。在给沃尔辛厄姆的信中，他写道："我曾听闻阁下的工作，很想为阁下效劳。我行事果断，不怕危险。无论阁下交待什么任务，我都能完成。"

　　沃尔辛厄姆是伊丽莎白最冷酷无情的大臣。他是奉行马基雅利主义①的权谋家，也是负责君主安全的间谍首脑。他初就任时所接收的只是一个小间谍网，但很快就被他扩展到欧洲大陆——许多反伊丽莎白的阴

---

① 马基雅利主义是指意大利佛罗伦萨外交家及政治家马基雅利（Machiavelli，1469年~1527年）所主张的权谋霸术，意指为达政治目的、不择手段的思想。

谋正在那里策划着。后人在他死后发现，他定期从法国的12个据点、德国9个、意大利4个、西班牙4个、低地国家（比利时、荷兰、卢森堡昔日的总称）3个据点收到报告，即使远至君士坦丁堡、阿尔及尔和的黎波里也有他的情报人员。

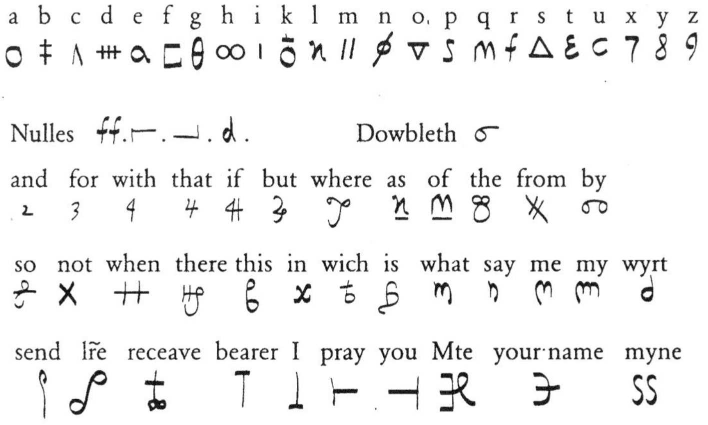

图8：苏格兰玛丽女王的命名法；包含一个密码字母集和一些代码。

沃尔辛厄姆吸收了基弗当间谍。事实上，正是沃尔辛厄姆派他去法国大使馆自愿当信差的。每次基弗拿到要给玛丽或是要帮玛丽送出的信件时，他都先带去给沃尔辛厄姆。这位机警的间谍首脑就把信件交给他的赝造专家，打开信件的封缄，复制一份，再用完全相同的缄印封好原信，然后才又交给基弗，让他把看似完好的信送交给玛丽或与她通讯的人。这些人一点儿也没注意到任何异样。

基弗把贝平顿写给玛丽的密函交给沃尔辛厄姆时，第一个目标就是要解译它的内容。沃尔辛厄姆是在阅读意大利数学家及密码学家吉罗拉莫·卡丹诺（Girolamo Cardano）的著作时，初次接触到密码术〔附带一提，卡丹诺提出供盲人使用的触摸式书写法，是布莱叶(Braille)盲文的先驱〕。卡丹诺的书勾起了沃尔辛厄姆的兴趣，不过法兰德斯的密码分析家菲力普·马尼斯(Philip van Marnix)的解译实例，才让他真正信服随身有个解码专家的好处。1577年，西班牙的菲利普(Philip of Spain)使用密码跟他的异母兄弟奥地利的约翰[①] (Don John de Austria)通讯。同是天主教徒的约翰掌控了荷兰的大部分地区。菲利普的密函提到入侵英格兰的计划，这封信被奥兰治[②]的威廉(William of Orange)拦截到，交给他的密码秘书马尼斯(Marnix)。马尼斯解译出这个计划后，威廉把消息转告英格兰驻欧陆的情报员丹尼尔·罗杰斯(Daniel Rogers)，后者立即警告沃尔辛厄姆这项入侵阴谋。英格兰随即加强防御军力，致使敌方放弃攻击计划。

全然了解密码分析学的价值后，沃尔辛厄姆在伦敦设立一所密码学校，并聘任托马斯·菲利普当他的密码秘书。菲利普"个子很小，身材纤细，有深黄的头发却有淡黄的胡子，脸上有天花的疤痕，近视眼，看来三十岁的样子"。菲利普是语言学家，通晓法语、意大利语、西班牙语、德语，而且更重要的是，他是欧洲最优秀的密码分析家之一。

寄给或出自玛丽之手的信函，都被菲利普一一吞噬掉。他是频率分析法的大师，破解密码只是迟早的事。他建立了每个字符的频率，然后试验性地设定那些最常出现的字符的实际身份。当某一方向的答案不合

---

① 奥地利的约翰，英文称为Don John of Austria。他是神圣罗马帝国皇帝查理五世(Charles V)的私生子。查理五世去世后，继任的菲利普二世(Philip of Spain)承认他为异母兄弟，并封他为奥地利的约翰(Juan de Austria)。1576年，菲利普任命约翰接管公开反抗西班牙政权的尼德兰(荷兰)时，约翰要求菲利普允许他攻打英格兰，救出他想迎娶的玛丽女王，作为这项艰巨任务的交换条件。
② 位于法国南部。

理时，他就循原路退回，改试探其他途径。他逐渐辨认出混淆注意力的虚元，把它们丢到一旁。到最后，剩下的只是几个代字而已，而这些代字的意义则可从前后文猜出来。

菲利普破解了贝平顿写给玛丽的信息，里面清楚述及暗杀伊莉莎白的计划。他立刻把这些确凿的证据交给他的老板。此刻，沃尔辛厄姆大可逮捕贝平顿，可是他想要的不仅仅是处决几个叛徒。他在等候时机，等候玛丽回信认可这项阴谋而自陷于罪。沃尔辛厄姆早就想置玛丽女王于死地，只是伊丽莎白仍在处决她的表妹事情上犹豫。然而，他若能证明玛丽支持一项行刺伊丽莎白的计划，女王必会允许处决她的天主教对手了。沃尔辛厄姆的希望很快就实现了。

玛丽在7月17日函复贝平顿，实质上也等于签下了自己的死刑判决书。她明确谈到这个"计划"，尤其希望他们在刺杀伊丽莎白的同时，甚至之前解救她，否则她的看守人得知消息后可能会谋杀她。这封信在送达贝平顿之前，依例又拐个弯，来到菲利普的手上。既然已经分析过前封信，他很快就解译出这一封的内容。读毕，菲利普标上一个Π——绞架的符号。

沃尔辛厄姆已经备齐逮捕玛丽和贝平顿所需的证据了，可是他还不满足。为了彻底摧毁这项阴谋，他需要所有参与者的名字。他叫菲利普为玛丽的信伪造一段附笔，以诱骗贝平顿说出共犯。菲利普还有一项天赋，就是伪造。据说他"只要看过一次，就能模仿任何人的笔迹，犹如那个人自己写的一般"。图9即是加在玛丽给贝平顿的信末的附笔。用玛丽的命名法，如图8所示，就可以得出如下的明文：

我颇愿得知六位即将执行这项计划的绅士的姓名与特质。因为在对这一组人士有所了解后，我或能给你一些在这方面有必要遵循的忠告。同理之故，也请时时告知你们的进展：谁已准备就绪，以及每个人迄今为止涉入多深。

图9：托马斯·菲利普在玛丽的信末伪造加上的附笔；可参考图8所示玛丽的命名法解译其内容。

　　不够强的加密法比完全不加密还糟，玛丽女王的密码即是一个明显的实例。玛丽和贝平顿都明白地写出他们的意图，因为他们相信他们的通讯很安全。假使他们的通讯是公开的，他们在提及计划时，势必会谨慎得多。此外，正因为他们对自己的密码太放心，才会那么轻易就相信菲利普的伪造文字。发信人和收信人常对他们的密码太有信心，以为敌人不可能仿造密码、加进伪造的内容。正确地使用牢固的密码，发信人和收信人都能从中受益；错误地使用脆弱的密码则会制造虚假的安全错觉。

　　收到玛丽的信息及其附笔后，贝平顿准备出国寻求海外的武力支持。为此，他必须去沃尔辛厄姆的部门申请护照。这原本是逮捕这名叛徒的最佳机会，但负责该部门的官员约翰·斯卡德摩（John Scudamore）却根本没料到这名英格兰的头号叛乱犯居然会自己送上门来。身边没有支持人手的斯卡德摩邀请不疑有他的贝平顿去附近的酒馆坐坐，想拖延一下时间，让他的助手安排一队士兵过来。稍过片刻，一张字条传到酒馆，通知斯卡德摩可以逮捕贝平顿了。贝平顿却也瞄到字条。他漫不经心地说要去付这些啤酒和餐点的账，随即起身，剑和外套仍留在桌上，表示他立刻就回来。他当然没回来。他从后门溜出去逃走，先到圣约翰森林(St. John's Wood)，接着到哈洛(Harrow)。他剪短头发，用核桃汁染污皮肤以隐藏他的贵族背景，企图借此掩饰身份。他躲过了追捕，但只有10天。8月15日，贝平顿和六名党羽都被逮捕，送到伦敦。教堂的胜利钟声响遍全市。他们的处决恐怖至极。伊丽莎白时代的历史家威廉·坎登(William Camden)记载道："他们全都被砍斩而死，私处被割下，活生生、眼睁睁地被掏肠剖腹，被肢解。"

　　另一方面，8月11日，玛丽女王和她的侍从被特准在查特里宅邸的属地骑马。当玛丽横越一片荒野时，瞥见一些人骑着马过来。她的第一个念头是，必定是贝平顿的人前来救她了。但她很快就明白，这些人是来逮捕她，不是来救她的。玛丽涉及贝平顿阴谋，按《关联法》(*Act of Association*)被起诉。这是国会于1584年所通过的法案，特别用来将任何意图谋叛伊丽莎白的人定罪。

　　审判地点在佛斯林费堡，一个位于东盘格利亚(East Anglia)单调的沼泽区中央、阴郁凄楚的地方。他们在10月15日星期三开庭；现场有两位首席法官、四位陪审、法务大臣、财政大臣、沃尔辛厄姆，以及许多伯爵、爵士和男爵。法庭后方留有旁听席，供当地村民、官员侍从之类的观众列席，他们想目睹屈辱的苏格兰女王如何恳求宽恕、乞讨生路。然而，在整个审判过程中，玛丽一直保持高贵、冷静的姿态。她的主要辩护策略是，否认跟贝平顿有任何牵连。她宣称："我怎能为几个不顾死活的人在我不知情、不曾参与的情况下，所策划的犯罪计划负责？"面对不利于她的证据，她这番陈述没有什么作用。

玛丽和贝平顿依赖密码来保守计划的秘密，可是他们活在一个密码的力量已经被密码分析学的进展削弱的时期。他们的密码用来防护一般人的窥探是绰绰有余，但面对频率分析专家时则毫无招架之力。菲利普坐在旁听席，静静看着他们呈示他从加密信函中掘出的证据。

审判延续到次日，玛丽仍然坚持对贝平顿阴谋一无所悉。审判结束时，她把命运交付法官，且预先赦宥他们将下的必然判决。10天后，星室法庭①在威斯敏斯特（Westminster）聚会，认定玛丽"自6月1日起即图谋、设想各种能致使英格兰女王死亡、毁灭的事件"，因此判决有罪。他们建议处以死刑。伊丽莎白签署了死刑判决书。

1587年2月8日，佛斯林费堡的大厅聚集了三百多名想目睹玛丽女王被斩首的观众。沃尔辛厄姆决心要把玛丽殉道者形象的日后影响力降到最低，他下令事后必须焚毁刑台、玛丽的衣物、任何跟这场处决有关的东西，以防止日后成为圣物。他还计划在之后一周为他已故的女婿菲利普·西德尼（Philip Sidney）爵士举办一场盛大的送葬行列。西德尼是很受欢迎的英雄人物，在荷兰与天主教徒作战时阵亡。沃尔辛厄姆相信一场纪念他的庄严游行，将会降低同情玛丽的气氛。然而玛丽也同样决心要让她在公开场合的最后一次露面，成为坚毅不屈的反抗典范，借机重申她的天主教信仰，激励她的追随者。

———————
① Star Chamber 乃由法官与君主的枢密顾问所组成，不受一般法令的约束，权限高于一般法庭，以专断枉法闻名。1641年被废除。

图10：苏格兰玛丽女王的处决

　　彼得堡的首席牧师(Dean of Peterborough)引诵祈祷文时，玛丽也朗诵她自己的祈祷文，恳求上帝拯救英格兰天主教教会，以及她的儿子与伊丽莎白女王的灵魂。将家训"吾之终点，亦是起点"(In my end is my beginning)铭记在心的玛丽，泰然走向刑台。刽子手请求她赦免时，她回答："我诚心诚意宽恕你们，因为我正期望你们了结我的所有苦痛。"理查德·温菲尔德(Richard Wingfield) 在他的《苏格兰女王临终纪事》(*Narration of the Last Days of the Queen of Scots*)描述了她的最终片刻：

　　接着，她非常平静地躺上刑台，伸开手脚，高呼 In manus tuas domine (主，我任您处置！)三四次。在最后一刻，一名刽子手用一只手轻轻抓着她，另一名用斧头砍了两次才把她的头斩下，但还连在一些软骨上，在这瞬间她发出非常微弱的声音，躺在那儿纹丝不动……她的头被砍下后，嘴唇上下微动了将近一刻钟。然后，一名刽子手摘下她的袜带，看到她的小狗匍匐在她的衣服下。被强行捉离后，这只狗不愿离开她的尸体而又回来躺在她的头和肩部之间，一件颇引人注目的事。

第 2 章

无法破解的密码

单纯的单套字母替代式密码法为秘密通讯提供了数世纪的安全保障后，频率分析学一连串的发展，先是在阿拉伯世界，然后在欧洲，摧毁了它的安全度。苏格兰玛丽女王悲惨的处决，很戏剧性地证明了单套字母替代式密码法的弱点。很明显地，这场编码者和译码者的战役，译码者略胜一筹。每个发送密码的人事先都必须有心理准备，敌方的解码专家很可能拦截并破解他们最重要的秘密。

　　重担显然又落在编码者身上。他们必须编制一套更强、可以难倒译码者的新密码系统。这样的密码直到16世纪末才出现，可是它的起源可以追溯到15世纪的佛罗伦萨才子里昂·巴提斯塔·阿尔伯蒂(Leon Battista Alberti)。出生于1404年的阿尔伯蒂是文艺复兴的重要人物之一。他既是画家、作曲家、诗人、哲学家，也是第一篇科学性分析透视法的论文、探讨家蝇的论文以及给爱犬的祭文的作者。他最著名的身份大概是建筑师——罗马特雷维喷泉 (Trevi Fountain①) 的原始设计者，著有第一部印刷出版的建筑论著《论建筑》(*De re aedificatoria*)，此书是建筑设计从哥德风格一变而成文艺复兴风格的催化剂。

---

① 罗马有三百多座喷水池，且有很多传说，特雷维(Trevi)是最有名的一座，传说丢一个铜板到特雷维喷泉里，日后必定会再回到罗马。特雷维的历史悠久且复杂，最早可溯至1453年，教皇尼古拉五世(Nicolas V)命令阿尔伯蒂兴建。其后历经多次变革，现貌是18世纪时萨维(Salvi)和帕尼尼(Parnnini)的作品。

在1460年间，阿尔伯蒂在梵蒂冈的庭院游荡时，碰到他的朋友莱奥纳多·达托(Leonardo Dato)，教皇的书记官。达托跟他聊起密码术的一些细节。这段闲聊促使阿尔伯蒂以此为题写了一篇论文，勾勒出一种他认为的新密码法。在当时，所有替代式密码法在为一封信函加密时都只用到一套密码字母。阿尔伯蒂却建议使用两套，甚至更多套密码字母，在加密过程中交替使用，以混淆译码者的分析。

明文字母	a b c d e f g h i j k l m n o p q r s t u v w x y z
密码字母	F Z B V K I X A Y M E P L S D H J O R G N Q C U T W
密码字母	G O X B F W T H Q I L A P Z J D E S V Y C R K U H N

例如，我们可以交替使用上面两套密码字母来加密信息。假设要将hello加密，我们先用第一套密码字母来加密第一个字母，所以h变成A。加密第二个字母时，则改用第二套密码字母，所以e变成F。加密第三个字母时，又回到第一套密码字母，加密第四个字母时，又再取用第二套密码字母。也就是说，第一个l被加密为P，第二个l却被加密为A。最后一个字母o则又根据第一套密码字母加密为D。最后得到的密码文是AFPAD。阿尔伯蒂系统最主要的优点是，明文里相同的字母可能会被转成不同的密码，如hello的两个l就被加密成不同的字母。另一方面，在密码文重复出现的A也各代表明文里不一样的字母，先是h，再是l。

阿尔伯蒂虽然想出加密法一千多年来最重大的突破，却没有把这个概念发展成一套完整具体的加密系统。这项任务落在之后的几位学者身上。第一位是德国的约翰尼斯·特里特米乌斯(Johannes Trithemius)，一位生于1462年的修道院院长；再来是乔凡尼·波塔，生于1535年的意大利科学家；最后是布莱斯·德·维吉尼亚(Blaise de Vigenère)，生于1523年的法国外交官。维吉尼亚26岁时被派去罗马担任两年的外交官，因而读到阿尔伯蒂、特里特米乌斯和波塔的相关著作。刚开始，他对密码术的兴趣纯为外交工作上的需要。到了39岁时，维吉尼亚认为自己积蓄的钱足以支持他放弃工作，专注于研究生涯了。此时他才仔细审视阿尔伯蒂、特里特米乌斯和波塔的构想，将它们发展成一套既完整又强大的新密码系统。

图11:布莱斯·德·维吉尼亚

　　虽然阿尔伯蒂、特里特米乌斯和波塔都有极重要的贡献，这套密码系统仍被称为维吉尼亚密码法（Vigenère cypher），以彰显维吉尼亚将它发展成形的功劳。维吉尼亚密码法的力量源于它使用的不仅是一套，而是26套密码字母来加密信息。它加密的第一道步骤是画出如表3的维吉尼亚方格：最上面一行是明文字母，下面紧接着26套密码字母，每套字母都是将它前面那套字母挪移一位而成的。如此，密码的第一行是移了一位的恺撒挪移式密码字母，亦即可用来执行每个明文字母都由在它后一位字母取代的恺撒式密码法的密码字母集。同理，第二行是移了两位的恺撒式密码字母集，依此类推。方格最上面一行的小写字母是明文字母。你可以用这26套密码字母中的任何一套来进行加密。例如，若使用2号密码字母，字母a就会被加密成C；若用12号密码字母，a就会加密成M。

　　发信人若只用其中一套密码字母来加密整则信息，就是一个单纯的恺撒式密码法，这是非常弱的密码，敌方的拦截者很容易就能破解。维吉尼亚密码法却是分别使用维吉尼亚方格里不同列的密码字母来加密信息的各个字母。换句话说，发信人加密第一个字母时可以使用第5行的字母集，第二个字母则用第14行，第三个字母则用第21行，以此类推。解译信息时，收信人必须知道发信人使用维吉尼亚方格的哪一行字母集加密哪一个字母，所以双方必须协议出一套切换所用字母集的系统。这可以借由钥匙单词来达成。我们且以WHITE这个钥匙单词来加密divert troops to east ridge（部队改赴东岭）这则简短的信息，以示范钥匙单词如何用于维吉尼亚密码法。首先把这个钥匙单词拼写在信息的上方，一再重复，直到信息的所有字母都一一对应到钥匙单词的字母。再以如下的方式产生密码文：加密第一个字母d时，我们看到它上方的钥匙字母是

W，就去维吉尼亚方格找出以 W 起头的那一行。第 22 行以 W 开头，我们就在这一行找明文字母 d 的替代字母。以 d 开头的直栏和以 W 起始的横行在 Z 交会，所以 d 在密码文就是以 Z 代替。

Plain	a	b	c	d	e	f	g	h	i	j	k	I	m	n	o	p	q	r	s	t	u	v	x	x	y	z
1	B	C	D	E	F	G	H	I	J	K	L	M	N	O	P	Q	R	S	T	U	V	W	X	Y	Z	A
2	C	D	E	F	G	H	I	J	K	L	M	N	O	P	Q	R	S	T	U	V	W	X	Y	Z	A	B
3	D	E	F	G	H	I	J	K	L	M	N	O	P	Q	R	S	T	U	V	W	X	Y	Z	A	B	C
4	E	F	G	H	I	J	K	L	M	N	O	P	Q	R	S	T	U	V	W	X	Y	Z	A	B	C	D
5	F	G	H	I	J	K	L	M	N	O	P	Q	R	S	T	U	V	W	X	Y	Z	A	B	C	D	E
6	G	H	I	J	K	L	M	N	O	P	Q	R	S	T	U	V	W	X	Y	Z	A	B	C	D	E	F
7	H	I	J	K	L	M	N	O	P	Q	R	S	T	U	V	W	X	Y	Z	A	B	C	D	E	F	G
8	I	J	K	L	M	N	O	P	Q	R	S	T	U	V	W	X	Y	Z	A	B	C	D	E	F	G	H
9	J	K	L	M	N	O	P	Q	R	S	T	U	V	W	X	Y	Z	A	B	C	D	E	F	G	H	I
10	K	L	M	N	O	P	Q	R	S	T	U	V	W	X	Y	Z	A	B	C	D	E	F	G	H	I	J
11	L	M	N	O	P	Q	R	S	T	U	V	W	X	Y	Z	A	B	C	D	E	F	G	H	I	J	K
12	M	N	O	P	Q	R	S	T	U	V	W	X	Y	Z	A	B	C	D	E	F	G	H	I	J	K	L
13	N	O	P	Q	R	S	T	U	V	W	X	Y	Z	A	B	C	D	E	F	G	H	I	J	K	L	M
14	O	P	Q	R	S	T	U	V	W	X	Y	Z	A	B	C	D	E	F	G	H	I	J	K	L	M	N
15	P	Q	R	S	T	U	V	W	X	Y	Z	A	B	C	D	E	F	G	H	I	J	K	L	M	N	O
16	Q	R	S	T	U	V	W	X	Y	Z	A	B	C	D	E	F	G	H	I	J	K	L	M	N	O	P
17	R	S	T	U	V	W	X	Y	Z	A	B	C	D	E	F	G	H	I	J	K	L	M	N	O	P	Q
18	S	T	U	V	W	X	Y	Z	A	B	C	D	E	F	G	H	I	J	K	L	M	N	O	P	Q	R
19	T	U	V	W	X	Y	Z	A	B	C	D	E	F	G	H	I	J	K	L	M	N	O	P	Q	R	S
20	U	V	W	X	Y	Z	A	B	C	D	E	F	G	H	I	J	K	L	M	N	O	P	Q	R	S	T
21	V	W	X	Y	Z	A	B	C	D	E	F	G	H	I	J	K	L	M	N	O	P	Q	R	S	T	U
22	W	X	Y	Z	A	B	C	D	E	F	G	H	I	J	K	L	M	N	O	P	Q	R	S	T	U	V
23	X	Y	Z	A	B	C	D	E	F	G	H	I	J	K	L	M	N	O	P	Q	R	S	T	U	V	W
24	Y	Z	A	B	C	D	E	F	G	H	I	J	K	L	M	N	O	P	Q	R	S	T	U	V	W	X
25	Z	A	B	C	D	E	F	G	H	I	J	K	L	M	N	O	P	Q	R	S	T	U	V	W	X	Y
26	A	B	C	D	E	F	G	H	I	J	K	L	M	N	O	P	Q	R	S	T	U	V	W	X	Y	Z

表 3：维吉尼亚方格

钥匙单词	W H I T E W H I T E W H I T E W H I T E W H I
明文	d i v e r t t r o o p s t o e a s t r i d g e
密码文	Z P D X V P A Z H S L Z B H I W Z B K M Z N M

重复上面的程序，加密第二个字母。i上方的钥匙字母是H，所以用维吉尼亚方格的H行（第7行）来加密这个字母。以i开头的直栏和以H起始的横行在P交会，所以i在密码文是以P代替。钥匙单词的每一个字母都对应到维吉尼亚方格的某一行密码字母，这个钥匙单词有五个字母，发信人就循环使用五行维吉尼亚方格的密码字母来加密信息。信息的第五个字母是根据钥匙单词的第五个字母E来加密，但在加密信息的第六个字母时，则回到钥匙单词的第一个字母。使用更长的钥匙单词或钥匙词组会让加密过程中用到更多列密码字母，从而增加密码的复杂度。表4是标示出钥匙字WHITE所指定的五行密码字母的维吉尼亚方格。

维吉尼亚密码的最大优点是，第一章所介绍的频率分析法无法攻破它。例如，当译码者使用频率分析法解译密码文时，通常会先找出密码文里最常出现的字母（在此例是Z），然后假设它就是英文最常用字母e的替身。然而字母Z在此例分别代表了三个不同的字母d、r、s，而非e。这当然会让解码者摸不出头绪。一个在密码文出现很多次的字母可以代表数个不同的明文字母，这让译码者面临了极其模棱两可的困境，难以找出破解密码的线索。同样造成困扰的是，一个在明文出现很多次的字母，在密码文却可能是以数个不同的字母来代替。例如troops(部队)这个词，字母oo是重复的，却被不同的字母替代，而被加密为HS。

维吉尼亚密码法不仅可抵挡频率分析法的攻击，而且密码钥匙的数量也很惊人。发信人和收信人可以协议采用字典上的任何一个单词、任何单词组合，乃至杜撰的单词。译码者无法借由试探可用钥匙来破解信息，因为数量实在太大了。

Plain	a	b	c	d	e	f	g	h	i	j	k	l	m	n	o	p	q	r	s	t	u	v	w	x	y	z
1	B	C	D	E	F	G	H	I	J	K	L	M	N	O	P	Q	R	S	T	U	V	W	X	Y	Z	A
2	C	D	E	F	G	H	I	J	K	L	M	N	O	P	Q	R	S	T	U	V	W	X	Y	Z	A	B
3	D	E	F	G	H	I	J	K	L	M	N	O	P	Q	R	S	T	U	V	W	X	Y	Z	A	B	C
4	E	F	G	H	I	J	K	L	M	N	O	P	Q	R	S	T	U	V	W	X	Y	Z	A	B	C	D
5	F	G	H	I	J	K	L	M	N	O	P	Q	R	S	T	U	V	W	X	Y	Z	A	B	C	D	E
6	G	H	I	J	K	L	M	N	O	P	Q	R	S	T	U	V	W	X	Y	Z	A	B	C	D	E	F
7	H	I	J	K	L	M	N	O	P	Q	R	S	T	U	V	W	X	Y	Z	A	B	C	D	E	F	G
8	I	J	K	L	M	N	O	P	Q	R	S	T	U	V	W	X	Y	Z	A	B	C	D	E	F	G	H
9	J	K	L	M	N	O	P	Q	R	S	T	U	V	W	X	Y	Z	A	B	C	D	E	F	G	H	I
10	K	L	M	N	O	P	Q	R	S	T	U	V	W	X	Y	Z	A	B	C	D	E	F	G	H	I	J
11	L	M	N	O	P	Q	R	S	T	U	V	W	X	Y	Z	A	B	C	D	E	F	G	H	I	J	K
12	M	N	O	P	Q	R	S	T	U	V	W	X	Y	Z	A	B	C	D	E	F	G	H	I	J	K	L
13	N	O	P	Q	R	S	T	U	V	W	X	Y	Z	A	B	C	D	E	F	G	H	I	J	K	L	M
14	O	P	Q	R	S	T	U	V	W	X	Y	Z	A	B	C	D	E	F	G	H	I	J	K	L	M	N
15	P	Q	R	S	T	U	V	W	X	Y	Z	A	B	C	D	E	F	G	H	I	J	K	L	M	N	O
16	Q	R	S	T	U	V	W	X	Y	Z	A	B	C	D	E	F	G	H	I	J	K	L	M	N	O	P
17	R	S	T	U	V	W	X	Y	Z	A	B	C	D	E	F	G	H	I	J	K	L	M	N	O	P	Q
18	S	T	U	V	W	X	Y	Z	A	B	C	D	E	F	G	H	I	J	K	L	M	N	O	P	Q	R
19	T	U	V	W	X	Y	Z	A	B	C	D	E	F	G	H	I	J	K	L	M	N	O	P	Q	R	S
20	U	V	W	X	Y	Z	A	B	C	D	E	F	G	H	I	J	K	L	M	N	O	P	Q	R	S	T
21	V	W	X	Y	Z	A	B	C	D	E	F	G	H	I	J	K	L	M	N	O	P	Q	R	S	T	U
22	W	X	Y	Z	A	B	C	D	E	F	G	H	I	J	K	L	M	N	O	P	Q	R	S	T	U	V
23	X	Y	Z	A	B	C	D	E	F	G	H	I	J	K	L	M	N	O	P	Q	R	S	T	U	V	W
24	Y	Z	A	B	C	D	E	F	G	H	I	J	K	L	M	N	O	P	Q	R	S	T	U	V	W	X
25	Z	A	B	C	D	E	F	G	H	I	J	K	L	M	N	O	P	Q	R	S	T	U	V	W	X	Y
26	A	B	C	D	E	F	G	H	I	J	K	L	M	N	O	P	Q	R	S	T	U	V	W	X	Y	Z

表4：标示出钥匙单词WHITE所指定的五行密码字母的维吉尼亚方格。由W、H、I、T、E所指定的这五行密码字母会在加密过程中循环使用。

维吉尼亚把他的研究成果写成《密码论》（*Traité des Chiffres*），发表于1586年。也正是这一年，托马斯·菲利普破解了玛丽女王的密码。假使玛丽女王的秘书读到这篇论文，学会运用维吉尼亚密码法，菲利普势必解不开玛丽写给贝平顿的密函，她的命或许也就能保住。

这一切只是想当然罢了，维吉尼亚密码法的强度与安全保证，应该很快就会让全欧的密码秘书趋之若鹜、纷纷采用？毕竟，终于他们又有了一种安全的加密法可用，想必觉得如释重负。错了。恰巧相反，各地的密码秘书似乎都很排斥维吉尼亚密码法。这个看来毫无缺陷的系统，在接下来的两个世纪里，大受冷落。

从舍弃维吉尼亚到铁面人

维吉尼亚密码法之前的传统替代式密码法，均属于单套字母密码法，因为整则信息只使用一套密码字母来加密。相对地，维吉尼亚密码法则被归类为多套字母密码法(polyalphabetic cipher)，因为它在一则信息中就动用了数套密码字母。它的牢固难破，便是来自于多套字母的特点，但也正因为如此，使得它的使用程序复杂很多。应用维吉尼亚密码法所需的额外功夫让很多人打退堂鼓。

在17世纪，对一般的用途而言，单套字母密码法便已足够。如果你要防备仆人阅读你的私密通讯，或是预防配偶偷窥你的日记，这种老式的密码法是最理想的。单套字母密码法使用起来又快又简单，而且用来防范没受过密码分析训练的一般人绰绰有余。事实上，简易的单套字母密码法以多种形式通行了好几世纪（请参阅附录D）。至于较严密的用途，像是安全至上的军方与政府通讯，单纯的单套字母密码法就不太适当了。专业的编码者需要更好的武器，才足以对抗解码高手。可是多套字母密码法实在太复杂，所以他们仍旧不怎么愿意采用。军事通讯最讲究的是迅速和简易，而外交部门每天可能要发送、接收数百份函件，时间是至关重要的。因此编码者努力寻找一个中庸的方法，一种比单纯的单套字母密码法难破解，但又比多套字母密码法容易使用的密码法。

众多候选方案中，有一种相当有效的方法称为同音替代式密码法（homophonic　substitution　cipher）。这种密码法的特色是，每个字母可有数个替代符号，替代符号的数目多寡与字母本身的出现频率成正比。例如，字母a在英文的出现频率大约占8%，所以编订包含100个符号的密码集时，我们就指定八个符号来替换a。编写密码时，每碰到a，就随机从这八个符号中任选一个来替代。编完密码后，每个符号在密码文里的出现频率都应该在1%左右。同样地，b的出现频率大约占2%，我们就只指定两个符号给它。编写密码时，每碰到b，就任选两个符号之一来替代。最后这两个符号在密码文里的出现频率仍然应该各占1%左右。依此方法为每个字母一一指派不同数目的替代符号，一直到Z为止。Z的出现频率很低，就只分配到一个符号。表5的范例是用两位数的数字来组成密码集，每个明文字母，依其出现频率分别有一至十二不等的替代符号。

我们可以说，分配给字母a的所有二位数数字在密码文里都代表同一个音，也就是字母a的发音。同音替代式密码法的英文名称就是这么来的；希腊文的homos意为"相同"，phone意为"音"。提供数个替代符号给常用字母，是为了让每个密码符号的出现频率大致相等。若用表5的密码符号集来编码，整篇密码文的每个数字出现频率大约都会是1%。既然没有任何符号比其他符号更常出现，任何借助频率分析法的破解攻势必定会无功而返。百分之百安全？不尽然。

这样的密码文仍留下许多细微的线索给精明的密码分析家。在第一章我们看到，每个英文字母都有它的独特性格。这些性格显现在它与其他字母的结构关系上，即使以同音替代法加密，仍旧掩藏不了这些性格。说到英文字母的独特性格，最极端的例子是q。能跟在q之后的字母只有一个：u。尝试解译这类密码文时，我们可以从q着手。q并不常见，因此大概只有一个替代符号，而u的出现频率约占3%，因此可能有三个替代符号。所以，若找到一个固定只有三种符号会跟在它后面的符号，我们大可假设这个符号即是q，而跟在它后面的三种符号都是代替u。其他字母虽然比较难找，但它们跟其他字母的结构关系仍旧会泄漏出它们的真实身份。尽管同音密码法并非无懈可击，它终究比单纯的单套字母密码法安全多了。

a	b	c	d	e	f	g	h	i	j	k	l	m	n	o	p	q	r	s	t	u	v	w	x	y	z
09	48	13	01	14	10	06	23	32	15	04	26	22	18	00	38	94	29	11	17	08	34	60	28	21	02
12	81	41	03	16	31	25	39	70			37	27	58	05	95		35	19	20	61		89		52	
33		62	45	24			50	73			51		59	07			40	36	30	63					
47			79	44			56	83			84		66	54			42	76	43						
53				46			65	88					71	72			77	86	49						
67				55			68	93					91	90			80	96	69						
78				57										99					75						
92				64															85						
				74															97						
				82																					
				87																					
				98																					

表5：同音替代式密码法的例子。最上面一行是明文字母，下面的数字即是替代的密码符号。越常出现的字母拥有越多的替代符号。

使用同音密码法时，每个明文字母可以有多种加密方式，看来似乎跟多套字母密码法很相似。不过它在一个关键处仍异于后者，所以仍旧属于单套字母密码法。在表5所示的同音符号表里，字母a有8个数字可以轮流替代，可是反过来看，这8个数字只能代表a。换句话说，一个明文字母可以交替使用数个替代符号，但是每个替代符号只能固定回溯到一个字母。在多套字母密码法里，一个明文字母同样也有数个替代符号，然而更能令人混淆的是，这些符号可能会代表不同的字母。

　　同音密码法被归类为单套字母密码法的最基本原因大概是，尽管每个明文字母可以有数个替代符号，不过整个加密过程其实只用到一套密码字母集。相对地，使用多套字母密码法时，必须在加密过程中不断轮换不同的密码字母集。

　　用各种方法修改变化一下基本的单套字母密码法，例如加入同音法，就又可以加强密码的安全性，而不用求助于复杂的多套字母密码法。实际运用过的增强型单套字母密码法，最难破解的大概要属法国国王路易十四的"大密码"（Great Cipher）。"大密码"被用来加密法国最机密的文件，防止计划、策略和政治阴谋的细节外泄。其中一份文件提到了法国历史上最神秘的人物之一，铁面人。但是牢固的"大密码"却将这份文件以及它引人关注的内容隐蔽了两个世纪之久。

　　"大密码"是由安东尼·何希纽与波拿翁图·何希纽（Antoine & Bonaventure Rossignol）这对父子档发明出来的。安东尼的成名，是缘于他对一项军事行动的贡献。1626 年，法军包围瑞亚梦（Réalmont）城，有个从城里溜出来的信差被逮到，法军把他所携带的密函交给安东尼。他在日落之前就解译出密函，得知防守此城的雨格诺① （Huguenot）军已经快撑不下去了。法军原本对雨格诺教徒的困境浑然不知情，如今则将原信和译文一并送还。雨格诺教徒明白他们的敌人不可能撤退，于是马上投降了。这个解译结果使得法军轻易制敌。

　　体会到密码解译的力量之后，何希纽父子被授予了宫廷里的资深职

---

① 16 至 18 世纪法国天主教徒对卡尔文派教徒的称呼。

位。他们先是为路易十三效力，路易十四继任后仍担任他的密码分析师。路易十四非常赏识两人，甚而把他们的办公室移到他的隔壁，让何希纽父子在法国外交政策的形成过程扮演中心角色。法国人对他们的才能所给予的最大赞誉之一是，他们的姓氏rossignol这个字，成了法文俚语中的开锁工具，他们破解密码的能力可见一斑。

破解密码的实战经验赋予了何希纽父子设计更牢固的加密法的能力，最后他们发明出所谓的"大密码"。"大密码"的安全度极高，所有尝试破解它以偷窥法国机密的敌方解码专家都徒劳无功。可惜他们父子去世后，"大密码"竟遭废弃不用，详细的使用法很快就被遗忘，这也意味着再也没有人能阅读法国档案室的加密文件。"大密码"实在太牢固，以致接下来的几代译码专家也束手无策。

历史学家知道，这些用"大密码"加密的文件是探究法国17世纪时代各种宫廷秘辛的特别管道。可是，直至19世纪末，都没有人能解译它们。到了1890年，军事史学者维克多·金德伦(Victor Gendron)在研究路易十四时期的军事行动时，发掘出一些用"大密码"加密的信函。因为看不懂，于是委请一位法国军事密码学部门的卓越专家，指挥官埃田·巴泽里(Etienne Bazeries)解译。巴泽里把这些信函视为最高挑战，其后的三年光阴都用在解译它们上。

这批加密文件共有数千个数字，但是由587种不同的数字所构成。"大密码"显然比单纯的单套字母密码法复杂多了；后者只需要26个不同的数字，每个字母一个。因为数字的数量很大，刚开始巴泽里猜测"大密码"可能是同音法，亦即由许多数字代表同一个字母。他花了数个月探索这个可能性，却是白费工夫。"大密码"不是同音密码法。

后来他想到，也许每个数字所代表的是一对字母(digraph，一起发一个音的两个字母)。法文只有26个字母，但有676种可能的字母对，而这个数目跟密码文所用的数字数目接近。巴泽里找出密码文里最常出现的数字(22、42、124、125、341)，假设它们代表法文最常用到的字母对(es、en、ou、de、nt)。事实上，他等于把频率分析法应用到字母对的层面上。可惜工作了数个月后，这个理论也没能导出有意义的结果。

当他又想到另一套解译策略时，想必已经处在放弃这份执迷的边缘了。也许字母对的想法，其实与事实的差距并不远。他开始试探每个数字代表一个音节（而非一对字母）的可能性。他开始尝试给数字与音节配对，最常出现的数字应该就代表法文最常见的音节。巴泽里试验了各种排列组合，却都只译出一些叽哩咕噜、无意义的字——直到他找出一个特定的字。124-22-125-46-345这一串数字在每一页都出现很多次，巴泽里假定它们代表les-en-ne-mi-s，亦即les ennemis(敌人)。结果证实，这是一个关键性的突破。

现在，巴泽里可以进一步检视密码文，审究那些有这5个数字掺在里面的单词。他把源自les ennemis的音节值插进密码文里，揭露其他单词的一部分。爱玩纵横字谜的人都知道，拼出一个单词的部分字母后，剩余的字母通常可以猜得出来。所以，巴泽里完成新的字时，就也辨识出新的音节，而这些音节又会再引出其他的单词，如此循环下去。他不时被绊住，一部分是因为音节值本来就不明确，一部分是因为有一些数字代表的是单一字母、而非音节，更有一部分是何希纽父子故意设的陷阱。例如，有一个数字所代表的非音节、亦非字母，而是要删掉前一个数字。

解译过程终于结束时，巴泽里成为两百年来第一位目睹路易十四的秘密的人。历史学家都为这些新解译出来的资料着迷不已，尤其是一封吊人胃口的信函。这封信似乎解开了17世纪最令人费解的一个谜团：铁面人(Man in the Iron Mask)的真正身份。

铁面人，自从关在法国萨伏伊(Savoy)的皮涅侯(Pignerole)城堡以来，一直是大家臆测纷纷的话题。他在1698年被递解到巴士底狱时，农民争相一睹他的形貌，然而事后却众说纷纭。有的说他矮个子、有的却说高个子，有的说他金发白肤、有的却说是黑发棕肤，有的说他是年轻人、有的却说是老头子。甚至还有人宣称他是女子呢。在没有明确事实可依据的情况下，从伏尔泰(Voltaire)到富兰克林(Benjamin Franklin)，每个人都编造出自己的理论来解释铁面人这桩悬案。最流行的阴谋论宣称，"面具"（有时候他们就这样称他）是路易十四的孪生兄弟，无辜横遭禁锢，以杜绝谁是王位继承人的争议。这个理论的某一版本还说铁面人其实有后裔，这一系王族支脉被隐瞒了。1801年发行的一本小册子宣称拿破仑是铁面人的后裔。既然这谣言有助于巩固他的地位，这位皇帝并未否认。

铁面人之谜甚至激发了许多诗词、散文和戏剧创作。1848年，雨果(Victor Hugo)开始撰写一出名为《双胞胎》的戏剧，可是他发现大仲马(Alexandre Dumas)已经全力投入同样的计划，便放弃已经写好的两幕剧本。从那时候起,大仲马的名字就跟铁面人的故事连在一起了。小说《铁面人》的成功更强化了铁面人跟国王有关联的臆测，而且尽管巴泽里的破译提出证据，这个理论仍持续流传着。

巴泽里解译出一封路易十四的战争部长法兰斯瓦·德·卢瓦(Francois de Louvois)所写的信函。卢瓦一开始先叙述费文·德·布隆德(Vivien de Bulonde)的罪行。这位指挥官负责率军进攻位于法意边境的城镇库内欧

(Cuneo)，占领后受令固守阵地。他却担心奥地利敌军会来，抛下军备及许多伤兵逃走了。战争部长表示，此一行为危及了皮耶蒙(Piedmont)的整个军事行动。信中也明确提到，法王认为布隆德的行为是极其懦弱的举动：

> 陛下比谁都清楚此种行为的后果，他也意识到，未能占有此地，对我们这次的行动是一大重挫，这项挫败必须等到冬季方能弥补。陛下望你立即逮捕布隆德将军，带到皮涅侯城堡，晚上关进囚房里看管，白天则允他戴着面具在城垛上走动。

这封信明白地提到一个在皮涅侯戴着面具的囚犯，一项足堪此种处分的严重罪行，日期也跟铁面人的神秘事件吻合。这个谜团终于解开了？毫不令人意外，那些偏好阴谋论的人，仍能在布隆德这个答案上找出漏洞。例如，有人辩解说，如果路易十四真想秘密囚禁他不承认的孪生兄弟，一定会故意留下一些假造的蛛丝马迹。也许，这封密函是刻意留给人解译的。也许19世纪的解码专家巴泽尔正是掉进17世纪的圈套了。

黑房厅

把加密层面转移到音节或加入同音法，这样的增强型单套字母密码法在17世纪初可能够强了，可是到了18世纪初，密码分析趋向工业化，很多极复杂的单套字母密码法就在政府密码分析小组的合作下被破解了。每个欧洲政权都有自己所谓的黑房厅(Black Chamber)，一个收集情报、破解密码的神经中枢。最著名、最有纪律、也最有效率的黑房厅是位于维也纳的"秘密内阁办公厅"(Geheime Kabinetts-Kanzlei)。

　　这个黑房厅的运作有一套非常严谨的时间表,因为它的窥伺行动不能耽误邮政的顺畅作业,以致令人起疑。应该送至维也纳各大使馆的信件会先绕道经过黑房厅,早上七点钟抵达。秘书熔开封缄,一组速记员并行操作地抄录信件的内容。必要时由语言专家来负责誊写较特别的文字。三个小时内,这些信件又被封回信封,送还邮政总局,以便递交至真正的目的地。只在奥地利过境的国际邮件,会在早上十点抵达黑房厅。维也纳各大使馆所发出、寄往奥地利境外的邮件,则在下午四点抵达。所有这些信件都得先经抄录,才可以继续它们的旅程。就这样,每天有一百封信会流经维也纳的黑房厅。

　　这些信件的副本会送到解码专家手上。他们坐在小房间里,准备解译信件的内容。维也纳的黑房厅不仅提供珍贵的情报给奥地利皇帝,还把他们搜集到的信息卖给其他欧洲国家。1774年他们和法国大使馆的秘书阿博特·乔治(Abbot Georgel)达成协议,每星期提供两批数据给他,报酬是一千杜卡特①(ducats)。他再把这些可能含有各国君主秘密计划的信件直接送到巴黎给路易十五。

　　这些黑房厅使得各种单套字母密码法都毫无安全可言。面对这么专业的译码高手,编码专家终于被迫使用较复杂但较安全的维吉尼亚密码法。渐渐地,密码秘书开始改用多套字母密码法。除了更有实效的频率分析法外,还有另一股压力促使他们转用较安全的加密形式:电报的发展,

———————————

① 从前欧洲大陆所使用的金币或银币。

以及防止电报被拦截、解译的需要。

电报以及随后的电信革命，虽是在19世纪登场，它的起源却可回溯至1753年。有一封未具名的读者投书，在苏格兰的杂志上描述如何在发信人和收信人之间连上26条电缆，每个字母一条，即可越过长距离传送信息。发信人可以利用不同的电缆送出电波，拼写出信息。例如，要拼hello这个字，发信人就先用h电缆送出一个讯号，接着用e电缆，以此类推。收信人侦测电流来自哪一条电缆，借此读出信息。不过，没有人把这个被发明人称为"传送情报的便利方法"付诸实行过，因为它有许多技术障碍得克服。

例如，工程师需要一套灵敏度够高的系统来侦测电流讯号。在英格兰，查理·惠斯顿(Charles Wheatstone)爵士和威廉·佛勒吉·库克(William Fothergill Cooke)用磁针制造侦测器，电流出现时，磁针就会偏斜。1839年，相距29公里的西德雷顿(West Drayton)火车站和帕丁顿(Paddington)火车站利用惠斯顿－库克系统互传信息、电报以及它惊人的通讯速度立即远近驰名。维多利亚女王(Queen Victoria)的次子阿尔弗雷德王子(Prince Alfred)1844年8月6日在温莎(Windsor)的诞生，更为它的功效做了最好的宣传。这则王子诞生的消息透过电报传到伦敦，一个小时内《泰晤士报》就在街头宣告这则新闻了。《泰晤士报》没忘了"感谢电磁电报的非凡力量"让他们创下实时报道的纪录。来年，电报协助逮捕了约翰·泰威(John Tawell)，名声变得更加响亮。泰威在斯劳(Slough)谋杀了他的情妇，跳上一列开往伦敦的火车要逃亡。当地警察用电报通知伦敦警方泰威的长相，他一到帕丁顿，马上被捕。

同一时候在美国，塞缪尔·摩斯(Samuel Morse)刚架好他的第一条电报电缆：一套跨越巴尔的摩(Baltimore)与华盛顿60公里距离的系统。
摩斯用电磁加强讯号，使讯号抵达收信端时，仍有足够的强度在纸上画
出一系列短、长记号，亦即点和线。他也研发了一套我们现在所熟悉的
摩斯电码，把每个字母转译成一条列点和线，如表6所示。摩斯还设计了
发声器，让收信人可以听到代表字母的一系列短音和长音，亦即有声的
点和线，这套系统至此算是完备了。

符号	代码	符号	代码
A	·—	W	·——
B	—··	X	—··—
C	—·—·	Y	—·——
D	—··	Z	——··
E	·	1	·————
F	··—·	2	··———
G	——·	3	···——
H	····	4	····—
I	··	5	·····
J	·———	6	—····
K	—·—	7	——···
L	·—··	8	———··
M	——	9	————·
N	—·	10	—————
O	———	句号	·—·—·—
P	·——·	逗号	——··——
Q	——·—	问号	··——··
R	·—·	冒号	———···
S	···	分号	—·—·—·
T	—	连字符	—····—
U	··—	斜线号	—··—·
V	···—	引号	·—··—·

表6：国际摩斯电码符号

在欧洲，摩斯的方法逐渐取代惠斯顿－库克系统。1851 年，一套欧洲式的摩斯电码，包括含重音符号的字母，在整个欧洲大陆通行。摩斯电码和电报对这个世界的影响一年比一年深远，它帮助警察捉到更多罪犯，帮报界带来最新的消息，提供宝贵的商业信息，让遥遥相隔的公司可以进行实时交易。

然而，如何保护这些常有敏感内容的通讯，是很令人关切的问题。摩斯电码本身并不是密码，因为它并未隐藏信息。这些点和线只是供电报媒介表示字母的代替方式而已，换句话说，摩斯电码不过是另一种形式的字母集。安全问题之所以浮现，主要是因为任何想用电报传送信息的人都必须把它交给电报通讯员，他们在传送信息时，必会读过一遍。通讯员既然能读取每一则信息，难保不会有公司贿赂他们，以窥知竞争者的通讯内容。1853 年，一篇发表在英格兰的《评论季刊》（*Quarterly Review*）以电报为题的文章即略述了这个问题：

目前利用电报进行私人通讯有一个很大的缺点——违反所有保密原则——实应采取措施排除。在任何情况下，某人对另一人念出信息的每个单词时，总会有五六个人听到。虽然英格兰电报公司的职员都发誓守密，我们难免常会写一些无法容忍陌生人公然在我们眼前阅读的东西。这是电报的一项严重缺陷，必须探取措施补救。

解决方法就是，在将信息交给通讯员之前先加密。通讯员将密码文转换成摩斯电码，然后再传送出去。加密不仅能防止通讯员看到敏感数据，也能使搭接电报电缆窃听的间谍无法轻易窃得秘密。多套字母的维吉尼亚密码法显然是确保重要商业信息安全的最佳方法。它被视为无懈可击，甚至被封为"无法破解的密码"（le chiffre indéchiffrable）。编码专家，至少暂时明显领先了解码专家。

巴贝奇对维吉尼亚密码

19世纪密码分析界最引人瞩目的人物是查理·巴贝奇（Charles Babbage），这位英国怪才最闻名的成就是研发了现代计算机的先驱。他出生于1791年，是富有的伦敦银行家班杰明·巴贝奇（Benjamin Babbage）的儿子。查理的婚事未得到他父亲的赞同，因而与巴贝奇的财产绝缘，但他仍有足够的金钱，不至于有财务问题。他喜欢过流浪学者的生涯，把心思用在任何能激发他奇想的问题上。他的发明包括速度计和捉牛器。捉牛器是一种固定在蒸气火车头上的装置，用于驱除铁轨上的牛只。若讲到科学性的突破，他是第一位发现树的年轮宽度跟气候有关的人，并进而推论，研究古树可以推断出以前的气候。他对统计学也很有兴趣，消遣之际画出一套死亡率统计表，是现今保险业的基本工具。

巴贝奇不自限于处理科学和工程的问题。以往邮资是依信件的运送距离来计费的，巴贝奇却指出，计算每封信的价格所需的人力成本比邮资成本还高。因此，他提议了这套我们今日仍在使用的系统——所有信件不论收信地址在国内何处，都收取相同的邮资。他也对政治、社会问题有兴趣，晚年时发起清除在伦敦游荡的手风琴手和街头音乐家的运动。他抱怨这些音乐"时常使得破破烂烂的顽童，有时甚至使得半醉的男人跳起舞来，那些醉汉偶尔还用他们不和谐的声音来应和这些噪音。另一个大力支持街头音乐的阶级，是那些道德标准伸缩自如且有四海一家主义倾向的淑女们，这些音乐提供她们一个体面的借口，得以敞开窗户，展示她们的魅力"。结果，这些音乐家反倒在他家门前聚集了大批人群，尽其所能地大声演奏，以示反击。

巴贝奇的科学生涯在1821年出现了转折点，当时他和天文学家约翰·赫谢尔(John Herschel)检查一组数学表格，那种用于天文学、工程和航海计算的表格。这些表格有很多错误，让这两个人不胜其烦，因为这些错误会使一些重要的计算产生误差。其中一张"在海上确定纬度和经度的航海星象表"(Nautical Ephemeris for Finding Latitude and Longitude at Sea)，有一千个以上的错误。很多船难和工程灾难的确得归咎于表格的数据错误。

这些数学表格是用手计算出来的，这些错误纯粹是人为错误。巴贝奇因而大叫："老天，我真希望这些计算是利用蒸气执行的！"他随之投注下大把的心力，矢志建立一台可以无误地计算出高精度数字的机器。1823年，巴贝奇设计出"差分机一号"(Difference Engine No.1)，一部包含两万五千个精密零件、很是壮观的计算器，这部机器将由政府出资制造。巴贝奇是才气纵横的创新者，却不是个挺好的实践家。辛勤工作十年后，他放弃"差分机一号"，重新提出一份全新的设计，开始着手制造"差分机二号"(Difference Engine No.2)。

巴贝奇放弃他的第一台机器时，政府对他失去信心，决定从这项计划抽身，以减少损失——这计划已经花掉17,470英镑，足以建造两艘战舰了。大概就是这撤回资助的举动让巴贝奇后来发出如下的牢骚："向英国人提议一项原理或一套仪器，不管有多宏伟，你都会发现他们的心思全放在找出它的困难、缺陷或不可能性。如果你跟他谈削马铃薯机，他会说那是不可能的。你在他面前用这机器削颗马铃薯给他看，他又会说这个玩意没啥用处，因为它不能切菠萝。"

图 12：查理·巴贝奇

没有政府的资助，巴贝奇也就没能完成差分机二号。这实在是科学界的一大悲剧。巴贝奇的机器已具备程序设计的特征。成功的话，差分机二号不仅能计算一些特定的表格，还能根据指令解决各种数学问题。事实上，差分机二号提供了一套现代计算机的蓝本。他的设计包括一个"仓库"（内存）和"磨坊"（处理器），让它可以做决策及重复执行指令，相当于现代程序语言的"if...then..."和"loop"指令。

一个世纪后，在第二次世界大战期间，第一代实现巴贝奇设计的电子设备对密码分析学有深切的影响。事实上，巴贝奇在他有生之年，对破解密码的知识也有着同等重要的贡献：他成功破解了维吉尼亚密码，这是自 9 世纪的阿拉伯学者发明频率分析法破解单套字母密码法以来，密码分析学上最伟大的突破。巴贝奇的杰作不需要机械的计算或复杂的运算。他所用到的，不过是那颗灵活的脑袋。

巴贝奇年纪轻轻时，就对密码产生兴趣。他后来回忆道，童年时的嗜好常给他惹上麻烦："那些大男孩造了一些密码。通常我只要得到几个，就能找出钥匙。展现这巧妙本领的后果有时并不好受：有些密码的主人会揍我一顿，尽管这该怪他们自己太蠢。"这些痛打并未使他退却，巴贝奇依旧对分析密码非常着迷。他在自传里写道："我认为，解译密码是最迷人的技艺之一。"

他那密码分析家的名声，很快就在伦敦的社交界建立起来，人人都知道他乐于对付任何加密信息，常有陌生人带着各种问题来找他。例如有位传记作家无法判读英国第一任皇家天文学家约翰·弗兰斯蒂德(John Flamsteed)的速记笔记，绝望之际，获得巴贝奇的协助。他也协助了一位历史学者破解查理一世(Charles I)的妻子亨丽叶塔·玛丽亚(Henrietta

Maria)的密码。1854年，他和一位律师合作，利用密码分析法揭出一件诉讼案的关键证据。长年下来，巴贝奇收集了一大沓厚厚的密码文件，打算以此为基础，写一本堪称密码分析学权威的书籍，标题拟为《密码解译的哲学》（*The Philosophy of Deciphering*）。他计划在此书为每一种密码法列举两个例子，一个由他来示范破解方法，另一个则留给读者练习解译。可惜，就如他许多其他宏伟的计划，这本书从未完成。

正当大部分的密码分析家已经放弃破解维吉尼亚密码法的希望时，巴贝奇却在跟约翰·霍尔·布洛克·斯维特斯(John Hall Brock Thwaites)信件往来之际，兴起尝试破解它的念头。斯维特斯是来自布里斯托尔(Bristol)的牙医，对密码术的发展相当无知。1854年，他宣称发明了一种新的密码法，其实正是维吉尼亚密码法。他显然不知道自己晚了好几个世纪，还去信《技术学会期刊》（*Journal of the Society of Arts*），要为他的主意申请专利。巴贝奇写信给这个学会，指出："这个密码法……历史非常悠久了，大多数书籍都有提到它。"斯维特斯不认错，并挑战巴贝奇破解他的密码。它能否被破解，跟它是不是新的密码法，当然是两回事。不过，巴贝奇倒真的被勾起好奇心，开始着手寻找维吉尼亚密码法的弱点。

破解困难的密码，犹如攀爬一面峭立的断崖。密码分析家会寻找任何能让他攀抓的角落或裂缝。在单套字母密码法里，密码分析家紧紧抓住字母的频率，因为最常用的字母，如e、t、a，不管怎么掩饰，都会突显出来。使用多套字母集的维吉尼亚密码法，把这些频率掩饰得均衡多了，因为它使用钥匙单词在数套密码字母之间轮换。所以乍看之下，这片岩面光滑无比，根本没有可以攀附或落脚的地方。

Plain	a	b	c	d	e	f	g	h	i	j	k	l	m	n	o	p	q	r	s	t	u	v	w	x	y	z
1	B	C	D	E	F	G	H	I	J	K	L	M	N	O	P	Q	R	S	T	U	V	W	X	Y	Z	A
2	C	D	E	F	C	H	I	J	K	L	M	N	O	P	Q	R	S	T	U	V	W	X	Y	Z	A	B
3	D	E	F	G	H	I	J	K	L	M	N	O	P	Q	R	S	T	U	V	W	X	Y	Z	A	B	C
4	E	F	G	H	I	J	K	L	M	N	O	P	Q	R	S	T	U	V	W	X	Y	Z	A	B	C	D
5	F	G	H	I	J	K	L	M	N	O	P	Q	R	S	T	U	V	W	X	Y	Z	A	B	C	D	E
6	G	H	I	J	K	L	M	N	O	P	Q	R	S	T	U	V	W	X	Y	Z	A	B	C	D	E	F
7	H	I	J	K	L	M	N	O	P	Q	R	S	T	U	V	W	X	Y	Z	A	B	C	D	E	F	G
8	I	J	K	L	M	N	O	P	Q	R	S	T	U	V	W	X	Y	Z	A	B	C	D	E	F	G	H
9	J	K	L	M	N	O	P	Q	R	S	T	U	V	W	X	Y	Z	A	B	C	D	E	F	G	H	I
10	K	L	M	N	O	P	Q	R	S	T	U	V	W	X	Y	Z	A	B	C	D	E	F	G	H	I	J
11	L	M	N	O	P	Q	R	S	T	U	V	W	X	Y	Z	A	B	C	D	E	F	G	H	I	J	K
12	M	N	O	P	Q	R	S	T	U	V	W	X	Y	Z	A	B	C	D	E	F	G	H	I	J	K	L
13	N	O	P	Q	R	S	T	U	V	W	X	Y	Z	A	B	C	D	E	F	G	H	I	J	K	L	M
14	O	P	Q	R	S	T	U	V	W	X	Y	Z	A	B	C	D	E	F	G	H	I	J	K	L	M	N
15	P	Q	R	S	T	U	V	W	X	Y	Z	A	B	C	D	E	F	G	H	I	J	K	L	M	N	0
16	Q	R	S	T	U	V	W	X	Y	Z	A	B	C	D	E	F	G	H	I	J	K	L	M	N	O	P
17	R	S	T	U	V	W	X	Y	Z	A	B	C	D	E	F	G	H	I	J	K	L	M	N	O	P	Q
18	S	T	U	V	W	X	Y	Z	A	B	C	D	E	F	G	H	I	J	K	L	M	N	O	P	Q	R
19	T	U	V	W	X	Y	Z	A	B	C	D	E	F	G	H	I	J	K	L	M	N	O	P	Q	R	S
20	U	V	W	X	Y	Z	A	B	C	D	E	F	G	H	I	J	K	L	M	N	O	P	Q	R	S	T
21	V	W	X	Y	Z	A	B	C	D	E	F	G	H	I	J	K	L	M	N	O	P	Q	R	S	T	U
22	W	X	Y	Z	A	B	C	D	E	F	G	H	I	J	K	L	M	N	O	P	Q	R	S	T	U	V
23	X	Y	Z	A	B	C	D	E	F	G	H	I	J	K	L	M	N	O	P	Q	R	S	T	U	V	W
24	Y	Z	A	B	C	D	E	F	G	H	I	J	K	L	M	N	O	P	Q	R	S	T	U	V	W	X
25	Z	A	B	C	D	E	F	G	H	I	J	K	L	M	N	O	P	Q	R	S	T	U	V	W	X	Y
26	A	B	C	D	E	F	G	H	I	J	K	L	M	N	O	P	Q	R	S	T	U	V	W	X	Y	Z

表7：以KING当钥匙单词的维吉尼亚方格。这个钥匙单词指定了四套不同的密码字母集，所以字母e可以加密成0、M、R或K。

别忘了，维吉尼亚密码法之所以难以破解是因为同一个字母有数种加密方法。举例来说，如果钥匙单词是KING，那么明文的每个字母就都有四种可能的加密方式，因为这个钥匙单词含有四个字母，而每个字母都代表维吉尼亚方格内的一列密码字母，如表7所示。标示出方格里e这一直栏后，你可以看到，仅仅考虑轮到以钥匙单词的哪个字母来指定密码字母集，e有以下四种加密可能性：

如果用 KING 的 K 来加密 e，就会产生密码字母 O。

如果用 KING 的 I 来加密 e，就会产生密码字母 M。

如果用 KING 的 N 来加密 e，就会产生密码字母 R。

如果用 KING 的 G 来加密 e，就会产生密码字母 K。

同样地，单词本身也会有不同的加密可能性。例如，the 这个单词就可能加密成 DPR、BUK、GNO 或 ZRM，仅仅考虑它跟这个钥匙单词的相对位置而定。这会使密码分析工作变得很困难，但并非绝不可能成功。需注意的重点是，如果 the 这个单词只有四种加密可能性，而且原始文件用了数次 the 这个单词，这四个加密可能性的其中几个可能会在密码文里重复出现。例如，假设我们用维吉尼亚密码法，以 KING 当钥匙单词，加密 The Sun and the Man in the Moon(太阳及月亮上的人) 这一行单词，结果如下：

钥匙单词	K I N G K I N G K I N G K I N G K I N G K I N G
明文	t h e s u n a n d t h e m a n i n t h e m o o n
密码文	D P R Y E V N T N B U K W I A O X B U K W W B T

the 这个单词第一次被加密成 DPR，第二次和第三次则都加密成 BUK。BUK 之所以会重复，是因为从第二个 the 前缀算起，一直到第三个 the 出现以前，共有八个字母，而八是这个钥匙单词长度（四）的倍数。换句话说，第二个 the 是根据钥匙单词中的 ING 三个字母来选择密码字母集，当我们加密到第三个 the 时，这个钥匙单词刚好循环了两次，于是和第二个 the 一样，仍是根据 ING 来选择密码字母集，所以得到的密码也就

相同了。

　　巴贝奇发现，这种重复性正是他征服维吉尼亚密码所需的立足点。他定出一些相当简单的步骤，让任何密码分析家只要依循这些要领，即可破解这个到当时为止仍"无法破解的密码"。我们且试着依巴贝奇的方法来解译如图13所示的密码文，便能了解他高超的技巧。现在，我们只知道它是用维吉尼亚密码法加密的，但不知道它的钥匙单词是什么。

　　巴贝奇分析法的第一步骤是寻找出现两次以上的字符串。有两种情况可能出现重复的密码文字符串。最可能的情况是，同样的明文字符串用了钥匙单词的相同部分加密。另一种可能性颇低的情况是，不同的明文字符串用了钥匙单词的不同部分加密，却巧合地产生一模一样的密码文字符串。我们若把寻找目标限定于较长的字符串，第二种可能性的出现就会大打折扣。在本例，我们只考虑四个字母以上的字符串。表8记录了这类重复的字符串以及重复字符串之间的间隔值。例如，字符串E-F-I-Q先是出现在这段密码文的第一行，后来又出现在第三行，向前挪动了95位。

WUBEFIQLZURMVOFEHMYMWT I XCGTMP I FKRZUPMVOI RQMM
WOZMPULMBNYVQQQMVMVJ LE YMHFEFNZPSDLPPSDLPEVQM
WCXYMDAVQEEFIQCAYTQOWC XYMWMSEMEFCFWYEYQETRLI
QYCGMTWCWFBSMYFPLRXTQY EEXMRULUKSGWFPTLRQAERL
UVPMVYQYCXTWFQLMTELSFJ PQEHMOZCIWCIWFPZSLMAEZ
IQVLQMZVPPXAWCSMZMORVG VVQSZETRLQZPBJAZVQIYXE
WWO I CCGDWHQMMVOWSGNT J P FPPAYB I YBJUTWRLQKLLLMD
PYVACDCFQNZPI FPPKSDVPT I DGXMQQVEBMQALKEZMGCVK
UZKIZBZLIUAMMVZ

图13：用维吉尼亚密码法加密的密码文。

钥匙单词既定义明文加密的程序，也是收信人把密码文还原成明文的依据。因此只要能判定出钥匙单词，这段文字很容易就能解译出来了。在这个阶段，我们的信息还不足以解出钥匙单词，不过表8提供了很有用的线索，让我们可以判断钥匙单词的长度。表8的左边两栏列出重复出现的字符串和重复的间隔值，右边各栏列出这些间隔值的因子，亦即可以整除这些间隔值的数字。例如，字串 W–C–X–Y–M 在20个字母后再度出现，它的因子就是1、2、4、5、10和20，因为这些数字可以整除20，而不留下余数。这些因子提示出六种可能性：

1. 这把钥匙的长度是1个字母，在第一个 W–C–X–Y–M 字符串和第二个 W–C–X–Y–M 之间循环了20次。

2. 这把钥匙的长度是2个字母，在两段字符串间循环了10次。

3. 这把钥匙的长度是4个字母，在两段字符串间循环了5次。

4. 这把钥匙的长度是5个字母，在两段字符串间循环了4次。

5. 这把钥匙的长度是10个字母，在两段字符串间循环了2次。

6. 这把钥匙的长度是20个字母，在两段字符串间循环了1次。

第一个可能性可以马上排除，因为使用一把长度只有1个字母的钥匙形同使用单套字母密码法——整个加密过程只用到维吉尼亚方格中的某一列密码字母，从头到尾都不更换密码字母。编码者不太可能做这种事。在表8中，我们在适当字段加上 v 记号，以标出每种可能的钥匙长度。

欲判定钥匙长度是2、4、5、10或20个字母，我们必须检视所有其他间隔值的因子。因为钥匙字长度似乎小于20个字母，所以表8只列出每个间隔值介于 1 到 20 之间的因子。我们看到，这些间隔值倾向为 5 的倍数。事实上，每个间隔值都可以被 5 整除。我们可以将第一个重复字符串 E–F–I–Q 的重复情形解释成，一个长度为 5 个字母的钥匙单词，在第一次和第二次加密这个字符串之间循环了 19 次。第二个重复字符串 P–S–D–L–P 可以解释成，长度为 5 的钥匙单词，在第一次和第二次之间只循环了 1 次。第三个重复字符串 W–C–X–Y–M 可以解释成，长度为 5 的钥匙单词，在第一次和第二次之间循环了 4 次。第四个重复字符串 E–T–R–L 可以解释成，长度为 5 的钥匙单词，在第一次和第二次之间循环了 24 次。简而言之，钥匙字长度为 5 个字母的假设，可以符合所有情形。

重复字符串	重复间隔	钥匙可能的长度																		
		2	3	4	5	6	7	8	9	10	11	12	13	14	15	16	17	18	19	20
E–F–I–Q	95				√															√	
P–S–D–L–P	5				√																
W–C–X–Y–M	20	√		√	√						√										√
E–T–R–L	120	√	√	√	√	√		√		√		√			√						√

表 8：密码文的重复字符串与间隔

假定这个钥匙单词的长度真的是五个字母，下一个步骤即是找出这个钥匙单词的组成分子。我们暂且把这个钥匙单词称为 L1–L2–L3–L4–L5，L1 代表第一个字母，L2 代表第二个字母，以此类推。加密信息时，第一步一定是根据钥匙单词的第一个字母 L1 来加密明文的第一个字母。字母 L1 指定了某一行维吉尼亚方格的密码字母，相当于以单套字母替代法加密明文的第一个字母。当加密第二个明文字母时，编码者则是以字母L2来指定另一行维吉尼亚方格的密码字母，相当于用另一套密码字母来进行单套字母替代法的加密。同理，明文的第三个字母会根据L3来加密，第四个根据L4，第五个根据L5。钥匙字的每个字母都指定一套互异的密码字母集。然而，明文的第六个字母则又根据L1来加密，明文的第七个字母又再根据L2，如此一直循环下去。换句话说，这一个多套字母密码法是由五个单套字母密码法所组成，每一个单套字母密码法分别负责加密整则信息的五分之一，而更重要的是，我们已经知道如何破解单套字母密码法了。

我们继续进行如下的分析。我们知道，由L1所指定的某一行维吉尼亚方格的密码字母，是被用来加密明文的第1、6、11、16、……个字母。因此，如果检视密码文的第1、6、11、16、……个字母，就可以运用老式的频率分析法来找出这一套密码字母集。图14是密码文的第1、6、11、16……个字母（亦即W、I、R、E、……）的出现频率分布图。在此，别忘了，维吉尼亚方格的每一套密码字母集都只是标准字母集挪移了1至26位罢了。所以，图14的频率分布图形，除了平移一段距离外，应该会跟标准字母集的频率分布图形很相似。比较L1的分布图与标准字母集的分布图，应该可以判定出挪移位数。图15是一段英文明文的标准字母频率分布图。

标准分布图会有高峰、平原和山谷，拿来跟L1的分布图比对时，我们要寻找最明显的地貌。例如，标准分布图（图15）中由R-S-T三个直条所形成的山峰，和接下来U到Z六个字母所形成的一大片洼地，构成非常独特的地貌。在L1的分布图（图14），唯一较相近的地形是V-W-X这三个高高的直条以及随后从Y到D伸展了六个字母长的洼地。这表示，根据 L1 所加密的所有字母可能都向后移了四位，也就是说，L1 所指定的密码字母集是 E、F、G、H……反推回来，钥匙单词的第一个字母 L1 很可能是 E。要检验这个假设，我们可以把 L1 的分布图向前平移四位，再来跟标准分布图比较。图 16 并列这两张分布图以供比较。两张图的主要高峰非常相符，表示我们的假设很可靠，钥匙单词的第一个字母应该就是 E。

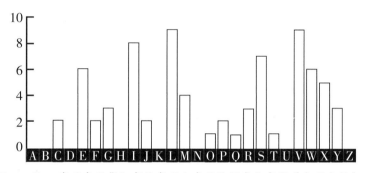

图 14：用 L1 密码字母集加密的密码文字母的频率分布图（出现次数）。

图 15：标准频率分布图（出现次数的统计是采自一段字母数目跟密码文一样的明文文稿）。

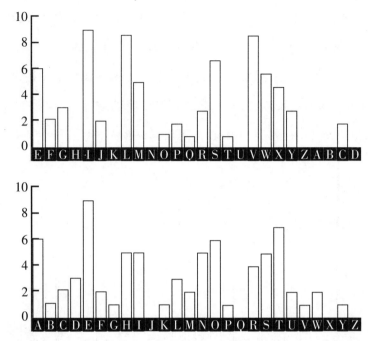

图16：往前挪移四位的L1分布图（上方），跟标准频率分布图（下方）作比较。所有主要高峰和山谷都大致相符。

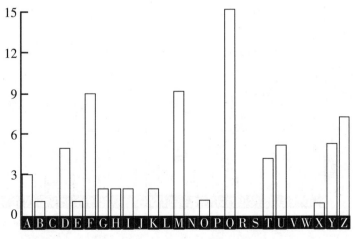

图17：用L2密码字母集加密的密码文字母的频率分布图（出现次数）。

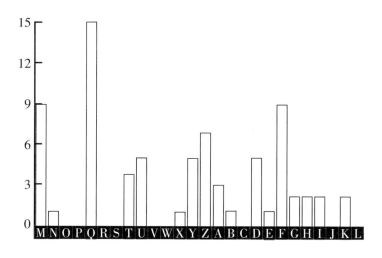

图 18：往前挪移 12 位的 L2 分布图（上方），跟标准频率分布图（下方）作比较。所有主要高峰和凹陷处都相呼应。

　　归纳一下要点：我们首先寻找密码文里的重复字符串，以判定钥匙单词的长度——得到的答案是五个字母长。根据这个答案，我们把密码文分成五组，每一组都是根据钥匙单词其中某个字母所指定的单套字母密码法加密的。分析根据钥匙单词第一个字母所加密的密码文片段后，我们推论出字母 L1 很可能是 E。我们必须重复这个步骤，以判定钥匙单词的第二个字母。图 17 所绘出的，是密码文的第 2、7、12、17……个字母的频率分布图，将与标准分布图比对，以推定它的平移位数。

　　这个分布图比较难分析。它没有明显的三个相邻高峰来对应R-S-T。不过从G延展到L的洼地非常明显，很可能可以对应到标准分布图中从U到Z的洼地。若是如此，R-S-T高峰应该会出现在D、E、F，可是E却不是高峰。我们可以暂且假设这个少掉的高峰是统计瑕疵，跟随初步反应，推定G到L这个凹陷区域是可供辨识平移位数的特征。这表示，根据L2所加密的字母可能都向后挪了12位，也就是说，L2所指定的密码字母集是M、N、O、P……而钥匙单词的第二个字母L2很可能就是M。为了检验这个假设，我们可以再次把L2的分布图往前平移12位，来跟标准分布图比较。图18并列这两张分布图以供比较。两张图的主要高峰非常相符，表示我们的假设很可靠，钥匙单词的第二个字母应该就是M。

　　我不再累述后面的分析过程，直接说明结论：分析第3、8、13、18、……等字母的结果暗示，钥匙单词的第三个字母是I；分析第4、9、14、19、……等字母的结果暗示，钥匙单词的第四个字母是L；分析第5、10、15、20、……等字母的结果暗示，钥匙单词的第五个字母是Y。这个钥匙单词是EMILY。现在，我们可以逆向运用维吉尼亚密码法，完成这项分析工作。密码文的第一个字母是w，它是根据钥匙单词的第一个字母E加密的。反推回去，到维吉尼亚方格以E开头的那一行找到W，再往上查看这一直栏最上面的字母是什么。它是s，所以本篇文字的第一个字母就是s。重复这个步骤，即可得出如下的明文：sittheedownandhave noshamecheekbyjowl……插入适当的空格与标点符号，最终得到：

Sit thee down, and have no shame,

Cheek by jowl, and knee by knee:

What care I for any name?

What for order or degree?

Let me screw thee up a peg:

Let me loose thy tongue with wine:

Callest thou that thing a leg ?

Which is thinnest ?　thine or mine ?

Thou shalt not be saved by works:

Thou hast been a sinner too:

Ruined trunks on withered forks,

Empty scarecrows, I and you!

Fill the cup, and fill the can:

Have a rouse before the mom:

Every moment dies a man,

Every moment one is born.

　　这是阿尔弗雷德·丁尼生(Alfred　Tennyson,1809年~1892年)标题为《罪恶狂想曲》(*The Vision of Sin*)的诗句。钥匙单词正是丁尼生的妻子爱米莉·塞伍德(Emily Sellwood)的名字。我摘取这首诗来当密码分析的例子,是因为巴贝奇和这位大诗人对这首诗有一段古怪有趣的讨论。身为敏锐的统计学者,又是死亡率统计表的编纂者,巴贝奇对原文的最后

两行 "Every moment dies a man, Every moment one is born"（每当一人逝去，同时亦有一人诞生）颇有微词。他建议丁尼生修正一下这首 "否则，倒是很漂亮" 的诗：

> 很明显地，若真如此，这个世界的人口数就会静止不变了……我想建议你，这首诗再版时，把它改成 "Every moment dies a man, Every moment 1 1/16 is born……确实数值太长，一行放不进去，不过我相信 1 又 1/16 这个数值对诗作而言够精确了。
>
> 查理·巴贝奇 敬上

巴贝奇大概是在1854年，跟斯维特斯发生争论不久后，就成功地破解维吉尼亚密码法的，但因为他从未发表结果，所以大家对他的发现毫无所知。这项发现，是20世纪的学者检视巴贝奇大量的笔记才得见天日的。在这同时，一位普鲁士退休军官弗里德里奇·卡西斯基(Friedrich Wilhelm Kasiski)也发现了这个技巧。1863年，他在《秘密书写与解密艺术》(*Die Geheimschriften und die dechiffrir-kunst*)中发表他在密码分析学上的突破，这项技术从此被称为卡西斯基测试(Kasiski Test)，巴贝奇的贡献则几乎完全被忽略。

巴贝奇怎么会没公开他破解了这么重要的密码技术呢？他的确是有不把计划做完，以及不发表他的发现的坏习惯，这可能只是他懒散态度的另一个例子。不过，还有另一种可能性。他是在克里米亚战争爆发不久后发现这个方法的，根据某些人的推测，这个方法可以提供给英国对抗俄罗斯的明显优势。很有可能是英国的情报当局要求巴贝奇将这项成就保密，让他们遥遥领先世界其他国家9年。若真是如此，这倒很符合为了国家安全而对密码解译成就噤声不语的悠久传统———一项直到20世纪仍然存在的传统。

从相思专栏到秘密宝藏

查理·巴贝奇和弗里德里奇·卡西斯基的突破让维吉尼亚密码法不再安全无虞。译码专家既已扳回劣势，再度控制了这场通讯战，编码专家就无法再保证秘密的安全了。尽管编码专家尝试设计更新的密码系统，19世纪后半期却一直未出现什么显著的成绩，专业密码术陷入溃乱局面。然而，就在这段时期，一般大众对密码的兴趣开始大幅增长。

电报的发展，不仅促进密码术的商业价值，也引发一般大众对密码术的兴趣。民众开始觉得需要保护他们高度敏感的私人通讯，必要时会进行加密，即使这会加长传送时间，因而增高电报费用。摩斯电码通讯员最快可以每分钟送出35个单词，因为他们能记下整段句子，一口气就发送出去，可是在处理密码文那一团不知所云的字母时，他们就得不断回头查看送信人的消息正文、检视那些字符串，发送速度当然会慢很多。一般大众所用的密码，对专业的密码分析家而言是不堪一击，但对付那些随机窥探他人隐私的家伙却已绰绰有余了。

大众对加密信息不再有奇异不安的感觉后，便开始以各样的方式展现他们的密码应用技术。例如，英国维多利亚时期的年轻情侣常无法公然表达他们的爱意，甚至不能透过信函，因为他们的父母可能会拦截、阅读信件内容。因此，有些爱侣就透过报纸的个人启事区传送加密的信息给对方。这些俗称的"相思专栏"(agony columns)勾起解码专家的好奇心，忍不住会看看这些启事并尝试译解它们精彩的内容。查理·巴贝奇就常做这档子事，他的朋友查理·惠斯顿爵士与莱恩·普雷费尔男爵(Baron Lyon Playfair)也是此道中人。这两人还一起研发出灵巧的普雷费尔密码(Playfair cipher；请参阅附录E的说明)。有一次，惠斯顿解译了一名牛津学生刊在《泰晤士报》提议爱人与他一起私奔的启事。几天后，惠斯顿刊登他自己的启事，也用同样的密码加密，劝告这对爱侣不要履行这项轻率、叛逆的计划。稍后随即出现第三则启事，这次没有加密，它是女方当事人发出的："亲爱的查理，不要再写了。我们的密码被发现了。"

随着密码术的进展，愈来愈多样的密码出现在报纸上。编码专家也开始放进一些密码文，挑战他们的同行。有时候，加密信息则被用来批评公众人物或组织。《泰晤士报》就曾一时不察，刊载了如下的加密短评："《泰晤士报》是新闻界的杰弗瑞斯。"这家报社被比喻为十七世纪恶名昭彰的法官杰弗瑞斯(George Jeffreys，1648年～1689年)，暗示它无情、恃强欺弱，专门充当政府的喉舌。

大众熟习密码术的另一实例是针刺加密法(pinprick encryption)的广泛使用。古希腊的历史学家伊尼厄斯(Aeneas)也是战术家，他曾提出一种传送秘密信息的方法：在一页看似无关紧要的文字里，在特定字母下方刺个小洞，情形就像这段文字的某些字母下方也有小点①。这些字母会拼出一则秘密信息，原收信人很容易就能阅读，而其他看到这一页的人则可能不会注意到这些几乎察觉不出的针洞，而不知其中另有玄机。两

① 本书原文的这一段，在某些字母下方加上小点，这些字母拼起来正好是本书的原书名The Code Book。

千年后，英国人用一模一样的方法来写信，但不是为了隐藏秘密，而是为了规避昂贵的邮资。邮资系统在19世纪中叶大翻修之前，每封信的邮资是每1英里一先令，大部分的人根本付不起。不过，递送报纸却是免费的，所以节俭的英国人便充分运用这项漏洞。人们开始在报纸的头一页用针刺法拼出信息，以代替写信、寄信。他们把这份报纸交给邮局投递，而不用付半毛钱。

　　大众对密码应用技术的着迷，使得代码与密码也堂堂进入19世纪的文学。在儒勒·凡尔纳(Jules Verne①)的《地心历险记》(*Voyage au centre de la Terre*，1864)，引发这一趟伟大旅程的，就是一张满是古冰岛文字的羊皮纸的破译结果。这些古冰岛文的字母其实是拉丁字母的代用密码，经过转换、重组后，还必须由后往前倒着读，才是有意义的文字："勇敢的冒险家，斯卡塔里山(Scartaris)的影子在7月朔日以前落在斯内弗(Sneffels)火山口时，就从这火山口下去。你将到达地球中心。"在凡尔纳1855年的另一部小说《桑道夫伯爵》(*Mathias Sandorff*)中，密码也是一个关键要素。在英国，最优秀的密码小说作家之一是阿瑟·柯南·道尔爵士(Sir Arthur Conan Doyle)。夏洛克·福尔摩斯 (Sherlock Holmes)当然是密码术的专家，而且如他对华生医生(Dr.Watson)所说的，是"一篇以此为主题、微不足道的专题论文的作者，我在那里面分析了106件密码。"《跳舞的人》(*The Adventure of the Dancing Men*)讲述了福尔摩斯最有名的密码解译案件，这篇故事所提到的密码符号是由画线小人儿组成的，一种姿势代表一个字母。

---

① 儒勒·凡尔纳(1828年～1905年)是法国19世纪后半叶的著名小说家，著有许多科幻小说，如《从地球到月球》《海底两万里》《神秘岛》《环游世界80天》等。

在大西洋彼岸，美国文豪埃德加·爱伦·坡(Edgar Allan Poe)也对密码分析学产生兴趣。他为费城的《亚历山大周讯》(*Alexander Weekly Messenger*) 撰稿时，对读者下了一封挑战书，宣称他能破解任何单套字母替代法的密码。数以百计的读者寄来密码文，他全都解译成功。尽管这只需用到频率分析法的技巧，爱伦·坡的读者对他的成就大为惊叹。有一位爱伦·坡迷即崇拜地称他为"有史以来最有内涵、最精湛的密码学家"。

1843年，在激发起读者的兴趣之后，爱伦·坡乘胜追击，写了一部与密码有关的短篇小说《金甲虫》(*The Gold Bug*)。这篇小说广受密码专家的赞扬，谓之为这项主题的最佳创作文学。《金甲虫》的主角是威廉·雷格兰(William Legrande)，他发现一只很不寻常的甲虫——金甲虫——随手利用搁在它旁边的纸片把它带回家。当天晚上，他用这张纸素描这只金甲虫，随之把他的素描对着火光，检视它的精确度。不想这张纸上原先用了隐形墨水写有字迹，火焰的热度让墨水现形，反倒盖掉他的素描。雷格兰细看这些冒出来的符号，确信他手上正拿着寻找基德船长(Captain Kidd)宝藏的指示，然而是加密过的。接下来的故事内容是频率分析法的经典范例，他解译出基德船长所留下的线索，找到他埋藏的宝藏。

图19：取自阿瑟·柯南·道尔爵士的夏洛克·福尔摩斯历险故事之一，《跳舞的人》的密码文片段。

《金甲虫》是纯属虚构的小说，但有一则19世纪的真实故事却也包含许多相同的成分。比尔密码(Beale ciphers)的故事牵涉到拓荒时代在美国西部所发生的大胆行动、一名聚积了大笔横财的牛仔、一份价值两千万美金的秘密宝藏和一组说明宝藏下落的神秘加密文件。我们对这个故事的了解，包括这些加密文件，主要来自一本出版于1885年的小书。尽管只有23页，这本小书已经难倒好几代的密码分析家，迷惑数以百计的寻宝探险家。

故事开始于弗吉尼亚州林屈堡(Lynchburg)的华盛顿旅馆(Washington Hotel)，时间则要回溯到这本小书出版前65年。依照该书的说法，这家旅馆和老板罗伯特·莫里斯(Robert Morriss)都有很高的声望："他和蔼的性情、完全诚正的作风、优良的管理，以及井然有序的服务，很快就使他成为闻名的店主，他的名声甚至远播他州。他的旅馆是全镇最出类拔萃的，上流社会人士绝不会去其他地方聚会。"1820年1月，一位名叫汤姆斯·比尔(Thomas J.Beale)的陌生骑士来到林屈堡，住进华盛顿旅馆。莫里斯回忆道："他本人约1.8米高。眼珠漆黑，头发也是，而且留得比当时的时尚长一些。他有对称的体型，显得孔武有力，看来像是做过什么不寻常的活动。不过，他最显著的特征是深暗黝黑的肤色，好像长久暴露在阳光下，天气把他从头到脚染上一层颜色似的。然而这并未折损他的形貌，我认为他是我看过最英俊的男子。"尽管比尔与莫里斯一起度过余冬，而且"非常受大家，尤其是女士的欢迎"，他从未谈过他的背景、家庭或来访目的。然后，在3月底，他忽然离开，就跟他来时一样。

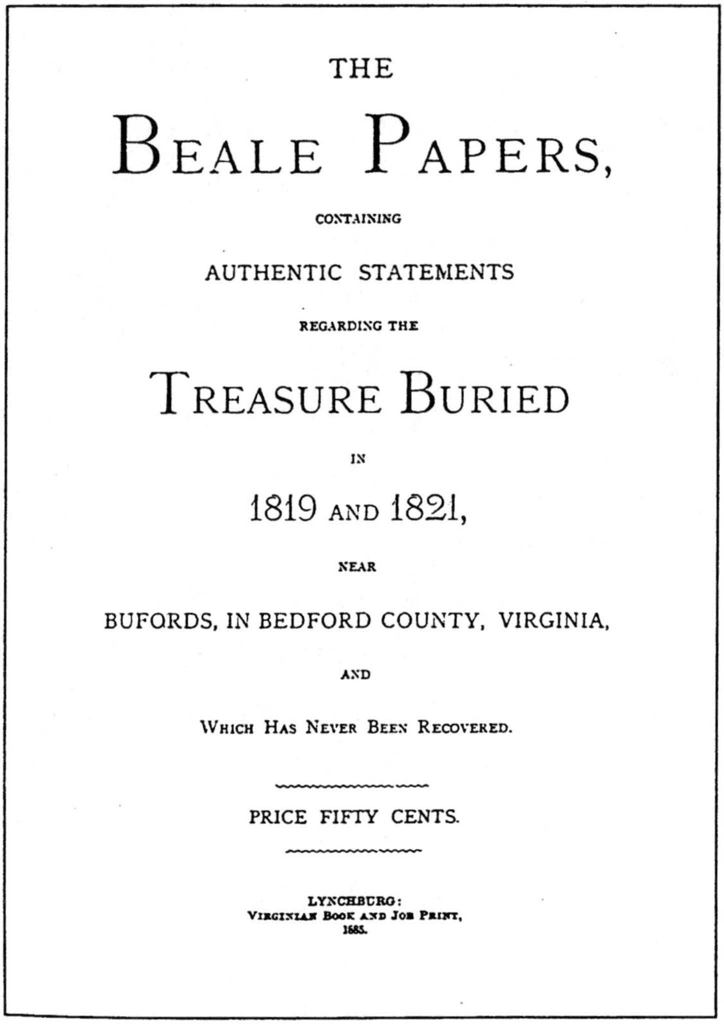

THE

BEALE PAPERS,

CONTAINING

AUTHENTIC STATEMENTS

REGARDING THE

TREASURE BURIED

IN

1819 AND 1821,

NEAR

BUFORDS, IN BEDFORD COUNTY, VIRGINIA,

AND

WHICH HAS NEVER BEEN RECOVERED.

PRICE FIFTY CENTS.

LYNCHBURG:
VIRGINIAN BOOK AND JOB PRINT,
1885.

图20：《比尔文件》(*The Beale Papers*) 的封面。我们所知的比尔宝藏谜的信息全来自这本册子。

　　两年后的1822年1月，比尔回到华盛顿旅馆，"肤色比以前更深暗、更黝黑"。再一次，他在林屈堡度过余冬，春天时消失。可是临走之前，他托付莫里斯一个上锁的铁盒子，他说里面含有"珍贵且重要的文件"。

莫里斯把盒子放进保险箱里，对它和里面的内容不再多想，直到他收到比尔的来信，所载日期为1822年5月9日，从圣路易斯(St.Louis)寄出的。一些诙谐打趣的话，以及谈到准备前往北美大平原"捕猎野牛，邂逅凶暴的大灰熊"的段落之后，比尔的信揭开这个盒子的意义：

> 它含有一些文件，攸关我和许多跟我一起进行此事的伙伴的财富。倘若我死了，失去它的后果可能无法弥补。因此你务必了解，这个盒子必须小心警戒地护守，以防止可怕剧变的发生。万一我们都不再回来，请你小心保存这个盒子，从这封信的日期开始算起，保存十年。如果我，或没有人得到我的授权，在这段时间要求归还，你就除掉锁，打开它。你会发现，除了署名给你的文件外，其他文件若没有钥匙的帮忙是无法读得懂的。这样的钥匙我留在此地一位朋友的手上，缄封在信封里、署名要给你，而且注明1832年6月才可以寄出去。借由这只钥匙，你就会明了所有你该做的事。

莫里斯尽责地继续守卫这个盒子，等候比尔来收回，可是这位黝黑的神秘男子没再回林屈堡了。他没有任何解释地消失，不再出现。过了十年，莫里斯大可遵循这封信的指示打开盒子，可是他却似乎不太愿意破开这道锁。比尔的信提到，1832年会有一则短信寄送给莫里斯，信中应该会说明如何解译盒子里的文件内容。然而莫里斯却从未收到这样的信件。或许他觉得，既然无法解译它的内容，那么打开它也没什么意思。1845年，莫里斯终究无法克制他的好奇心，打开了盒子。里面有三张写满密码符号的纸，还有一封比尔用普通英文写的信。

这封引人遐想的信揭露了比尔、这个盒子和这些密码的真相。它解释道：1817年4月，也就是距他首次邂逅莫里斯将近三年之前，比尔和29位伙伴乘船横跨美国。越过西部大平原丰饶的狩猎区域后，他们抵达圣达菲(Santa Fé)并在"小墨西哥镇"度过冬天。3月，他们往北前进，开始追踪"一群数量很大的野牛"，沿途射杀了一头又一头。然后，照比尔的说法，他们走红运了：

　　有一天，在跟踪它们的途中，我们在圣达菲北方250或300公里左右的一个小峡谷扎营。马匹拴系好，正要准备晚餐时，有一个伙伴在一个山岩裂缝发现一个很像黄金的东西。其他人看过后，证实它确是黄金，大家自然非常兴奋。

这封信接着解释道，比尔和他的伙伴，在当地部落居民的协助下，在这个矿区挖了18个月，积聚了大量的黄金以及在附近发现的白银。很自然地，他们想到该把他们新发现的财富移到一个安全的地方去，于是决定将它带回弗吉尼亚，藏在一处隐秘的地点。1820年，比尔带着黄金和白银来到林屈堡，找到一个适当的地点，把它们掩埋起来。就是在此时，他首度投宿于华盛顿旅馆，结识了莫里斯。冬季结束时，他离开旅馆，又回去加入那些留下来继续挖掘这个金矿的伙伴。

18个月后，比尔再度拜访林屈堡，带了更多金银来掩藏。这一次，他的来访还多了一项任务：

　　在我离开大平原的伙伴之前，有人想到万一我们发生了意外，而且对于可能的变故没有预作防范，我们的亲人就会与这些秘密宝藏绝缘。因此，我受命寻找一位绝对可靠的人士，倘若真找到这样的人，而这个团体也认同的话，就委托他实现他们对各自所属财宝的处理愿望。

比尔相信莫里斯是一位正直的人，因而托付给他这个装有三张加密纸张的盒子，这三页文件就是所谓的比尔密码。每页纸张都有一大堆数字（如图21、22、23所示），解译出这些数字，就能揭露藏宝的相关细节。第一页说明宝藏的位置，第二页略述宝藏内容，第三页则列举这些人的亲属，他们都有资格获得一份宝藏。当莫里斯读到这封信时，距他最后一次看到汤姆斯·比尔已事隔23年。莫里斯相信比尔和他的伙伴都已不在人世，自觉有义务找出这些黄金、分送给他们的亲属。但是缺少那把答应会寄来的钥匙，他只得从头开始解译这些密码，这项任务苦恼了他20年，却没有成功。

1862年，莫里斯84岁了。他知道自己的生命已近尾声，必须找个人分享比尔密码的秘密，否则实现比尔心愿的希望就会随着他的死而消逝。莫里斯把这个任务托付给一位朋友，可惜他的身份始终是个谜。我们只知道莫里斯的朋友在1885年写了这本小书，因此在这儿我且直接称他为"作者"。这位作者在书中解释了他隐藏身份的原因：

我预期这些文件会广为流传，所以势必会有来自全国各地的大量信件轰炸我，向我提出各种问题要求我回答——真要处理起来，会耗掉我所有的时间，影响我的工作。因此我决定不在书上刊载我的姓名。我向所有感兴趣的人士保证：关于此事，我已将所知全盘奉告，绝无任何一字一句的保留。

为了保密身份，这位作者请詹姆斯·沃德(James B.Ward)，一位颇受敬重的当地仕绅，同时也是该郡的道路测量员，担任他的代理人和发行人。

71, 194, 38, 1701, 89, 76, 11, 83, 1629, 48, 94, 63, 132, 16, 111, 95, 84,
341, 975, 14, 40, 64, 27, 81, 139, 213, 63, 90, 1120, 8, 15, 3, 126, 2018,
40, 74, 758, 485, 604, 230, 436, 664, 582, 150, 251, 284, 308, 231, 124,
211, 486, 225, 401, 370, 11, 101, 305, 139, 189, 17, 33, 88, 208, 193, 145,
1, 94, 73, 416, 918, 263, 28, 500, 538, 356, 117, 136, 219, 27, 176, 130,
10, 460, 25, 485, 18, 436, 65, 84, 200, 283, 118, 320, 138, 36, 416, 280,
15, 71, 224, 961, 44, 16, 401, 39, 88, 61, 304, 12, 21, 24, 283, 134, 92, 63,
246, 486, 682, 7, 219, 184, 360, 780, 18, 64, 463, 474, 131, 160, 79, 73,
440, 95, 18, 64, 581, 34, 69, 128, 367, 460, 17, 81, 12, 103, 820, 62, 116,
97, 103, 862, 70, 60, 1317, 471, 540, 208, 121, 890, 346, 36, 150, 59, 568,
614, 13, 120, 63, 219, 812, 2160, 1780, 99, 35, 18, 21, 136, 872, 15, 28,
170, 88, 4, 44, 112, 18, 147, 436, 195, 320, 37, 122, 113, 6, 140, 8, 120,
305, 42, 58, 461, 44, 106, 301, 13, 408, 680, 93, 86, 116, 530, 82, 568,
9, 102, 38, 416, 89, 71, 216, 728, 965, 818, 2, $8, 121, 195, M, 326, 148,
234, 18, 55, 131, 234, 361, 824, 5, 81, 623, 48, 961, 19, 26, 33, 10, 1101,
365, 92, 88, 181, 275, 346, 201, 206, 86, 36, 219, 324, 829, 840, 64, 326,
19, 48, 122, 85, 216, 284, 919, 861, 326, 985, 233, 64, 68, 232, 431, 960,
50, 29, 81, 216, 321, 603, 14, 612, 81, 360, 36, 51, 62, 194, 78, 60, 200,
314, 676, 112, 4, 28, 18, 61, 136, 247, 819, 921, 1060, 464, 895, 10, 6, 66,
119, 38, 41, 49, 602, 423, 962, 302, 294, 875, 78, 14, 23, 111, 109, 62,
501, 823, 216, 280, 34, 24, 150, 1000, 162, 286, 19, 21, 17, 340, 19, 242,
31, 86, 234, 140, 607, 115, 33, 191, 67, 104, 86, 52, 88, 16, 80, 121, 67,
95, 122, 216, 548, 96, 11 , 201, 77, 364, 218, 65, 667, 890, 236, 154, 211,
10, 98, 34, 119, 56, 216, 119,71,218, 1164, 1496, 1817, 51,39, 210,36,3,
19, 540,232, 22, 141,617, 84, 290, 80, 46, 207, 4n, 150, 29, 38, 46, 172,
85, 194, 39, 261, 543, 897, 624, 18, 212, 416, 127, 931, 19, 4, 63, 96, 12,
101, 418, 16, MO, 230, 460, 538, 19, 27, 88, 612, 1431, 90, 716, 275, 74,
83, 11, 426, 89, 72, 84, 1300, 1706, 814, 221, 132, 40, 102, 34, 868, 975,
1101, 84, 16, 79, 23, 16, 81, 122, 324, 403, 912, 227, 936, 447, 55, 86, 34,
43, 212, 107, 96, 314, 264, 1065, 323, 428, 601, 203, 124, 95, 216, 814,
2906, 654, 820, 2, 301, 112, 176, 213, 71, 87, 96, 202, 35, 10, 2, 41, 17,
84, 221, 736, 820, 214, 11, 60, 760.

图21：比尔密码第1页

115, 73, 24, 807, 37, 52, 49, 17, 31, 62, 647, 22, 7, 15, 140, 47, 29, 107, 79, 84,
56, 239, 10, 26, 811, 5, 196, 308, 85, 52, 160, 136, 59, 211, 36, 9, 46, 316, 554,
122, 106, 95, 53, 58, 2, 42, 7, 35, 122, 53, 31, 82, 77, 250, 196, 56, 96, 118, 71,
140,287, 28, 353, 37, 1005, 65, 147, 807, 24, 3, 8, 12, 47, 43, 59, 807, 45, 316,
101, 41,154, 1005, 122, 138, 191, 16, 77, 49, 102, 57, 72, 34, 73, 85, 35, 371, 59,
196, 81, 92, 191, 106, 273, 60, 394, 620, 270, 220, 106, 388, 287, 63, 3, 6, 191,
122, 43, 234, 400, 106, 290, 3M, 47, 48, 81, 96, 26, 115, 92, 158, 191, 110, 77,
85, 197, 46, 10, 113, 140, 353, 48, 120, 106, 2, 607, 61, 420, 811, 29, 125, 14,
20, 37, 105, 28, 248, 16, 159, 7, 35, 19, 301, 125, 110, 486, 287, 98, 117, 511,
62, 51, 220, 37, 113, 140, 807, 138, 540, 8, 44, 287, 388, 117, 18, 79, 344, 34,
20, 59, 511, 548, 107,603, 220, 7, 66, 154, 41, 20, 50, 6, 575, 122, 154, 248, 110,
61, 52, 33, 30, 5, 38, 8, 14, 84, 57, 540, 217, 115, 71, 29, 84, 63, 43, 131, 29, 138,
47, 73, 239, 540, 52, 53,118, 51,44, 63, 196, 12, 239, 112, 3,49, 79, 353, 105, 56,
371,557, 211,515, 125, 360, 133, 143, 101, 15, 284, 540, 252, 14, 205, 140, 344,
26, 811, 138, 115, 48, 73, 34, 205, 316, 607, 63, 220, 7, 52, 150, 44, 52, 16, 40,
37, 158, 807, 37, 121, 12, 95, 10, 15, 35, 12, 131, 62, 115, K)2, 807, 49, 53, 135,
138, 30, 31, 62, 67, 41, 85, 63, 10, 106, 807, 138, 8, 113, 20, 32, 33, 37, 353, 287,
MO, 47, 85, 50, 37, 49, 47, 64, 6, 7, 71, 33, 4, 43, 47, 63, 1, 27, 600, 208, 230, 15,
191, 246, 85, 94, 511, 2, 270, 20, 39, 7, 33, 44, 22, 40, 7, 10, 3, 811, 106, 44, 486,
230, 353, 211, 200, 31,10, 38, MO, 297, 61, 603, 320, 302, 666, 287, 2, 44, 33, 32,
511, 548, U), 6, 250, 557, 246, 53, 37, 52, 83, 47, 320, 38, 33, 8Q7, 7, 44, 30, 31,
250, 10, 15, 35, 106, 160, 113, 31, 102, 406, 230, 540, 320, 29, 66, 33, 101, 807,
138, 301, 316, 353, 320, 220, 37, 52, 28, 540, 320, 33, 8, 48, 107, 50, 811, 7, 2,
113, 73, 16, 125, 11, 110, 67, 102, 807, 33, 59, 81, 158, 38, 43, 581, 138, 19, 85,
400, 38, 43, 77, 14, 27, 8, 47, 138, 63, 140, 44, 35, 22, 177, 106, 250, 314, 217, 2,
10, 7, 1005, 4, 20, 25, 44,48,7,26,46, 110,230, 807, 191,34, 112, 147,44, 110, 121,
125,96,41,51,50, 140, 56, 47, 152, 540, 63, 807, 28, 42, 250, 138, 582, 98, 643,
32, 107, 140,112, 26, 85, 138, 540, 53, 20, 125, 371, 38, 36, 10, 52, 118, 136, 102,
420, 150, 112, 71, 14, 20, 7, 24, 18, 12, 807, 37, 67, 110,62, 33, 21,95, 220, 511,
102, 811, 30, 83, 84, 305, 620, 15, 2, 108, 220, 106, 353, 105, 106, 60, 275, 72, 8,
50, 205, 185, 112, 125, 540, 65, 106, 807, 188, 96, 110, 16, 73, 33, 807, 150, 409,
400r 50, 154, 285, 96, 106, 316, 270, 205, 101, 811, 400, 8, 44, 37, 52, 40, 241,
34, 205,38, 16, 46, 47, 85, 24, 44, 15, 64, 73, 138, 807, 85, 78, 110, 33, 420, 505,
53, 37,38, 22, 31, 10, 110, 106, 101, 140, 15, 38, 3, 5, 44, 7, 98, 287, 135, 150,
96, 33, 84, 125, 807, 191, 96, 511, 118, 440, 370, 643, 466, 106, 41, 107, 603,
220, 275, 30, 150, 105, 49, 53, 287, 250, 208, 134, 7, 53, 12, 47, 85, 63, 138, 110,
21, 112, 140, 485, 486, 505, 14, 73, 84, 575, 1005, 150, 200, 16, 42, 5, 4, 25, 42,
8, 16, 811,125, 160, 32, 205, 603, 807, 81, 96, 405, 41, 600, 136, 14, 20, 28, 26,
353, 302, 246, 8, 131, 160, 140, 84, 440, 42, 16,811,40, 67, 101, 102, 194, 138,
205,51,63, 241, 540, 122, 8, 10, 63, 140, 47, 48, 140, 288.

图 22：比尔密码第 2 页

317, 8, 92, 73, 112, 89, 67, 318, 28, 96, 107, 41, 631, 78, 146, 397, 118,
98, 114, 246, 348, 116, 74, 88, 12, 65, 32, 14, 81, 19, 76, 121, 216, 85,
33, 66, 15, 108, 68, 77,43, 24, 122, 96, 117,36,211,301, 15, 44, 11,46, 89,
18, 136, 68,317,28, 90, 82, 304, 71,43, 221, 198, 176, 310, 319, 81, 99,
264, 380, 56, 37, 319, 2, 44, 53, 28, 44, 75, 98, 102, 37, 85, 107, 117, 64,
88, 136, 48, 154, 99, 175, 89, 315, 326,78, 96, 214, 218, 311, 43, 89, 51,
90, 75, 128, 96, 33, 28, 103, 84, 65, 26, 41, 246, 84, 270, 98, 116, 32, 59,
74, 66, 69, 240, 15, 8, 121, 20, 77, 89, 31, 11, 106,81,191, 224, 328, 18,
75, 52, 82, 117, 201, 39, 23, 217, 27, 21, 84, 35, 54, 109, 128,49, 77, 88,
1, 81, 217, 64, 55, 83, 116, 251, 269, 311, 96, 54, 32, 120, 18, 132, 102,
219,211,84, 150,219, 275,312, 64, 10, 106, 87,75, 47,21,29, 37,81,44,
18,126, 115, 132, 160, 181,203, 76,81,299,314, 337,351,96, 11,28,
97,318, 238, 106, 24, 93, 3, 19, 17, 26, 60, 73, 88, 14, 126, 138, 234, 286,
297, 321, 365, 264,19, 22, 84, 56, 107, 98, 123, 111, 214, 136, 7, 33, 45,
40, 13, 28, 46, 42, 107, 196,344, 198, 203, 247, 116, 19, 8, 212, 230, 31,6,
328, 65, 48, 52, 59, 41, 122, 117, 11, 18, 25, 71, 36, 45, 83, 76, 89, 92,
31, 65, 70, 83, 96, 27, 33, 44, 50, 61, 24, 112, 136, 149, 176, 180, 194,
143, 171, 205, 296, 87, 12, 44, 51, 89, 98, 34, 41, 208, 173, 66, 9, 35, 16,
95, 8, 113, 175, 90, 56, 203, 19, 177, 183, 206, 157, 200, 218, 260, 291,
305, 618, 951, 320, 18, 124, 78, 65, 19, 32, 124, 48, 53, 57, 84, 96, 207,
244, 66, 82, 119, 71, 11, 86, 77, 213, 54, 82, 316, 245, 303, 86, 97, 106,
212, 18, 37, 15, 81, 89, 16, 7, 81, 39, 96, 14, 43, 216, 118, 29, 55, 109,
136, 172, 213, 64, 8, 227, 304, 611,221, 364, 819, 375, 128, 296, 1, 18,
53, 76, 10, 15, 23, 19, 71, 120, 134, 66, 73, 89, 96, 230, 48, 77, 26, 101,
127, 936, 218, 439, 178, 171, 61, 226,313,215, 102, 18, 167,262, 114,218,
66, 59, 48, 27, 19, 13, 82, 48, 162, 119, 127, 139, 34, 128, 129, 74, 63,
120, 11, 54, 61, 73, 92, 180, 66, 75, 101, 124, 265, 89, 96, 126, 274, 896,
917, 434, 461, 235, 890, 312, 413, 328, 381, 96, 105, 217, 66, 118, 22,
77, 64, 42, 12, 7, 55, 24, 83, 67, 97, 109, 121, 135, 181, 203, 219, 256,
21, 34, 77, 319, 374, 382, 675, 684, 717, 864, 203, 4, 18, 92, 16, 63, 82,
22, 46, 55, 69, 74, 112, 134, 186, 175, 119,213, 416,312, 343, 264, 119,
186,218, 343, 417, 845, 951, 124, 209, 49, 617, 856, 924, 936, 72, 19,
28, 11, 35, 42, 40, 66, 94, 112, 65, 82, 115, 119, 236, 244, 186, 172, 112,
85, 6, 56, 38, 44, 85, 72, 47, 73, 96, 124, 217, 314, 319, 221, 644, 817,
821,934, 922, 416, 975, 10, 22, 18, 46, 137, 181, 101,39, 86, 103, 116,
138, 164,212,218,296, 815, 380,412, 460, 495, 675, 820, 952.

图23：比尔密码第3页

　　对于比尔密码这个奇特的故事，我们所知道的全部就是这本小书中
的内容。换句话说，这些密码以及莫里斯对这故事的说明，多亏这位作者
才得见天日。非但如此，这位作者还成功地解译了第二页的比尔密码。跟

第一、第三页一样，第二页密码也是满满一页的数字。这位作者假设每个数字代表一个字母，可是这些数字所涵盖的范围远超过英文字母的个数，因此他意识到，他手上这份密码使用好几个数字来代表同一个字母。符合这种特征的密码法中，有一种是所谓的"书稿密码"（book cipher），这种密码法用一本书或任何一篇文稿当钥匙。以下简介它的应用方法。

编码者先依序为钥匙文件(keytext)的每一个单词编号，这些编号数字就各自代表它所属单词的头一个字母。试看此段文字：[1]For [2]example, [3]if [4]the [5]sender [6]and [7]receiver [8]agreed [9]that [10]this [11]sentence [12]were [13]to [14]be [15]the [16]keytext,[17]then [18]every [19]word [20]would [21]be [22]numerically [23]labelled,[24]each [25]number [26]providing [27]the [28]basis [29]for [30]encryption.（例如，发信人和收信人若协议以这一句文字当钥匙文件，然后在每个单词上编号，这些号码即成为加密的基础元素。）接着，把这些数字和它们所属单词的头一个字母成对列出：

1 = f	11 = s	21 = b
2 = e	12 = w	22 = n
3 = i	13 = t	23 = l
4 = t	14 = b	24 = e
5 = s	15 = t	25 = n
6 = a	16 = k	26 = p
7 = r	17 = t	27 = t
8 = a	18 = e	28 = b
9 = t	19 = w	29 = f
10 = t	20 = w	30 = e

接着我们就可以根据这张表,把明文上的字母替换成数字。表中显示，明文字母f应替换成1，明文字母e则可换成2、18、24或30。我们这份钥匙文件只是一个很短的句子，所以没有数字可以替换如x和z等较少用

的字母，但也足以用来加密 beale 这个单词了。所得结果是 14—2—8—23—18。收信人如果也有这份钥匙文件的话，解译这则加密信息的工作虽然琐碎，但不困难。对只拦截到密码文的第三者而言，他的密码分析重点就是找出这份钥匙文件。这本小书的作者说："有了这个想法，我就试验每一本找得到的书，将书上的字母编号，再跟手稿上的数字比对。所有的工夫全都白费，直到《独立宣言》(Declaration of Independence) 提供了其中一页密码的线索，才又再唤起我的所有希望。"

他发现美国的《独立宣言》是第二页比尔密码的钥匙文件。为这篇宣言的每个单字编上号码后，就能据以解译这份稿子。图 24 是《独立宣言》的开头，每十个字就标上号码，以便读者明了解译程序。图 22 是这份密码文，第一个数字是 115，而宣言的第 115 个字是 instituted，所以第一个数字代表 i。密码文的第二个数字是 73，而宣言的第 73 个字是 hold，所以第二个数字代表 h。这本小书列出第二页全篇的解译结果如下：

　　我在贝得福 (Bedford) 郡，离布佛 (Buford's) 约四里远的一个离地表两米深的坑道或洞穴，储放了如下所述的物品；共同所有人的名字列在并附的 3 号文件里。

　　第一次储存的包括一千零一十四磅黄金和三千八百一十二磅白银，储放时间为一八一九年十一月。第二次是在一八二一年十二月，包括一千九百零七磅黄金和一千两百八十八磅白银，另有一些为了方便运输而在圣路易以白银交换的珠宝，价值 $13,000。

　　这些全都妥善包放在铁罐里，加上铁盖。有很多石头充塞在这个洞穴里，这些容器就放在坚实的石头上，再用其他石头遮盖住。1

号文件描述这个洞穴的确实位置，免却寻找上的困难。

值得注意的是，这篇密码文有些错误。例如，译文有"四里"(four miles)这两个字，其中字母u应来自《独立宣言》的第95个单词。可是，宣言的第95个单词是inalienable(不可剥夺的)。这可能是比尔加密过程有些马虎的结果，但也可能是比尔手上的《独立宣言》的第95个字是unalienable——有些19世纪初期的版本的确是用这个字。不管怎样，这份成功的解译结果道出这个宝藏的价值——以今日的金、银条价格来算，至少两千万美金。

可想而知，这位作者既已知道宝藏的价值，便花了更多时间分析另外两页密码，尤其是第一页详述宝藏位置的比尔密码。耗尽心力后，他失败了，这些密码带给他的只是悲哀：

　　把时间全花费在上述探察的结果是，我从相当富裕变成极度贫困，害得我有义务保护的亲人受苦，尽管他们一再劝谏。最后，我终于睁眼看到他们的悲惨处境，于是下定决心立即，而且永远地，切断我与这档事的所有关系，可能的话，并且挽回我的错误。因此我决定把这整件事公开——这是把诱惑推离我身边的最佳办法，同时也将我对莫里斯先生所应负的责任，从肩上卸下。

于是这些密码，以及作者所知道的其他内幕，全都在1885年公开了。尽管仓库的一场大火烧毁大多数的册子，那些幸存的册子在林屈堡引起一阵骚动。最受比尔密码迷惑的寻宝探险家包括乔治·哈特和克雷顿·哈特(George & Clayton Hart)两兄弟。他们花了好几年的时间研究另两篇密码，进行各种形式的密码分析，有时候还自欺欺人，相信自己找到解答了。错误的分析方向，有时仍会在一堆无意义的字语中，产生几个诱人的字眼，因而激励译码者设想出一系列说辞来辩称那些无意义的字语其实可以忽略。对立场中立的旁观者而言，这样的解译结果不过是一相情愿的想法，但对盲目的寻宝探险家而言，却是完全合理的。哈特兄弟的某项假设性解译结果鼓舞他们用炸药开凿一个特定的地点。不幸的是，他们所炸出来的坑洞没有露出任何金块。克雷顿·哈特在1912年宣告放弃，乔治却继续钻研比尔密码，直到1952年。小西兰·赫伯特(Hiram Herbert, Jr.)则是更执着的比尔迷。他在1923年开始产生兴趣，而一直执迷到20世纪70年代。他也同样是无功而返。

专业密码分析家也开始找寻比尔宝藏的线索。在第一次世界大战末期创立美国密码局(U.S. Cipher Bureau，被称为美国的黑房厅)的赫伯特·亚力(Herbert O. Yardley)被比尔密码激起好奇心，美国密码分析界20世纪前半叶的显赫人物威廉·弗里德曼上校(Colonel William Friedman)也是。他负责管理通讯情报勤务局(Signal Intelligence Service)时，便把比尔密码纳入训练课程，原因可能正如他妻子曾说过的，他相信这些密码"巧妙无比，是特别设计来诱惑那些没警觉性的读者的"。1969年，他死后，马歇尔研究中心(George C. Marshall Research Center)建立了弗里德曼档案室，军事史学者常来这儿查询数据，然而绝大多数的访客却是狂热的比尔迷，希望能接续这位大人物所留下的线索。近年，追寻比尔宝藏的一位主要人物是卡尔·哈默(Carl Hammer)，Sperry Univac公司计算机科学部门的退休主管，也是计算机密码分析学的先锋之一。哈默说："比尔密码已经占据了至少十分之一本国最佳密码分析家的心思。没有半丝努力是多余的。这个工作本身——包括那些导入死巷的分析策略——就已在提升、改善计算机研究方面得到更高的报酬。"

哈默是比尔密码与宝藏协会(Beale Cypher and Treasure Association)的显赫成员。这个协会成立于20世纪60年代，目的在促进比尔之谜的研究。成立之初，协会要求任何发现宝藏的会员都必须跟其他会员分享，不过这项要求似乎使很多比尔寻宝家却步，因此他们很快就取消这项规定。

When, in the course of human events, it becomes [10]necessary for one people to dissolve the political bands which [20]have connected them with another, and to assume among the [30]powers of the earth, the separate and equal station to [40]which the laws of nature and of nature's God entitle [50]them, a decent respect to the opinions of mankind requires [60] that they should declare the causes which impel them to [70]the separation.
We hold these truths to be self–evident, [80]that all men are created equal, tJiat they are endowed [90]by their Creator with certain inalienable rights, that among these [100]are Iffe, liberty and the pursuit of happiness; That to [110]secure these rights, governments are instituted among men, deriving their [120]just powers from the consent of the governed; That whenever [130]any form of government becomes destructive of these ends, it [140]is the right of the people to alter or to [150]abolish it, and to institute a new government, laying its [160]foundation on such principles and organizing its powers in such [170]form, as to them shall seem most likely to effect [180]their safety and happiness. Prudence, indeed, will dictate that governments [190]long established should not be changed for light and transient [200]causes; and accordingly all experience hath shewn, that mankind are [210]more disposed to suffer, while evils are sufferable, than to [220]right themselves by abolishing the forms to which they are [230]accustomed.

But when a long train of abuses and usurpations, [240]pursuing invariably the same object evinces a design to reduce them [250]under absolute despotism, it is their right, it is their [260]duty, to throw off such government, and to provide new [270]Guards for their future security. Such has been the patient [280]sufFerance of these Colonies; and such is now the necessity [290]which constrains them to alter their former systems of government. [300]The history of the present King of Great Britain is [310]a history of repeated injuries and usurpations, all having in ⁓direct object the establishment of an absolute tyranny over these [330]States.
To prove this, let facts be submitted to a [349]candid world.

图24:《独立宣言》的前三段，每逢十个单词即标上号码。这是解译比尔密码第二页的钥匙。

结合这个协会、业余寻宝探险家和专业分析家的所有努力，超过一个世纪的时光，第一和第三篇比尔密码仍旧是个谜，这些金银珠宝仍旧未被寻获。很多解译策略都绕着《独立宣言》打转，因为它是第二篇比尔密码的钥匙。直接为这篇宣言的单词编号，对第一和第三篇密码的解译起不了什么作用，密码分析家便改试其他方法，像是倒着编号或是跳着编号，到目前为止都行不通。此外，第一篇密码用到一个高达2906的数字，《独立宣言》却只有1322个字。以其他文件、书籍当钥匙的可能性也被考虑过，很多密码分析家也在检验这两篇密码是否可能采用完全不一样的密码系统。

您可能非常惊讶这两篇未被破解的比尔密码为何如此牢固，尤其是想到我们刚才离开编码者和译码者的战场时，占上风的是解码呢。巴贝奇和卡西斯基已发明了破解维吉尼亚密码的方法，而编码者还在努力寻找其他密码法来替代它。比尔是如何想出这么难以应付的东西呢？答案是，比尔密码是在对编码者非常有利的情况下制造出来的。这些信息是独一无二的，而且它们还牵涉到价值这么高的宝藏，比尔很可能因此专为第一和第三篇密码特别造出一份独一无二的钥匙文件。说真的，如果这篇钥匙文件是比尔自己写的，就也难怪遍寻出版物都找不到它了。我们可以想象，比尔可能私下写了一篇两千字以猎捕野牛为题的文章，而且就只有一份，没有副本。只有这篇文章——这篇独特的钥匙文件——的拥有人有办法解译第一和第三篇比尔密码。比尔曾提到，他把钥匙留在圣路易斯一位朋友的手上。如果这位朋友遗失或毁了这把钥匙，密码分析家恐怕永远没有办法破解这两篇比尔密码。

为信息造一份独一无二的钥匙文件是比用一本市面上的书籍当钥匙安全多了。不过，唯有在发信人有时间来制作钥匙文件，且能安全地送到收信人手里的前提下，这种方法才可行。这些条件对例行、日常的通讯是不可能的。以比尔的例子来说，他可以慢慢地写他的钥匙文件，刚好经过圣路易斯时，再顺道交给他的朋友，然后任意订定一个公开宝藏的时间，要他把钥匙寄出去或让人家来收取。

另一种解释比尔密码之所以无法破解的理论是，这本小书的作者在发表密码时，先刻意破坏过。也许这位作者只不过想逼出这把钥匙——它显然是在圣路易斯某位比尔的朋友的手上。他如果照实公开这些密码，那位朋友就能解译它们而拿到黄金，而这位作者的努力就毫无回报了。然而如果这些密码是损坏的，比尔的朋友可能就会了解，他需要作者的帮忙，而跟发行人沃德联络，沃德再跟作者联系。此时，这位作者就可以分摊宝藏为条件，交出正确的密码文。

也有可能，这些宝藏早在许多年前就被找到并偷偷运走，而没被当地居民看到。有些热衷比尔之谜又偏好阴谋论的人认为，美国国家安全局(National Security Agency，缩写NSA)早已找到这些宝藏了。这个美国中央政府的密码部门有全世界最强大的计算机和最聪明的头脑，他们可能已在这个密码符号堆里发现了其他人未曾注意到的信息。至于NSA从未发表公开声明，则正符合NSA噤声不语的名声——曾经有人说，NSA不是National Security Agency的缩写，而是Never Say Anything(什么都不说)或是No Such Agency(没这个单位)的缩写。

最后，我们也不能排除比尔密码是场精心设计的骗局的可能性。持怀疑论的人认为，这位无名氏作者，被爱伦·坡的《金甲虫》激发了灵感，杜撰出整个故事，发行这本小册子，赚取贪婪民众的钱。骗局说的支持者在比尔的故事里寻找漏洞与矛盾之处。例如照这本册子的说法，比尔锁在铁盒子里的信，写作时间据称为1822年，但却用到stampede这个字，而这个字却是直到1834年才首度出现在印刷品上。然而，也有可能这个字在美国西部流行的时间较早，而比尔就在旅途中学到了这个单词。

最坚决不信的人士包括密码专家路易·克鲁(Louis Kruh)。他宣称可以证明那两封比尔的信（据称从圣路易斯寄出的信以及据称锁在盒子里的信），是那本小书的作者所写的。他对这位作者的字句和比尔的字句进行文本分析，检视它们是否相似。克鲁做了多方面的比较，包括句子以The、Of、And等字起始的百分比，每个句子平均出现多少逗号和分号，以及写作风格——否定句、否定被动句、不定词、关系从句等的用法。除了作者的文句和比尔的信件外，分析的样本还包括另外三位19世纪弗吉尼亚州人的文稿。在这五组文稿中，比尔的和这本小书作者的文字雷同度最高，表示它们可能是出自同一个人之手。换句话说，这位作者可能伪造了假托比尔所写的信，杜撰了整个故事。

另一方面，比尔密码的真实性也有各方的证据支持。首先，如果这两篇未解的密码纯为恶作剧，这个恶作剧的作者在选用数字时，想必会很轻率或根本随机乱选。可是，这些数字却能产生多种复杂的形式。例如用《独立宣言》当钥匙来套译第一篇密码时，虽不能解译出可辨识的单词，却会得出像abfdefghiijklmmnohpp这类的字符串。尽管这串字母序列不是完美的字母集，但也绝非任意乱写的结果。美国密码文件协会主席詹姆斯·吉洛里(James Gillogly)估计，随机产生这一个字符串及其他特殊字符串的概率，不到一百万亿分之一。这表示第一篇密码的背后是有某种密码应用原理为依据的。有一种理论认为，《独立宣言》是正确的钥匙没错，不过用它解出来的译文还必须再做第二阶段的解译。换言之，第一篇比尔密码经过了两阶段的加密，亦即所谓的超加密(superencipherment)。果真如此，那一串像字母表的字符串该算是吉兆，因为它暗示第一阶段的解译已经完成了。

另外有些历史研究可以佐证汤姆斯·比尔的故事，从而支持这些密码的真实性。当地的一位历史学者彼得·维麦斯特(Peter Viemeister)在他的《比尔宝藏悬案的历史》(*The Beale Treasure:Histoiy of a Mystery*)搜集了许多研究结果。维麦斯特先提出一个问题：有没有汤姆斯·比尔确实存在的证据？查阅1790年的户口普查和其他文件，维麦斯特找到数名在弗吉尼亚出生的汤姆斯·比尔，而且背景符合我们所知有限的细节。维麦斯特也尝试求证这本册子的其他细节，像是比尔的圣达菲之旅以及黄金的发现。例如印第安人的夏安族(Cheyenne)有一个可以追溯至1820年的传说，说有人从西部带走黄金和白银，藏到东部山区里。而圣路易斯邮政局长1820年的表单里也有一个"Thomas Beall"(拼法只和Beale差一个字母)，符合这本小书所说的，比尔于1820年离开林屈堡向西行时经过了这个城市。这本小书还说比尔在1822年从圣路易斯寄出一封信。

看来，这个比尔密码的故事是有一些根据，而它也继续蛊惑密码分析家和寻宝探险家，像是约瑟夫·詹席克(Joseph Jancik)、玛莉莲·帕森(Marilyn Parsons)和他们的狗玛芬(Muffin)。1983年2月，他们被逮到半夜在山景教堂(Mountain View Church)的墓园里进行挖掘，而被控告"侵扰墓冢"。除了一具棺木外，他们什么都没发现，却得在郡立监狱度周末，还被判罚500美金。可以让这些业余的掘墓者自我安慰一番的是，他们的失败不会比专业的寻宝探险家梅尔·费雪(Mel Fisher)来得惨。费雪曾于1985年在佛罗里达的基韦斯岛(Key West)海域发现沉没的西班牙大帆船(Nuestra Señora de Atocha)，从中打捞出价值四千万美金的黄金。1989年11月，佛罗里达的一位比尔专家提供情报给费雪，说他相信比尔的宝藏埋在弗吉尼亚州贝得福郡的葛雷姆磨坊(Graham's Mill)。在一群富翁的赞助下，费雪以沃达先生(Mr.Voda)的名义买下这个地方，以免引人起疑。挖掘好长一段时间后，他什么都没发现。

有一些寻宝人士已放弃破解那两篇密码的希望，改把注意力放在已解译出来的第二页所提供的片段线索。例如除了描述这些宝藏的内容外，第二页也提到埋藏地点"离布佛约四里远"，文中的"布佛"指的可能是布佛小区，也有可能更明确地，是指布佛酒馆（位于图25的中央）。这篇密码也提到"有很多石头充塞在这个洞穴里"，因此很多寻宝的人就沿着有很多大石头的鹅溪(Goose Creek)寻找。每年夏天，总会有许多满怀希望的人前来这一带，有的带着金属探测器，有的则有灵媒或占卜家陪同。贝得福这一带的城镇有很多商家很乐意出租设备，甚至包括勤奋的挖掘工人。当地的农夫可就不怎么欢迎这些时常侵入他们的土地、破坏围篱、挖掘大坑洞的陌生人。

读过比尔密码的故事后，你可能也会想接下这个挑战。一个19世纪留下、迄今尚未破解的密码，加上价值两千万美金的宝藏，大概还是难以抗拒的诱惑。不过在你出发寻宝之前，请留意这本册子的作者所给的忠告：

把这些文件公诸世人之前，我想跟那些可能会对它们感兴趣的人说一句话，给他们一个汲取自痛苦经验的小小忠告。那就是，请只把做完正事所剩余的时间花在这件工作上，如果你并没有空余时间，就不要碰这档事……我再重复一次，千万不要像我一样，为了可能只是一场幻梦的事物，牺牲了自己和家人的利益。不过，如我所说的，当你完成一天的工作，正舒服地坐在火炉旁时，花一点点儿时间在这上面，既不会伤害到任何人，而且可能还会得到回报呢。

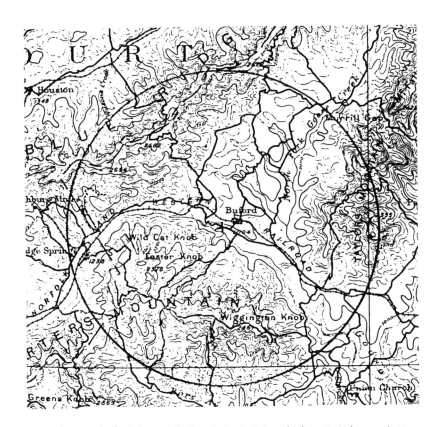

图25：取自1891年美国地理测量图。这个圆圈是以布佛酒馆为中心，半径四里，画出第二页密码所暗示的区域。

第 3 章

秘密书写的机械化

19世纪末，密码术陷于溃败处境。自从巴贝奇和卡西斯基摧毁了维吉尼亚密码法的安全性，编码专家就一直在寻找新的密码法，一种可以重新建立秘密通讯，让商业与军方人士既能利用电报的快捷性，又不用担心通讯内容被窃取、被解译的方法。此外，意大利物理学家古列尔莫·马可尼(Guglielmo Marconi)在世纪之交发明了一种更强大的电信形式，使得我们对安全加密法的需求变得更加迫切。

1894年，马可尼开始针对一种奇特的电路性质作实验。在某些情况下，一个通上电流的电路会诱发与它相隔一段距离的另一个独立电路产生电流。加强这两个电路的设计、增强电力、加上天线后，马可尼可以在长达2.5公里的距离之间传送、接收讯号脉冲。简言之，他发明了无线电。在此之前，人们使用电报已经长达半个世纪，但是发信人和收信人之间必须架上电线才能传输信息。马可尼的无线系统有一个很棒的优点——讯号犹如借着魔法似的，可以在空中旅行。

1896年，为了替他的想法寻求财务支持，马可尼移居到英国，也在那儿申请了他的第一项专利。他继续做实验，扩增无线通讯的范围；先是跨越15公里的布里斯托海峡(Bristol Channel)，接着更跨越了53公里的英吉利海峡传送信息到法国去。在这同时，他也设法为此项发明找出商业用途。马可尼对潜在投资者指出无线电的两大优势：它不需要架设昂贵的电报线路，而且有在原本相隔绝的区域之间传输信息的潜力。1899年，他成功施展了壮观的宣传招数：他在两艘船上装设无线电系统，采访美国杯(America's Cup)的记者也就能把这场世界最重要的帆船比赛报道，立即传送回纽约，让报纸隔天即能刊登出来。

当马可尼粉碎了无线电受限于地平线的迷信后，大众对这套系统的兴趣就更高了。原先有人批评，无线电波不能转弯、不能顺着地球的弧度走，所以无线电通信只能限用于一百公里左右的距离内。为了证实这种说法有误，马可尼尝试从英国康瓦耳(Cornwall)郡的坡德胡(Poldhu)传送信息到加拿大纽芬兰(Newfoundland)的省会圣约翰(St John's)，两地相距3500公里。1901年12月，在坡德胡的发报员每天花三个小时一次又一次地传送字母S(点－点－点)，马可尼则站在纽芬兰沿海多风的悬崖上尝试侦测这些无线电波。他每天都努力升起巨大的风筝，以便让绑在风筝上的天线飞得很高。12月12日午后不久，马可尼侦测到三个微弱的点讯号——历史上第一则越洋的无线电信息。没有人能解释马可尼这项实验为何能成功，直到1924年，物理学家在大气层中发现一层电离层，才得到答案。电离层的底层离地球表面约60公里，它像一面镜子一样，可以反射无线电波。地表本身也会反射无线电波，因此无线电信息在电离层和地表之间持续反射几回后，几乎可以到达世界的任何角落。

马可尼的发明让军方又爱又怕。无线电在战术上的优点非常明显：任何两地之间都可直接通讯而不需要电缆连接。架设电缆往往是不切实际的工作，有时甚至是根本不可能。以往，指挥部设在港口的海军指挥官完全无法跟他的船舰通讯，这些军舰往往好几个月音讯全无。有了无线电，不管舰只在哪儿，他都能协调指挥整个舰队。同样地，无线电也能帮助陆上的将领指挥军事行动，不管军队的动向为何，都能跟各部队保持持续的联系。所有这一切都能借由无线电波的特性实现——它会往四面八方散射，不管收信人在哪儿都能接收到它。然而，无线电这种遍及四方的特性却也是它在军事用途上的最大弱点。因为这些信息不但可让指定的收讯者收到，同样也会跑到敌方手里。如此一来，可靠的加密法成为不可或缺的必需品。敌人既能拦截到每一则无线电信息，密码专家就必须找出能防止他们解译信息的方法。

无线电这种既是优点也是缺点的特性——方便通讯，但也方便拦截——随着第一次世界大战的爆发，成为极受关注的焦点。每一方都很想利用无线电的力量，却又不知道如何确保它的安全性。无线电的来临和世界大战的爆发，使得大家更迫切需要有效的加密系统。各方都期待能有新的突破，期待某种能为军事指挥系统重建安全性的新式密码法。可惜，第一次世界大战期间（1914年至1918年）并没有什么重大的发明，有的只是一连串密码技术上的失败纪录。密码专家制造了一些新密码，却都相继被破解。

战争时期最有名的一套密码是德国的ADFGVX密码，它是从1918年3月5日开始使用的，就在德国于3月21日发动主要攻击的前夕。德军的攻击就跟一般的攻击战一样，突袭是制胜的重要因素。他们的密码专家会议从众多候选方法中选用了ADFGVX密码法，他们认为它的安全性最高，甚至相信它是无法破解的。这套密码法的威力在于它错综复杂的特性：它是替代法和移位法的混合(请参阅附录F)。

1918年6月之初，德国的炮兵部队离巴黎只有100公里远，准备进行最后一击。同盟国的唯一希望是破解ADFGVX密码，好知道德国正准备从哪一点突破他们的防御。幸好他们有一个秘密武器，一位名叫乔治·邦梵 (Georges Painvin) 的密码分析家。这位黑发棕肤瘦削的法国人具备非常敏锐的洞察力。大战爆发后不久，他偶然间碰到一位密码局 (Bureau du Chiffre) 的成员，才察觉到他解答密码谜团的天分。从此，他把这项无价的技巧用来挑出德国密码的弱点。他日以继夜地与 ADFGVX 密码奋战，在这段时间瘦了 15 公斤。

终于，6月2日晚上，他破解了一则 ADFGVX 信息。邦梵的突破让其他密件也一一被译解出来，其中一则包含下列命令："速送弹药。只要不被看到，甚至可在昼间运送。"信息的前文显示，它是从蒙迪迪耶 (Montdidier) 和康比耶纽 (Compiègne) 之间的某地发出的，大约在巴黎80公里以北。这里急需弹药，表示德国迫在眉睫的进击将在这里发动。空中侦察确认了此项研判。同盟国随即派遣部队加强这条防线。一个星期后，德国发动攻击。由于已经失去突袭的先机，德军在持续五天的惨烈战役中溃败。

ADFGVX 密码的破解正足以代表密码术在第一次世界大战期间的处境。在此时急速出现的新密码都是19世纪已经被破解的密码法的变体或混合。有一些在刚开始还能提供安全的保证，只是没过多久，译码专家就能掌控它们了。解码专家的最大问题反倒是如何应付庞大的信息量。发明无线电以前，拦截到的信息都是稀罕珍物，件件都是解码专家的宝贝。然而，第一次世界大战期间，无线电通讯量非常惊人，而且每一则都拦截得到，密码文犹如洪水源源不断地涌来，耗尽解码专家的心思。据估计，法国人在第一次世界大战期间截获的德国通讯内容高达一亿个单词。

大战期间各国的密码分析家之中，就属法国的最有效率。他们加入这场战争时，就已拥有欧洲最强的解码专家阵容，这是因为法国在普法战争屈辱大败的结果。拿破仑三世想要重振他猛跌的声望，而在1870年出兵侵犯普鲁士。他没料想到，位于北部的普鲁士会跟南部的日耳曼各邦建立联盟关系。普鲁士军队在奥托·俾斯麦(Otto von Bismarck)的领导下，强力压垮法国军队，吞并阿尔萨斯(Alsace)和洛林(Lorraine)两省，也终结了法国在欧洲的优势地位。此后，新近统一的德国所构成的威胁，似乎激励了法国密码分析家努力精通这些能提供法国有关敌人计划详细情报的技术。

图26：乔治·邦梵中尉。

　　奥古斯特·科寇夫就在这种气氛中写下他的《军事密码应用学》。科寇夫虽是荷兰人，大部分的时间都住在法国，他的著述提供给法国人有关密码分析的卓越指引。30年后，第一次世界大战开始时，法国军方已经以工业规模来执行科寇夫的理论了。新的密码法由单打独斗的天才（如邦梵等人）来破解；至于日常的密码解译工作，则交由一些专家小组来负责，每个小组都擅长解译某一种特定密码法。时间是成败的要素，输送带式的解码作业即能又快又有效率地提供情报。

　　公元前四世纪的《孙子兵法》在谈到谍报时说："三军之事，莫亲于间，赏莫厚于间，事莫密于间。"（没有什么该比谍报得到更好的对待，没有什么该比谍报得到更丰厚的酬报，没有什么该比谍报更需保持机密。）法国人无疑是这番教诲的忠诚信徒。在精进他们的密码分析技术之际，他们也发展出许多相关但不涉及解码作业的辅助性技术来收集无线电情报。法国的监听站学会辨识无线电通讯员的"笔迹"。加密过的信息会以摩斯电码的形式传送出去，亦即一系列的点和线。每位通讯员都有独特的操作习惯，像是停顿时间、输送速度，以及点与线的相对长度。这种"笔迹"就跟手写字体一样可辨认得出来。除了监听站外，法国还设置了6个方向辨识站，可以侦测讯号是从哪儿传来的。每个站都可以转动它的天线，直到接收的讯号强度最强，即表示它对准的方向是讯号的来源。结合两处或更多处站台所测得的方向信息，就可能找出敌方发送信息的确实位置。结合"笔迹"和定位技术就可能辨认出，譬如说，某个特定部队的位置和身份。然后，法国情报员就可以追踪它在数天之内的旅程，进而推测它可能的目的地和进攻目标。这种情报收集形式，被称为通讯路线分析(traffic analysis)，当有新的密码法出现时，这类分析特别有价值。

每种新密码法都会暂时让密码分析家无能为力，然而即使是解译不出来的信息，经过通讯路线分析后，仍可能得出一些信息。

法国人的警戒心刚好跟德国人的态度成强烈对比。刚开战时，德国根本没有军方的密码分析局。直到1916年，他们才建立窃听机构（Abhorchdienst），专门负责拦截同盟国的信息。他们建立窃听机构的行动这么迟缓的部分原因是，德军在战争初期就进入法国领土。法国在撤退时，毁坏了地面通讯线路，迫使德国人必须仰赖无线电进行通讯。如此，德军等于不断提供法国可窃听的信息；反之却不然。法军退到自己的领土后，仍有地面通讯线路可以使用，而不需要透过无线电进行通讯。法军既不利用无线电通讯，德军就没有什么好拦截的，也就不会想要费功夫发展他们的密码分析部门。直到交战两年后，他们才改变主意。

英国人和美国人对同盟国的密码分析也有重要的贡献。被英国人于1917年1月17日拦截到的德国电报的解译过程，最能描绘同盟国解码专家的明显优势以及他们对这场大战的影响。这一则密码解译故事，一方面显示了密码分析术能如何左右最高层面的战争局势，另一方面也是运用不当的加密方法可能带来毁灭性后果的例证。在几个星期内，这封被解译的电报迫使美国重新考虑它的中立政策，继而改变了战争的均势。

尽管英、美政治家一再吁请，美国总统伍德罗·威尔逊（Woodrow Wilson）在第一次世界大战的头两年一直坚拒派遣美国部队去支持同盟国。除了不想在欧洲的血腥战场牺牲美国青年的生命外，他也深信单靠谈判即可结束这场战争，而且他相信他如果维持中立并担任调停人，对这个世界会更好。1916年11月，德国任命亚图·齐玛曼（Arthur Zimmerman）为新的外交部长时，威尔逊看到了调停的希望。齐玛曼是快活、高大的男子，显然将为德国带来一个开明的外交政策新时代。美国的报纸出现"我们的朋友齐玛曼以及德国的自由化"之类的标题，有一篇文章还称他为"未来德美关系最佳祥兆之一"。然而，美国人不知道，齐玛曼一点儿也没有寻求和平的打算，相反地，他正计划扩展德国的侵犯行动。

回到1915年，一艘德国潜水艇击沉邮轮露西塔尼亚号(Lusitania)，造成1198名乘客罹难，包括128名美国公民。若不是德国一再保证，从此他们的潜水艇会在攻击之前先浮上水面，以避免这类误击民用船只的意外事件再度发生，露西塔尼亚事件就会把美国卷进大战了。然而，1917年1月9日，齐玛曼前往柏雷斯城堡(castle of Pless)参加一场重大的会议。会议中，最高司令部尝试说服德皇违背上述承诺，进行无限制的潜艇攻击行动。德军指挥官知道，如果能在水底发射鱼雷，他们的潜水艇几乎毫无遭受攻击的危险。他们相信，这将是决定战争结果的关键因素。德国已建造一支由两百艘潜艇组成的舰队，最高司令部声称，无限制的潜艇攻击行动将切断英国的补给线，6个月内英国就会无法忍受饥饿而投降。

速战速决是胜利的要素。无限制的潜艇攻击行动，而且无可避免将会击沉美国的民船，都势必会激怒美国而向德国宣战。顾及这一点，德国必须在美国动员军队、进而影响欧洲战局前，就迫使同盟国投降。柏雷斯会议终场，德国皇帝相信他们可以速战速决取得胜利，便签署了进行无限制潜艇攻击的命令，2月1日将开始执行。

接下来的三个礼拜，齐玛曼还另外设计了一项保险性的策略。既然无限制潜艇攻击行动会提高美国参战的可能性，齐玛曼有个计划可以推迟并削弱美国在欧洲的投入程度，甚至可能使它完全打消加入欧洲战场的念头。齐玛曼的构想是与墨西哥结盟，说服墨西哥总统入侵美国，以收复得克萨斯、新墨西哥以及亚利桑那等领土。德国会提供墨西哥财务及军事上的支持，协助它对抗两国共同的敌人。

图 27：亚图·齐玛曼

此外，齐玛曼还希望墨西哥总统当中间人，去说服日本也攻击美国。如此，德国威胁美国的东岸，日本从西岸进击，墨西哥则从南方入侵。他的主要动机是在美国自家制造问题，使它无力派兵支持欧洲。这样，德国就可以赢得海上的战争、赢得欧陆的战争，之后再从对美的军事行动退回来。1月16日，齐玛曼把他的提议简缩成一封电报，送给驻华盛顿的德国大使，请他转送给驻墨西哥的德国大使，最后送交给墨西哥总统。图28是加密的电报，实际内容如下：

我们预定于2月1日展开无限制潜艇攻击。尽管如此，我们仍欲尽力让美国保持中立。倘若未能成功，我们想以下列基本条件与墨西哥结盟：共同作战，共同谋和，丰沛的财务支持，而且我方认知墨西哥将收回在得克萨斯、新墨西哥以及亚利桑那的失土。协议文的细节由你决定。

一旦确定将与美国爆发战争，务必即刻秘密告知[墨西哥]总统上述事项。此外，建议他主动邀请日本立即跟进，并且担任我们和日本的中间人。

请你促请总统注意：我们将采取无限制的潜艇作战策略，故可望于数月内迫使英国谈和。收件请回报。

齐玛曼

齐玛曼将他的电报加密，因为德国知道同盟国会拦截它的所有越洋通讯——英国在这场战争的第一项攻击行动的结果。第一次世界大战第一天，破晓前，英国船舰泰康尼亚号（Telconia）在黑暗的掩护下驶近德国海岸，下锚钩出一把海底电缆。它们是德国的越洋电缆——德国跟外界通讯的干线。太阳升上来时，它们都已经被割断了。这项破坏行动的用意是摧毁德国最安全的通讯办法，迫使德国的信息透过较不安全的无线电或透过其他国家的电缆来传送。齐玛曼被迫透过瑞典传送加密电报，为了保险又再透过美国的电缆直接传送。然而这两条路线都会经过英国，因此齐玛曼的电报文很快就落入英国的手里。

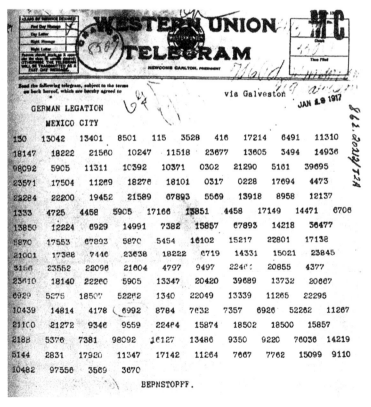

图28：齐玛曼的电报；驻华盛顿的德国大使本斯多夫转送给驻墨西哥的德国大使埃卡特的版本。

这封拦截下来的电报马上被送到海军部的密码局，40号房，他们最初的办公室是一间编号40的房间，因而以此为名。40号房是一个奇异的混合体，包括语言学家、人文学者和纵横字谜玩家，每位都有最巧妙的密码分析技能。例如，翻译过德国神学作品，很有天赋的蒙哥马利(Montgomery)牧师曾解译一则藏在明信片的信息。这张明信片来自土耳其，寄给住在苏格兰提那布鲁埃村国王路184号(184 King's Road, Tighnabruaich, Scotland)的亨利·琼斯爵士(Sir Henry Jones)。亨利爵士相信，这是他被关在土耳其的儿子寄来的。可是明信片的书写栏一片空白，地址也很怪异——提那布鲁埃村非常小，因此没有一家房子有门牌号码，也没有什么国王路。最后是蒙哥马利牧师读出这张明信片上的秘密信息。这个住址是在暗指圣经《旧约·列王纪上》第十八章第四节："俄巴底将一百个先知藏了，每五十人藏在一个洞里，拿饼和水供养他们。"亨利爵士的儿子只是想叫他的家人安心，俘虏他的人待他不坏。

齐玛曼的加密电报抵达40号房时，解译它的任务落在蒙哥马利和尼格尔·德·格雷(Nigel de Grey)身上。德·格雷是一位出版商，从威廉·海纳曼公司(William Heinemann)借调来的。他们马上看出，他们的分析对象是一种只用于高层外交通讯的加密形式，应该赶紧解译出来。这项解译工作绝不简单，不过他们可以引用先前类似的加密电报的分析经验。几个小时内，这对密码分析搭档就揭露出一些文字片段，已看得出来这是一则极为重要的信息。蒙哥马利和德·格雷继续进行他们的任务，在这一天结束前就辨识出齐玛曼可怕的计划大纲。他们意识到无限制潜艇攻击的可怕后果，另一方面他们也看到德国外交部长正鼓励对美的攻击行动，这很可能造成威尔逊总统放弃美国的中立立场。这封电报不仅包含最致命的威胁，也含有美国加入同盟国的可能性。

蒙哥马利和德·格雷把这封解译出部分内容的电报送交海军情报局主任海军上将威廉·霍尔爵士(Admiral Sir William Hall)，期望他把信息转告美国，把他们拉进战场。霍尔上将却只把这篇部分解译结果放进保险箱里，鼓励他的解码专家继续填补那些还没解译出来的洞。也许还有非常重要的信息尚未解译出来，他并不想交给美方一份不完整的解译结果。此外，他脑中还潜伏另一个顾虑：若把齐玛曼这封被解译出来的电报交给美国，美国的反应可能是公开谴责德国所提议的攻击行动，这么一来德国就会知道他们的加密法被破解了。这会刺激他们发展更强的新加密系统，因而遏阻一条非常重要的情报渠道。不管怎样，霍尔知道德国潜艇将在两周内发动全面攻击，这项行动本身可能就足以激使威尔逊总统向德国宣战了。如果不管怎样都可能得到期望的结果，又何必牺牲一个很有价值的情报来源。

2月1日，依照皇帝的谕令，德国发动了无限制的海上攻击。2月2日，威尔逊总统召开内阁会议，决定美国的反应。2月3日他对国会发表谈话，宣告美国将继续保持中立，扮演调停者而非战士的角色。这完全出乎同盟国和德国的预期。美国不愿加入同盟国，霍尔将军别无选择，只得利用齐玛曼的电报。

蒙哥马利和德·格雷在跟霍尔初次接触过后，两周内就完成电报的解译了。此外，霍尔找到一个不会让德国怀疑他们的通讯安全性已被破坏的办法。他知道，驻华盛顿的德国大使冯·本斯多夫(von Bersnstorff)会先做一些小修改，才把电文转给驻墨西哥的德国大使冯·埃卡特(von Eckhardt)。例如，玛·本斯多夫会先把给他自己的指示删除掉，并更改收件人地址。冯·埃卡特则会先解开这份修改过的电报，才送交墨西哥总统。如果霍尔能得到齐玛曼电报的墨西哥版，就可以把它刊登在报纸上，德国会以为它是在墨西哥政府处遭窃的，不是在送往美国的途中被英国拦截并且破解的。霍尔跟一位驻墨西哥的英国情报员接洽，我们只知道他被称为H先生。H先生渗透进墨西哥电报局，找到他需要的东西——齐玛曼电报的墨西哥版。霍尔把此一版本的电报交给英国外交部长阿瑟·巴富尔(Arthur Balfour)。2月23日，巴富尔招来美国大使瓦特·佩吉(Walter Page)，向他出示齐玛曼的电报。后来，巴富尔自谓这是"我这一生最戏剧性的一刻"。四天之后，威尔逊总统亲眼看到这份"文采洋溢的证据"(他自己这么说道)，德国鼓动直接进犯美国计划的铁证。

图29："在他手上爆炸"；罗林·柯比(Rollin Kirby)于1917年3月3日发表在《世界》(*The World*)的漫画。

这封电报公开于新闻媒体上，美国人终于亲睹德国企图的真相。尽管美国人民大都主张报复，行政部门里仍有些疑虑：这封电报会不会是英国伪造来诱使美国参战的骗局？这个真实性的问题很快就消失了。齐玛曼公开承认是他写的。在柏林记者会上，在没有施压的情况下，他简单说道："我不能否认。那是真的。"

德国外交部开始调查美国是如何拿到齐玛曼电报的。他们掉进霍尔上将的圈套，而得出"很多迹象显示，是墨西哥境内发生叛逆情况"的结论。在这同时，霍尔继续刻意把德国的注意力从英国解码专家的工作转移开。他刻意在英国媒体发表一则新闻，批评他自己的组织竟未拦截到齐玛曼的电报。这些文字随即引来一连串抨击英国情报单位，并赞扬美国的文章。

1917 年年初威尔逊说，把他的国家引入战场会是一项"反文明的罪行"，到了 4 月 2 日他改变心意了："我建议国会宣告，[德意志]帝国政府最近的行径无异于对美国政府和人民作战，我们被迫只得正式接受交战状态。"三年密集外交行动未能成功的目标，被 40 号房解码专家的一项突破达成了。著有《齐玛曼电报》(*The Zimmermann Telegram*)的美国历史学者芭芭拉·塔齐曼(Babara Tuchman)，提出以下的分析：

> 就算没拦截到或未公开这封电报，德国势必会做出其他把我们引入战场的事。只是，时机已经嫌迟，我们若再蹉跎久一点，同盟国可能就会被迫谈和了。在这种局势下，齐玛曼电报可说是改变了历史的发展方向。……齐玛曼电报本身不过是历史这条漫漫长路上的一颗小石子。可是一颗小石子可以杀死一个巨人，这一颗则划破美国人的幻想，幻想我们可以与其他国家隔离开来，快活地做我们

自己的事。在国际事务中，它是德国部长的一项小阴谋。在美国人民的生活中，它是天真无知的终点。

密码术的圣杯

第一次世界大战见识到密码分析家一连串的胜利，并在齐玛曼电报的破译达到最高峰。自从维吉尼亚密码法在19世纪被破解后，解码专家便一路占上风。然而，就在大战末期，编码专家正感到极度绝望时，美国的科学家发展出惊人的突破。他们发现，维吉尼亚密码法可作为一种更强的新密码法的基础。事实上，这种新密码法可以提供完美的保密安全。

维吉尼亚密码法的弱点在于它的循环本质。假使钥匙单词是5个字母长，则每逢5个字母就会用到同一套密码字母集。解码专家一旦辨识出钥匙单词的长度，就能把密码文视为5个单套字母密码法的系列组合，再以频率分析法逐一破解。然而，若使用更长的钥匙单词会怎么样？

假设有一篇1000个字母的明文用维吉尼亚密码法加密，然后我们要分析它加密后的密码文。如果加密这篇明文的钥匙单词只有5个字母长，译码的最后一项步骤只需把频率分析法应用到5套200个字母长的密码文，这很简单。可是假使钥匙单词是20个字母长，最后一项步骤就得对20套50个字母的密码文做频率分析，这可就难多了。再假设钥匙单词长达1000个字母，你就得对1000套1个字母的密码文做频率分析，这是完全不可能的。换句话说，如果钥匙单词（或钥匙语）的长度跟信息相同，巴贝奇和卡西斯基所研发的密码分析技术就派不上用场了。

没人会反对使用一个跟信息等长的钥匙单词，只是编码者就得编制一个冗长的钥匙。这则信息若有数百个字母，加密钥匙就也要有数百个字母。与其凭空编造一个冗长的钥匙，不如用一首歌的歌词之类的会轻松多了。或者，编码者也可以挑出一本赏鸟书，再挑选一些鸟的名字，随意串连起来当钥匙。可是，这种偷懒取巧的钥匙有根本性的缺点。

在下面的例子里，我用维吉尼亚密码法和一个与信息等长的钥匙语来产生一段密码文。援用所有之前介绍过的密码分析法来破解都会失败。尽管如此，这则信息仍旧破解得了。

钥匙	? ?
明文	? ?
密码文	V H R M H E U Z N F Q D E Z R W X F I D K

这套新的密码分析系统先假设密码文里含有一些常用的词，例如the。再来，我们把the这个词随意置放在明文的几个位置上，如下所示，然后再推测什么样的钥匙字母才能把the转化成对应的密码文。例如，我们假设the是明文的第一个单词，那么这个钥匙的前三个字母应该是什么？这个钥匙的第一个字母会把t加密成V。我们去维吉尼亚方格查看以t开头的直栏，往下找到V，再往左看得知这一行字母的第一个字母是C。重复这个程序，找出把h、e加密成H、R的钥匙单词字母，即可得出钥匙的头三个字母的候选者：CAN。这些都是根据the为明文第一个单词的假设所得出来的。我们把the放到其他几个位置去，再推测对应的钥匙字母。（请参阅表9的维吉尼亚方格，查看每个明文字母和密码文字母的关系。）

钥匙	C A N ? ? ? B S J ? ? ? ? ? Y P T ? ? ? ?
明文	t h e ? ? ? t h e ? ? ? ? ? t h e ? ? ? ?
密码文	V H R M H E U Z N F Q D E Z R W X F I D K

　　我们已经把the随意摆在明文的三个位置，而得出三个加密钥匙片段元素的假设。现在，我们怎么知道有没有哪一个the的位置是正确的？我们猜测，这把加密钥匙是由有意义的单词组成的，若是如此，这一点对我们很有利。位置错误的the很可能会衍生出一串随机组合的钥匙字母。然而如果放在正确的位置，可能就会衍生出一串有意义的钥匙字字母。例如，第一个the衍生出钥匙字母CAN，显得很有希望，因为它是一个完全合理的英文音节。所以，这个the很可能是在正确的位置。第二个the则衍生出BSJ，一个非常怪异的辅音组合，表示第二个the很可能是错误的。第三个the衍生出YPT，一个不太寻常的音节，但值得进一步推敲。如果YPT真的是钥匙的一部分，那一定是在较长的单词里。可能的候选单词只有APOCALYPTIC、CRYPT、EGYPT，以及这几个单词的衍生单词。怎么样才能确定这类单词是否是钥匙的一部分呢？我们可以把这三个候选单词轮流套进钥匙里的适当位置，导出对应的明文：

钥匙	C A N ? ? ? ? ? A P O C A L Y P T I C ? ?
明文	t h e ? ? ? ? ? n q c b e o t h e x g ? ?
密码文	V H R M H E U Z N F Q D E Z R W X F I D K

钥匙	C A N ? ? ? ? ? ? ? ? ? C R Y P T ? ? ? ?
明文	t h e ? ? ? ? ? ? ? ? ? c i t h e ? ? ? ?
密码文	V H R M H E U Z N F Q D E Z R W X F I D K

钥匙	C A N ? ? ? ? ? ? ? ? ? E G Y P T ? ? ? ?
明文	t h e ? ? ? ? ? ? ? ? ? a t t h e ? ? ? ?
密码文	V H R M H E U Z N F Q D E Z R W X F I D K

如果这些候选单词并非加密钥匙的一部分，大概只会导出一段无意义的明文。可是，如果其中一个的确是钥匙的一部分，它所导出的明文应该会有意义。APOCALYPTIC 套进加密钥匙里，只得出完全无意义的明文。套用 CRYPT，则得出 cithe，也不是能读得出意义的明文片段。可是，套用 EGYPT 所得出的字母组合 atthe 就很有希望了，它可能代表 at the(在……) 两个单词。

现在，我们且暂时假设 EGYPT 真的是钥匙的一部分。也许这把钥匙是由国家名字组成的。若是如此，从第一个 the 所得出的钥匙片段 CAN，很可能是 CANADA 的一部分。要检验这个假设，就以 CANADA 和 EGYPT 这两个假设当前提，求出更多明文字母：

钥匙	C A N A D A ? ? ? ? ? ? E G Y P T ? ? ? ?
明文	t h e m e e ? ? ? ? ? ? a t t h e ? ? ? ?
密码文	V H R M H E U Z N F Q D E Z R W X F I D K

看来，我们的假设蛮合理的。CANADA 所导出的明文是 themee，很可能是 the meeting(会议) 的一部分。既然我们又多推衍出一些明文字母——ting，我们也可以反推出它们对应的钥匙部分：BRAZ。它们当然是 BRAZIL 的开头部分啰。把 CANADABRAZILEGYPT 这串组合套进钥匙里，即可得出下列的解译结果：the meeting is at the ????(会议在 ???? 举行)。

为了找出明文的最后一个单词——这场会议的地点，就得完成这只钥匙。最好的策略是一一检验所有可能的国家名称，看看会得出怎样的明文。钥匙的最后一段套进CUBA时，才能得出有意义的明文dock（码头）：

钥匙	C A N A D A B R A Z I L E G Y P T C U B A
明文	t h e m e e t i n g i s a t t h e d o c k
密码文	V H R M H E U Z N F Q D E Z R W X F I D K

所以，一把跟信息一样长的钥匙并不足以保证密码的安全。上述例子不安全的缘由是，加密钥匙是由有意义的单词所组成的。我们先在明文里随意插放几个the，求出对应的钥匙字母。然后，因为这些钥匙字母看起来很像是有意义的单词的一部分，我们就知道the放对地方了。接下来利用这些钥匙碎片来推测完整的钥匙单词，得到更多信息碎片，再把这些信息碎片扩展成完整的单词，如此循环下去。此种在信息和钥匙之间来来回回的分析过程之所以能成功，全因为钥匙本身有一定的结构，是由可辨识的单词组成的。然而，在1918年，编码专家开始实验没有结构的加密钥匙。结果就是一种无法破解的密码。

世界大战接近尾声时，美军密码研发部门的主管约瑟夫·茅博格少校(Major Joseph Mauborgne)，引进随机钥匙的概念——钥匙的组成元素不再是可辨识的单词，而是随机组合的字母。他主张采用这类随机钥匙，配合维吉尼亚密码法，可提供空前的安全度。茅博格系统的第一步骤是编纂一本厚达数百页的密码钥匙簿，每一页都是一把好几行随机排列的字母所组成的独特钥匙。这种密码钥匙簿制成一式两份，一份给发信人，一份给收信人。加密信息时，发信人就拿第一页的钥匙，套用维吉尼亚

密码法。图30列示三页密码钥匙（实际的钥匙簿每一页都会含有数百个
字母），以及用第一页随机钥匙加密的信息。收信人使用相同的钥匙，逆
向应用维吉尼亚密码法，就能轻易地解译这段密码文。这则信息成功发
送、接收、解译后，发信人和收信人就把这一页钥匙销毁，再也不用它。
要加密下一则信息时，就套用钥匙簿的下一页随机钥匙，随后亦将它销毁。
因为每把钥匙都只使用一次，这套系统就被称为单次钥匙簿密码法(one-
time pad cipher)。

Plain	a b c d e f 8 h i j k 1 m n o p q r s t u v w x y z
1	B C D E F G H I J K L M N O P Q R S T U V W X Y Z A
2	C D E F G H 1 J K L M N O P Q R S T U V W X Y Z A B
3	D E F G H 1 J K L M N O P Q R S T U V W X Y Z A B C
4	E F G H 1 J K L M N O P Q R S T U V W X Y Z A B C D
5	F G H 1 J K L M N O P Q R S T U V W X Y Z A B C D E
6	G H 1 J K L M N O P Q R S T U V W X Y Z A B C D E F
7	H 1 J K L M N O P Q R S T U V W X Y Z A B C D E F G
8	1 J K L M N O P Q R S T U V W X Y Z A B C D E F G H
9	J K L M N O P Q R S T U V W X Y Z A B C D E F G H 1
10	K L M N O P Q R S T U V W X Y Z A B C D E F G H 1 J
11	L M N O P Q R S T U V W X Y Z A B C D E F G H 1 J K
12	M N O P Q R S T U V W X Y Z A B C D E F G H 1 J K L
13	N O P Q R S T U V W X Y Z A B C D E F G H 1 J K L M
14	O P Q R S T U V W X Y Z A B C D E F G H 1 J K L M N
15	P Q R S T U V W X Y Z A B C D E F G H 1 J K L M N O
16	Q R S T U V W X Y Z A B C D E F G H 1 J K L M N O P
17	R S T U V W X Y Z A B C D E F G H 1 J K L M N O P Q
18	S T U V W X Y Z A B C D E F G H 1 J K L M N O P Q R
19	T U V W X Y Z A B C D E F G H 1 J K L M N O P Q R S
20	U V W X Y Z A B C D E F G H 1 J K L M N O P Q R S T
21	V W X Y Z A B C D E F G H 1 J K L M N O P Q R S T U
22	W X Y Z A B C D E F G H 1 J K L M N O P Q R S T U V
23	X Y Z A B C D E F G H 1 J K L M N O P Q R S T U V W
24	Y Z A B C D E F G H 1 J K L M N O P Q R S T U V W X
25	Z A B C D E F G H 1 J K L M N O P Q R S T U V W X Y
26	A B C D E F G H 1 J K L M N O P Q R S T U V W X Y Z

表9：维吉尼亚方格

单次钥匙簿密码法克服了之前的所有弱点。假设如图30所示，加密好attack the valley at dawn(拂晓时进攻山谷)这则信息后，利用无线电传送出去时被敌人拦截到，落在敌方密码分析家手里。这位密码分析家尝试解译它时会碰到的第一个障碍是：随机钥匙绝对没有重复性，所以巴贝奇和卡西斯基的方法都无法破解这种单次钥匙簿密码法。接下来，他可能另寻其他途径，尝试在许多地方放进the这个试验单词，推测对应的钥匙片段，就跟我们在尝试解译前一则信息时所做的一样。他若试着把the放在信息的开头，这个位置不对，他所推衍的对应钥匙片段会是WXB,是一串没有章法的字母。他若把the放在这则信息的第7个字母，刚好放对位置了，他所得出的对应钥匙片段会是QKJ,仍是一串没有章法的字母。换句话说，这位密码分析家根本无法辨别，试验的单词到底有没有放对地方。

在绝望之际，这位密码分析家或许会考虑彻底搜查所有可能的钥匙。这段密码文有21个字母，因此他知道这把钥匙也有21个字母。这表示说，他有大约500,000,000,000,000,000,000,000,000,000把钥匙要测试。这根本超乎人力乃至机械能力的范围。而且即使他能测试所有的钥匙，还有一个更大的障碍在等着他。检测过每把可能的钥匙后，他当然会揭露正确的信息，然而在此同时，他也会得出所有错误的信息。例如，把下面这把钥匙套到同一段密码文后，可得出一则完全两样的信息：

钥匙	M A A K T G Q K J N D R T I F D B H K T S
明文	d e f e n d t h e h i l l a t s u n s e t
密码文	P E F O G J J R N U L C E I Y V V U C X L

	Sheet 1	Sheet 2	Sheet 3
	P L M O E	O I W V H	J A B P R
	Z Q K J Z	P I Q Z E	M F E C F
	L R T E A	T S E B L	L G U X D
	V C R C B	C Y R U P	D A G M R
	Y N N R B	D U V N M	Z K W Y I

钥匙	P L M O E Z Q K J Z L R T E A V C R C B Y
明文	a t t a c k t h e v a l l e y a t d a w n
密码文	P E F O G J J R N U L C E I Y V V U C X L

图30：三张，亦即三种单次钥匙簿密码法的可能性钥匙。这则讯息是用第一张加密的。

　　若能测试所有不同的钥匙，每一则意思上说得通的21个字母的信息也都会随之出现，这位译码者将无法分辨其中何者才是正确的。如果这把钥匙是由一系列单词或词组所组成，他不会有这种难题，因为错误的信息势必对应着无意义的钥匙，正确的信息则会对应一把有意义的钥匙。

　　单次钥匙簿密码法的安全性全归功于钥匙的随机性。这种钥匙把随机性也注入密码文里，密码文既是随机的，也就没有特定模式、没有结构、没有密码分析家可以攀住的东西。事实上，数学可以证明密码分析家无法破解单次钥匙簿密码法所加密的信息。换句话说，单次钥匙簿密码法不单只是被视为无法破解——就像19世纪时人们对维吉尼亚密码法的错误信心——而且它是真的绝对安全。单次钥匙簿密码法可以保证秘密书写的绝对安全：它是密码术的圣杯。

　　编码专家终于找到一套无法破解的加密系统。然而，单次钥匙簿密码法的完美性并未终止保密法的追寻。事实上，它几乎不曾被派上场。

理论上它是很完美，实际使用上则有缺陷，因为它有两项根本性的问题：第一，编造大量的随机性钥匙有实际困难。军队每天大概得收发数百则信息，每一则都有数千个字符，亦即无线电通讯员每天所需要的钥匙量，相当于数百万个随机排定的字母。供应这么多随机组合的字符串，是件不可低估的庞大工作。

早期有些编码专家相信，他们可以在打字机上随便乱打，以得出大量的随机钥匙。然而每当他们尝试这么做时，打字者总是习惯左手按一个键、右手再按一个键，如此两边轮番打出字母。这种方法或能快速编造加密钥匙，只是如此编造出来的字符串具有结构，而不再是随机的——假使打字员打了位在键盘左方的字母D，我们可以预期他下一个字母大概会来自键盘右方。加密钥匙若要有真正的随机性，那么紧跟在一个位于键盘左方的字母后面的字母，来自键盘左方的概率应该跟来自右方的概率一样高。

编码专家意识到，编造随机钥匙需要大量的时间、功夫与金钱。利用自然的物理方法，例如有真正随机特性的放射线，可以编造出最好的随机钥匙。编码专家可以在工作台上放一块放射性物质，用盖革计数器(Geiger counter，放射线测定器)侦测它的放射情况。放射线的发出，有时候是非常快速地一个紧接一个，有时候却停顿很久——每一次放射的间歇时间都是随机、无法预估的。在盖革计数器上连接一个显示器，字母集的字母以固定的速率在显示器上快速轮番出现，每侦测到放射线，就暂时冻结。冻结在显示器上的字母，就取作随机钥匙的字母。显示器继续运转，字母集的字母再次快速循环，直到下一次随机发出的放射线使它停止，冻结在显示器上的字母又再被加进钥匙里，如此不断重复下去。这种装置保证会编造出真正随机的钥匙，可是对日常的密码应用而言，它很不实际。

就算能编造足够的随机钥匙，还有第二个问题得解决：分送这些钥匙。想象一下，战场上有数百位无线电通讯员都是同一个通讯网络的成员。首先，所有成员都必须有相同的单次钥匙簿。再者，发送新钥匙簿时，必须同时发给每一名成员。最后，每名成员必须保持同步状态，才能确保在正确时刻使用正确的钥匙。真要广泛使用单次钥匙簿密码法，整个战场会到处都是信差和簿记员。此外，敌人只要截获到一组钥匙，就会危及整个通讯系统。

重复使用钥匙簿以减少编造和发放钥匙的困难，是诱人的建议，却是密码术的首恶。重复使用钥匙簿会让敌方的译码专家有机会解译出信息。（破解两则由同一把单次钥匙簿钥匙加密的密码文的技巧详述于附录 G。）总之，使用单次钥匙簿密码法不可抄捷径。发信人和收信人一定得为每一则信息使用一把新的钥匙。

单次钥匙簿密码法只能供那些需要绝对安全的通讯，且又负担得起钥匙的编造与发送成本的人使用。例如，美、俄总统之间的热线就是利用单次钥匙簿密码法来防护的。

理论上很完美的单次钥匙簿密码法，却因为实用上的缺点使得茅博格的构想永远无法应用于战场上。第一次世界大战的余波与密码通讯的失利，促使密码专家继续寻找可以在下一次冲突派上用场的实用系统。幸好对编码者而言，他们没等太久，就研发出一项突破，一种可以在战场上重建安全通讯网的方法。为了加强密码，编码者被迫抛弃他们的纸笔作业方式，改为利用最新科技来加密信息。

密码机械的发展——从密码盘到"奇谜"

　　最早的密码机械是密码盘，由15世纪时的意大利建筑师里昂·阿尔伯蒂(Leon Alberti)所发明，他同时也是多套字母密码法的奠基人之一。他在两个不一样大小的铜盘边缘刻上字母，把小圆盘放在大圆盘上，用一根针固定住，并当作轴。他所设计出来的东西，就像图31的密码盘。这两个圆盘能个别转动，两套字母之间也就会有多种对应位置，可以据以加密信息。这是一种简易的恺撒挪移式密码法。例如，要用挪移一位的恺撒密码法加密信息时，就把外环的A对齐内环的B，外环是明文字母集，内环则代表密码字母集。加密时，到外环寻找信息的明文字母，写下它在内环的对应字母，如此即可将信息改编成密码文。同理，要用挪移五位的恺撒密码法传送信息时，只要转动圆盘，让外环的A对齐内环的F就成了。

　　密码盘虽是非常基本的装置，却真能简化加密过程，沿用了5个世纪之久。图31所示的版本，是美国人在内战期间所使用的。图32所示的密码表盘(Code-o-Graph)，是一出美国早期的广播剧"午夜船长"(Captain Midnight)的同名英雄所使用的密码盘。听众写信给节目赞助公司阿华田(Ovaltine)，并附上一个罐子标签，就可得到一个密码表盘。有时候，这个节目会以午夜船长所留下的秘密信息结束，忠实听众就可以用这个密码表盘解译这则信息①。

---

① 午夜船长和小孤儿安妮常在节目尾声给小孩听众一些秘密信息，可用密码表盘或是"小孤儿安妮解码环"(Little Orphan Annie Decoder Ring)解译。这些信息通常是"多喝一些阿华田"或"下周继续收听"之类的。

图 31：使用于美国内战的美国联邦密码盘。

图 32：午夜船长的密码表盘；明文字母(外环)会被改编成数字(内环)，不是字母。

密码盘可视为"编码器"(scrambler)，把每一个明文字母改编成其他符号。这里所介绍的使用方法是比较直接的方式，所加密出来的密码也相当容易破解，然而密码盘还有更复杂的使用方法。它的发明人阿尔伯蒂即建议，在加密同一则信息时，可一再更改密码盘的设定，也就会产生一个多套字母集的密码，不是单套字母集密码。例如，假使阿尔伯蒂用他的密码盘，加上LEON这个钥匙单词，来加密goodbye这个单词，他就会根据钥匙单词的第一个字母来设定他的密码盘，把外环的A移来对齐内环的L，再去外环盘找这则信息的第一个字母g，看到它在内环的对应字母是R，而用R来取代g。要加密信息的第二个字母时，根据钥匙单词的第二个字母重新设定密码盘，把外环的A移来对齐内环的E，再去外环盘找出O，随之记下它在内环的对应字母——S。接下来根据钥匙单词字母O、然后N、然后又回到L……，一再更改密码盘的设定来加密这则信息。这样，他就等于用了维吉尼亚密码法，以他自己的名字当钥匙单词，加密了这则信息。密码盘可以提升加密的速度，而且相较于维吉尼亚方格，可以降低发生错误的概率。

这一种密码盘用法的重要特性是，在加密过程中，密码盘不断在更改它的编码模式。尽管这一层额外的复杂性会使加密出来的结果较难破解，但仍不是无法破解的。因为这不过是机械版的维吉尼亚密码法，而维吉尼亚密码法已被巴贝奇和卡西斯基破解了。但是，500年后，阿尔伯蒂的密码盘以更复杂的模式重生，引领出新一代更厉害、更难破解的密码法。

1918年，德国发明家亚图·雪毕伍斯(Arthur Scherbius)和他的密友里赫·里特(Richard Ritter)一起成立了雪毕伍斯与里特公司，一家从涡轮机到保温枕等各种新奇物品都有所涉猎的工程公司。雪毕伍斯负责研究和开发，当然也就不断在寻找新机会。他最钟爱的计划之一是，撤换第一次世界大战所使用的密码应用系统，以应用20世纪技术的加密方法来取代使用纸笔的密码法。曾在汉诺威与慕尼黑攻读电机工程的雪毕伍斯研发出一部密码机，相当于阿尔伯蒂密码盘的电机版本，称为"奇谜"（Enigma)机。雪毕伍斯的发明变成有史以来最可怕的加密系统。

雪毕伍斯的"奇谜"机是由许多独创的零件所组成，是一部错综复杂、难以对付的密码机器。不过，我们若拆解这部机器，再重新一步一步组装它，就很容易明了它的基本原理了。雪毕伍斯这项发明的基本结构是三个以电线相连接的单元：一个是输入明文字母的键盘，一个是把明文字母改编成密码字母的编码器，另一个则是含有许多密码字母显示灯的显示板。图33是这台机器的结构示意图，为了简化，只标出6个字母。进行加密时，通讯员就在键盘上按下信息的明文字母，键盘就会送出一个电流脉冲，穿过编码器，从另一端出来，然后在灯板上点亮相对应的密码字母。

奇谜的编码器是一个布满电线的橡胶盘，它是整台机器的核心。电线从键盘进入编码器的六个节点，在编码器内曲曲折折绕了许多弯后，才从另一端的6个节点冒出来。明文字母的编码结果全取决于编码器内部的配线。例如，图33的配线会有如下编码结果：

输入 a 会点亮字母 B，亦即 a 改编成 B。

输入 b 会点亮字母 A，亦即 b 改编成 A。

输入 c 会点亮字母 D，亦即 c 改编成 D。

输入 d 会点亮字母 F，亦即 d 改编成 F。

输入 e 会点亮字母 E，亦即 e 改编成 E。

输入 f 会点亮字母 C，亦即 f 改编成 C。

所以 cafe 这个字会被加密成 DBCE。基本上，编码器是以这样的设计来定义密码字母集，好让机器执行简易的单套字母替代式密码法。

然而，雪毕伍斯的巧思是：每加密好一个字母，编码盘就自动转 1/6 圈（使用完整的 26 个字母时，则是转 1/26 圈）。图 34(a) 所显示的配置跟图 33 一样，输入字母 b 同样会点亮字母 A。可是这次输入字母并点亮灯板上的字母后，编码器会立即转动 1/6 圈，转到图 34(b) 所示的位置。现在，单击字母 b，被点亮的字母不再是 A，而是 C。随后，编码器立即又转了 1/6 圈，转到图 34(c) 所示的位置。这次输入 b 会点亮 E。若连续输入字母 b 6 次，就会产生 ACEBDC 的密码文。换句话说，每做完一次加密动作，就会改变一次密码字母集，所以字母 b 的编码结果一直在变。编码器就以这样的转动设计定义出 6 套密码字母集，这台机器也就能执行多套字母替代式密码法了。

编码器的转动是雪毕伍斯最重要的设计特点。然而，这样的机器有一个明显的弱点。输入 6 次 b，就会使编码器转回原始位置，若一再输入 b，就会重复编码模式了。一般而言，编码者都希望避免出现重复模式，否则密码文会有规则性和结构，这是脆弱密码的症状。再加入一片编码盘，就可减轻这个问题。

图 35 是一台有两个编码器的密码机结构图。编码器和内部配线的立体图太难画，因此图 35 只显示平面图。每加密一个字母，第一个编码器就会转动一位，或是以平面图解来说，每一条配线都往下移一位。相反地，

第二个编码器通常都静止不动，只有在第一个编码器转满一圈后，它才会转动。第一个编码器装了一根凸齿，这根凸齿到达某一定点时，才会推动第二个编码器，让它移动一位。

图35(a)的第一个编码器正处在将要推动第二个编码器的位置。输入、加密一个字母后，这套机械装置就会变动成图35(b)所示的配置，亦即，第一个编码器移动了一位，而第二个编码器也被推动了一位。再输入、加密另一个字母，会使第一个编码器又移动一位，如图35(c)所示，这一次第二个编码器却保持不动。直到第一个编码器再执行五次加密动作而又绕了一整圈后，第二个编码器才会再动一次。这套设置就像汽车的里程计——代表个位数里程的转轴转得相当快，当它转完一圈到达"9"的时候，就会推动代表十位数里程的转轴移动一位。

增加一个编码器的优点是：直到第二个编码器也转回原点时，亦即第一个编码器转完6圈，执行了6×6次加密动作，也就是总共加密了36个字母后，加密模式才会开始重复。换句话说，这台机器一共有36种编码设定，相当于36套密码字母集。使用完整26个字母时，这台密码机就有26×26，亦即676套密码字母集了。因此，结合几个编码器（有时也称为转轮）就能造出一台不断更换不同的密码字母集的加密机器。通讯员打进一个字母，这台机器就会用数百套密码字母集的其中一套，完全视编码器的配置而定，加密这个字母。随后，编码器的配置再度更动，输入下一个字母时，又会用另一套密码字母集加密了。而且编码器自动转动的特性以及电流的速度，使得这一切都能以极高的速率与准确性顺利完成。

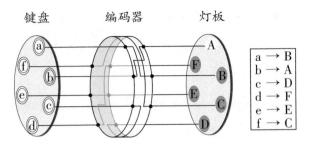

图33：简化的"奇谜"机版本只有6个字母的字母集。这部机器最重要的单元就是编码器。在键盘上单击b，就会有一道电流流进编码器，顺着内部的配线走出来，点亮A灯。简而言之，b会改编成A。右边的方格列出这6个字母的编码情形。

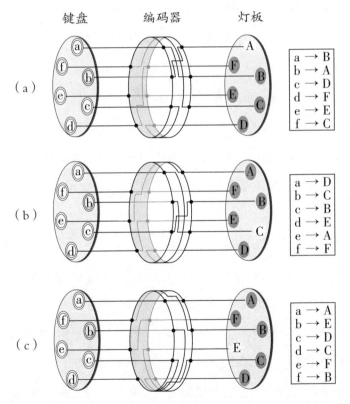

图34：每输入、加密好一个字母，编码器就会转动一位，每一个字母的编码路径也就跟着改变。在(a)图，编码器把b改编成A；在(b)图，新的编码器方位则使b被改编为C。在(c)图，转写器又移动一位后，就把b改编成E。再继续加密4个字母，而再转动4位后，编码器就又会回到原来的方位。

在详细解释雪毕伍斯所设计的使用方法以前，我必须先说明一下"奇谜"机的另两个单元，如图36所示。首先，雪毕伍斯的标准加密机还用到第三个编码器，以增加复杂度——使用完整的字母集时，这三个编码器会提供26×26×26种，亦即17,576种编码配置。再来，雪毕伍斯还加上一个反射器(reflector)。这反射器有一点儿像编码器，也是一个内部布满配线的橡胶盘，可是它不会转动，而且只有单面；电线从其中一面进去后，会再从同一面的另一点冒出来。装上反射器，输入一个字母，发自键盘的电流讯号通过三个编码器来到反射器，反射器会把这讯号送回去，也是通过这三个编码器，可是路线不同。以图36的配置为例，输入字母b，就会有一个讯号通过这三个编码器进入反射器，这个讯号会通过这些配线走回去，来到字母D。图36或许会让你误以为这个讯号是穿过键盘出来的，其实，它是转向来到灯板的。乍看之下，加上这个反射器似乎没什么意思，因为它是静态的，不会增加密码字母集的数目。不过，等我们看看这个机器如何加密、解译信息时，你就会清楚它的好处了。

现在，有位通讯员要传送一则秘密信息。开始加密之前，这位通讯员必须先把编码器转到某个特定起始位置。这部机器有17,576种配置，也就有17,576个起始位置可用。编码器的起始设定会决定这则信息如何被加密。我们可以把"奇谜"机想象成一般的密码系统，它的起始设定则决定加密的确实细节。换句话说，起始设定相当于密码钥匙。通常，通讯网络的每一名成员都会有一本密码簿，这本簿子会详列每一天的指定钥匙。发送密码簿当然需要一些时间与功夫，不过，因为每天只需要一把钥匙，若一本密码簿有28把钥匙，那么每四个星期发送一次，倒也可以接受。相较之下，军队若使用单次钥匙簿密码法，每则信息都需要一把钥匙，钥

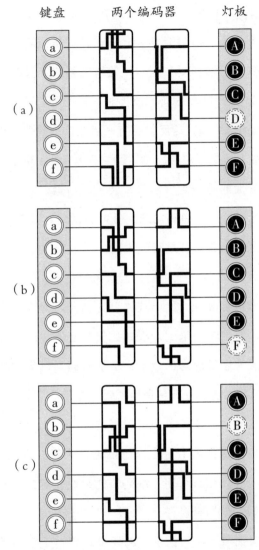

图35：加上第二个编码器以后，只有在加密过36个字母、两个编码器都转回原点时，才会重复出现加密模式。为了简化图解，只以平面图呈现这些编码器；因此，配线转动一位时，这里呈现出来的是往下移动一位。电线似乎要离编码器的上方或下方时，在同一个编码器的上方或下方沿着对应的电线走，就可找出它的路径了。在(a)图，b被改编成D。加密好后，第一个编码器转动一位，并且轻推第二个编码器转一位——只有第一个转盘转完一圈时，才会如此。转动后所产生的新配置显示在(b)图里；在这儿，b会被改编为F。加密好后，第一个编码器又移动一位，但这次，第二个编码器保持不动了。新的配置显示在(c)图里；在此，b会改编为B。

匙发送的任务会艰巨多了。遵循密码簿的指示，设定好这些编码器后，发信人就可以开始进行加密了。他输入这则信息的第一个字母，看看灯板上哪一个字母灯亮了，就把它写下来，成为这篇密码文的第一个字母。随后，第一个编码器自动转动一位，发信人再输入信息的第二个字母……等等。整篇密码文都写好后，就交由无线电通讯员传送给收信人。

要解译这则信息时，收信人必须也有一台"奇谜"机和一本列有当天钥匙的密码簿。他根据密码簿的指示设定好机器后，就一个字母、一个字母地输入密码文，灯板就会指示对应的明文字母。换句话说，发信人输入明文产生密码文，而收信人输入密码文就会产生明文——加密和解密的过程互为翻版。密码解译程序这么简易，是拜反射器之赐。在图36，我们看到，输入b后，沿着电线路径走，会回到D。同样地，若输入d，沿着电线路径走，就会回到B。这个机器会把明文字母加密成密码字母，而且只要设定相同，它也会把同一个密码字母解译回原来的明文字母。

不用说，这把钥匙，还有包含钥匙的密码簿，绝对不可落到敌人手里。敌人或许会截获一台"奇谜"机，但若不知道加密的起始设定，要解译一则拦截到的信息可不简单。没有密码簿，敌方的解码专家必须诉诸检验所有可能钥匙的方法，亦即测试17,576种编码器起始设定的可能性。孤注一掷的解码专家或许会把截获到的"奇谜"机，设定出某一种配置，输入一小段密码文，看看出来的结果有没有意义。如果没有，就换另一种配置，再试一次。如果他每分钟可检验一种编码器的配置，日以继夜地做，将近两个星期就能检验完所有设定。这样它的安全度还算是中等的。可是敌方若有十几个人做这项工作，一天之内就可以检查完所有设定了。因此，雪毕伍斯决定改善他的发明的安全性，增加起始设定的数目，亦即增加可能性钥匙的数目。

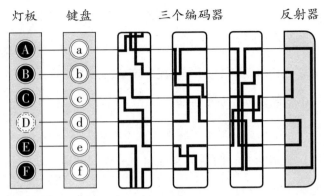

灯板　　键盘　　　三个编码器　　　反射器

图 36：雪毕伍斯所设计的"奇谜"机有三个编码器和一个反射器，反射器的作用是将电流传回编码器。在这张简化的配线图中，输入 b 可以点亮灯板上的 D（灯板显示在键盘左侧）。

他是可以添用更多编码器以提高安全度（每增加一个编码器，就会使钥匙数目升高 26 倍），但是这也会增大"奇谜"机的体积。因此，他增添了两项新功能。首先，编码器变成可以取出、互换。例如，第一个编码器可以移置到第三个位置，第三个编码器则放到前面第一个位置来。编码器的位置顺序会影响加密结果，因此，确切的位置顺序是加密与解密的关键，3 个编码器有 6 种置放顺序，所以这项功能把密码钥匙的数目，亦即起始设定的变化数目，提高了 6 倍。

第二项功能是在键盘和第一个编码器之间插入一块接线板（plugboard）。发信人可以利用接线板插入一些电线来互换某些字母讯号进入编码器的路径。例如，在接线板上 a 和 b 的接线孔插接一条电线后，通讯员要加密字母 b 时，电流讯号会沿着原本属于字母 a 的路线走，反之亦然。"奇谜"通讯员有 6 条电线可以使用，也就是说，可以调换 6 对字母的路线，其他 14 个字母不插接电线，它们的路线也就保持不变。利用接线板调换字母也是机器设定的一部分，必须在密码簿里指定好。图 37 呈现装上接线板的机器结构图。

这个图解是以 6 个字母的字母集为例，因此只有一对字母 a 和 b 被调换了。

雪毕伍斯的设计有一项功能还没提到——环。环对加密程序虽有一些作用，却是整台"奇谜"机最不重要的零件，所以我不想在此讨论它。（想知道环的确实功用的读者请参阅书末所列的参考书目，例如大卫·坎恩（David Kahn）所著的《俘获奇谜》（*Seizing the Enigma*）参考书目也列了两个网址，那里有很棒的"奇谜"模拟机，你可以尝试操作一台虚拟的"奇谜"看看。）

认识完雪毕伍斯"奇谜"机的主要单元后，我们来算算，综合接线板的配线可能性以及编码器的顺序与方位，总共能有多少把密码钥匙。这台机器的每个变量的变化数目详列如下：

编码器的方位
每个编码器都有 26 个方位变化，三个编码器就有
$26^2 \times 6 \times 26$ 种方位变化：17,576

编码器的顺序
三个编码器（1 号、2 号、3 号）有 6 种排置顺序如下：
123、132、213、231、312、321   6

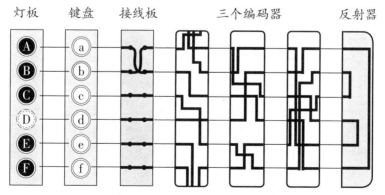

灯板　键盘　接线板　三个编码器　反射器

图 37：接线板位于键盘与第一个编码器之间。在接线板接上电线后，即可将字母两两对调，在本图中，a 即和 b 对调。现在，b 使用原来由 a 所走的线路来加密。在有 26 个字母的"奇谜"机，操作员有 6 条电线来调换 6 对字母。

接线板

对调26个字母中的6对字母线路的变化数目非常庞大：
100,391,791,500

总数

钥匙总数就等于上面三个数字的乘积：
$17{,}576 \times 6 \times 100{,}391{,}791{,}500 \approx 10{,}000{,}000{,}000{,}000{,}000$

　　发信人和收信人只要协议好接线板的配线、编码器的位置顺序和它们的相对方位——这些因素一起定义了钥匙的细节，他们就可以轻易地加密和解译信息了。然而，不知道钥匙的敌人想要破解密码文，就得检验10,000,000,000,000,000把可能的钥匙。一位固执，而且每分钟能检验一把钥匙的解码专家需要比宇宙岁数更久的时间，才能检验完所有钥匙。(事实上，在上面的计算中，我省略了环这个因素，也就是说真实的钥匙总数甚至更高，要破解"奇谜"所需的时间也甚至更久。)

图38：亚图·雪毕伍斯

　　既然对钥匙数目最有贡献的是接线板，你可能会疑惑，雪毕伍斯何不省却编码器。接线板本身只能提供一种简易的密码法，因为它就像单套字母替代法一样，调换12个字母罢了。接线板的问题是，一旦开始加密，这些调换就不会变动了，因此它自己单独制造出来的密码文可用频率分析法破解。编码器本身所提供的钥匙数目较小，可是它们的配置不断在变动，它们制造出来的密码文也就无法用频率分析法破解。雪毕伍斯结合编码器和接线板，使他的机器不怕频率分析法的威胁，又有庞大数量的可能钥匙。

　　雪毕伍斯在1918年获得他的第一项专利。他的密码机可以放在一个只有34×28×15厘米大的盒子里，却重达12公斤。

　　图39是一台打开上盖的"奇谜"机。你可以看到用来输入明文字母

图39：军用"奇谜"机

的键盘，还有在它上方显示密码字母的灯板。键盘下方是接线板，在此有超过6对字母借由接线板调换路线，因为这一台"奇谜"机是目前为止所介绍的原始机型的修订版。图40是一台拿掉壳板的"奇谜"，揭露了更多组件，尤其是那3个编码器。

有三个编码器
的编码单元

反射器

输入转轮
灯(拿掉灯板，
就看得到了)

键盘

接线板

图40：拿掉内面壳板的"奇谜"机，看得到三个编码器。

雪毕伍斯相信他的"奇谜"坚不可破，它的加密威力势必会有大量的需求。他尝试同时对军方与商业界推销他的密码机，提供不同的版本给这两者。例如，他提供基本型的"奇谜"给商业界，豪华的使馆型（以打印机取代灯板）给外交部。他的机器单价，折算成今日的物价，相当于20,000英镑。

不幸，机器的高价位吓退了潜在买主。商界人士说，他们负担不起"奇谜"的安全性，雪毕伍斯却相信他们负担不起没有它的风险。他辩解说，被商业对手拦截到公司重要机密信息的损失会是一大笔财富，可是没几个生意人理睬他。德国军方也不怎么热衷，因为他们没注意到他们不安全的密码系统在大战期间所造成的损害。例如，他们被误导相信齐玛曼电报是在墨西哥被美国间谍偷窃走的，而归咎于墨西哥的安全漏洞。他们还没明白，是英国人拦截并破解了这份电报，齐玛曼的溃败其实是德国密码技术的失败。

雪毕伍斯不是唯一受到这种挫折的人。不同国家的其他三位发明人几乎同时、分别想出以转动的编码器为基础的密码机器。1919年，荷兰的亚历山大·科赫(Alexander Koch)取得编号10,700的专利，却无法从他的转轮机器获利，而在1927年卖掉他的专利权。在瑞典，亚维·当姆(Arvid Damm)也取得类似的专利，然而直到他于1927年辞世时，都未找到市场。在美国，发明家爱德华·赫本(Edward Hebern)对他的发明"无线的斯芬克斯"(Sphinx of the Wireless)信心十足，他的失败却最为凄惨。

在20世纪20年代中期，赫本花了38万美金建造一座工厂，不幸当时正是美国心态从偏执狂转为开阔心胸的时期。在第一次世界大战的余波中，美国政府设置了黑房厅，一个高效率的密码局，有20位密码分析家，领导人是显赫聪颖的赫伯特·雅德利（Herbert Yardley）。后来，雅德利写道："紧闭、隐秘、禁卫的黑房厅什么都看得到、什么都听得到。尽管拉下窗帘，密闭窗户，它锐利的眼睛仍会穿透华盛顿、东京、伦敦、巴黎、日内瓦、罗马的秘密会议室。它灵敏的耳朵能抓住世界各国首都最细微的耳语声。"美国黑房厅在十年内破解了45,000件密码文。可是，赫本建造他的工厂时，赫伯特·胡佛（Herbert Hoover）当选总统，正尝试在国际事务上开创一个互信的新纪元。他解散黑房厅，他的国务卿亨利·史丁森（Henry Stimson）还声明："绅士不应阅览他人的信件。"一个国家如果相信，阅读别人的信息是不对的，也就会开始相信别人不会读它自己的信息，而看不出巧妙的密码机器有什么用。赫本只卖出12台机器，总价约为1,200美金。1926年，他被不满的股东送上法庭，并依加利福尼亚州的企业证券法判决有罪。

相较之下，雪毕伍斯的运气还算不错。德国军方终于被英国的两份文件惊醒，而懂得欣赏"奇谜"机的价值了。第一份是温斯顿·丘吉尔（Winston Churchill）发表于1923年的《世界危机》，里面有一段英国如何撷取德国加密文件的戏剧性故事：

1914年9月初，德国轻型巡洋舰"玛德堡"（Magdeburg）在波罗的海遇难。几个小时后，俄国捞起一具德国士官的尸体，胸前僵硬的双臂紧抱着德国海军密码和通讯簿以及北海与黑尔戈兰德（Helgoland Bight）细密分格的地图。9月6日，俄国使馆的海军武官前来见我。彼得格勒（Petrograd）发出一则信息告诉他这件事。借由这些密码以及通讯簿，俄国海军部可以解译至少一部分德国海军的信息。

俄国觉得，军力最强的英国海军部应该持有这些手册和航海图。我们若派一艘船到亚历山德拉夫 (Alexandrov) 去，照管这些书的俄国军官会把它们带来英国。

这些数据协助了 40 号房的密码分析家破解德国的一般加密信息。过了十年，德国人终于意识到他们在通讯安全上的失败。同样在 1923 年，英国皇家海军公开他们在第一次世界大战的官方历史数据，这份文件也重申德国通讯的拦截与分析给予同盟国明显优势的事实。英国情报局的傲人成就，正是对德国安全负责人员的明显打脸。他们得在自己的报告中承认："信息一再被英国人拦截并解译的德国舰队指挥部，等于是摊开牌来和英国指挥部对打。"

德国军方开始征询如何避免重蹈第一次世界大战在密码技术上的惨败。他们的结论是，"奇谜"机是最好的方法。1925 年，雪毕伍斯开始大量生产"奇谜"，来年这些机器全部由军方收购。后来，政府和国营机构，例如铁路局，也开始使用它们。这些"奇谜"跟雪毕伍斯先前卖给商业界的机器不一样，因为编码器的内部配线变了。因此拥有商用"奇谜"机的人并不知道政府和军方机型的详情。

接下来的二十多年，德国军方买了三万多台"奇谜"机。雪毕伍斯的发明供给德国军方世界上最安全的密码系统，第二次世界大战爆发时，他们的通讯由无可比拟的加密水平保护着。有那么些片刻，"奇谜"好像会扮演确保希特勒胜利的重要角色，可是相反地，它是希特勒最终毁灭的部分原因。雪毕伍斯未能亲眼看到他的密码系统的成功与失败。1929 年，在赶着一队马匹时，他的马车失控，撞上一堵墙，5 月 31 日雪毕伍斯死于内伤。

第 4 章

破解"奇谜"

第一次世界大战结束后，英国40号房的密码分析家继续监控德国的通讯。1926年，他们开始拦截到完全难倒他们的信息。"奇谜"上场了。"奇谜"机数目快速增加，40号房的情报收集能力也跟着快速萎缩。美国和法国也尝试破解"奇谜"密码，同样无功而返，很快就放弃破解它的希望。现在，德国拥有全世界最安全的通讯系统了。

同盟国的密码分析家放弃"奇谜"破解希望的速度，跟他们十年前在第一次世界大战时的毅力，是非常强烈的对比。面对可能战败的危险，同盟国的密码分析家为了透视德国的密码，日以继夜地工作。看来，恐惧是最主要的驱动力，逆境是成功破解密码的基础之一。是面对德国日益坐大的恐惧和逆境，使19世纪末的法国密码分析家奋发起来的。然而第一次世界大战结束后，同盟国已经无所畏惧。德国因战败而瘫痪，同盟国处于支配地位，因而似乎也失去对密码分析的热忱。同盟国密码分析家的人数锐减，质量恶化。

然而有一个国家却不敢松懈。第一次世界大战后，波兰重新成为独立的国家，很担忧它新建立的主权会受到威胁。它的东边是俄国，一个积极传播他们的共产主义的国家；西邻是德国，渴望夺回战后割让给波兰的领土。夹在这两个国家之间的波兰，非常需要情报信息。他们成立了新的密码局(Biuro Szyfrów)。如果需要是发明之母，逆境大概就是密码分析之母。1919至1920年波俄战争的胜利是波兰密码局的成功例证。光是在1920年8月，苏维埃军队抵达华沙大门时，波兰密码局就破解了400则敌方信息。他们对德国通讯的监控也一直很有绩效，直到1926年，他们也碰上了"奇谜"信息。

负责解译德国信息的是马克斯米廉·辛茨基上尉(Captain Maksymilian Ciezki)，他是在波兰民族主义中心扎莫图提(Szamotuty)城长大的热诚爱国志士。辛茨基获取一台商用型的"奇谜"机，得知雪毕伍斯这项发明的所有原理。可惜，商用型的编码器内部配线跟军用型的完全不同。不知道军用机器的配线细节，辛茨基就没有机会解译德国军队所传送的信息。在极度沮丧之际，他任用一位具有奇特洞察力的人士，疯狂地尝试揣测那些加密信息的意义。不用多说，这位具有奇特洞察力的人士也不能提供波兰密码局所需的突破。帮他们跨出破解"奇谜"密码第一步的，是一个对政府不满的德国人汉斯－提罗·施密特(Hans-Thilo Schmidt)。

汉斯－提罗·施密特于1888年出生于柏林，他是一位杰出教授与贵族夫人的次子。施密特入伍成为职业军人，参加了第一次世界大战。然而，《凡尔赛和约》要求德国彻底裁减武力时，德国军方看不出留下他的价值。他转而从商，可是战后的经济萧条与严重的通货膨胀迫使他的肥皂工厂关门，使他个人和家庭都陷入困境。

哥哥鲁道夫(Rudolph)的成功更加深施密特失败的屈辱。鲁道夫同样也参加大战，之后军队裁员时被留了下来。20世纪20年代，鲁道夫的军阶不断高升，最后被提拔为通讯部队的参谋长，负责通讯安全。事实上，就是鲁道夫正式核准军队使用"奇谜"密码的。

生意垮了后，汉斯－提罗被迫向哥哥寻求协助，鲁道夫就安排了一个职位给他，让他在柏林负责管理德国加密信息的密码局(Chiffrierstelle)工作。密码局是"奇谜"指挥中心，一个处理高敏感信息的最高机密单位。汉斯－提罗前往柏林就职时，他的妻小留在巴伐利亚，那里的生活费比较负担得起。他独自住在昂贵的柏林，赤贫、孤立，嫉妒他完美的哥哥，憎恨摒弃他的国家。结果不难预料。贩卖"奇谜"的秘密信息给外国政府，可以赚取更多钱，又能破坏国家安全，摧毁他哥哥的组织，为他所受的屈辱报复。

1931 年 11 月 8 日，施密特来到比利时韦尔维耶(Verviers)的格兰旅馆(Grand Hotel)，准备跟一名代号瑞克斯(Rex)的法国秘密情报员洽谈。施密特以一万马克（相当于今日的两万英镑）的代价让瑞克斯摄影两份文件："'奇谜'密码机使用说明书"(Gebrauchsanweisung für die Chiffriermaschine Enigma)和"'奇谜'密码机钥匙指南"(Schlüsselanleitung für die Chiffriermaschine Enigma)。这些文件基本上是"奇谜"机的操作说明，虽然没有编码器内部配线的详细描述，却含有推测这些配线所需的信息。

现在，利用施密特的变节，同盟国有机会精确地仿造一台德国军用"奇谜"机了。然而，这并不足以破解用"奇谜"加密的信息。这个密码的力量不在于将机器的结构保密，而在于将机器的起始设定(也就是密码钥匙)保密。要想解译拦截到的信息，不仅需要一台"奇谜"机的复制品，还得从一万亿把可能的钥匙中找出加密这则信息的那一把。德国有一份备忘录如此写道："在判断这个密码系统的安全性时，就已先假设敌人也有同样的机器可用。"

法国秘密情报局显然很够水平，找到了施密特这样的通敌者，又取得对军用"奇谜"机的配线有所提示的文件。相较之下，法国的密码分析家就不太称职，似乎既不愿意也没有能力利用这份新近获取的信息。

第一次世界大战后，他们患了过分自信且缺乏动机的毛病。法国的密码局甚至不愿尝试复制一台军用"奇谜"机，因为他们相信再下一个步骤——找出每一特定"奇谜"信息的钥匙，是不可能的任务。

　　法国曾在十年前和波兰签署军事合作的协议，而波兰又曾表示对任何与"奇谜"有关的事物都有兴趣，因此法国就依照十年前的老协议，把施密特的文件相片交给他们的盟友，把没有希望的"奇谜"破解任务留给波兰的密码局。波兰的密码局知道这些文件只是一个起点，可是不像法国人，波兰人有遭逢德国侵袭的恐惧在驱策他们。波兰人深信，一定有捷径可以找出"奇谜"信息的钥匙，而且只要运用足够的努力、原创性和智慧，就能找到这条捷径。

图41：汉斯－提罗·施密特

施密特的文件不但揭露了编码器的内部配线，也详细解释了德国所使用的密码簿形式。"奇谜"操作员每个月会收到一本新的密码簿，这本簿子一天指定一把钥匙。例如，密码簿可能会指定该月第一天的当日钥匙如下：

（1）接线板设定：　　　　　　A/L – P/R – T/D – B/W – K/F – O/Y
（2）编码器位置顺序：　　　　2–3–1
（3）编码器方位：　　　　　　Q–C–W

编码器位置顺序和编码器方位，合称为编码器的设定。"奇谜"操作员会依下列步骤设定"奇谜"机器，以执行这把当日钥匙：

（1）接线板设定：在接线板上，用一条电线连接 A 和 L，以互换字母 A 和 L 的路线；用同样的方法调换 P 和 R、T 和 D、B 和 W、K 和 F，以及 O 和 Y 的路线。

（2）编码器位置顺序：把第二个编码器插置在机器的第一个插槽，第三个编码器放在机器的第二个插槽，第一个编码器放在第三个插槽。

（3）编码器方位：每一个编码器的外缘都刻有完整的字母集，以便操作员设定出特定的方位。在此例，操作员会转动第一插槽上的编码器，让 Q 朝上；转动第二插槽上的编码器，让 C 朝上；转动第三插槽上的编码器，让 W 朝上。

加密方式之一是，发信人用当日钥匙加密所有当天的信息。也就是说，所有"奇谜"操作员加密当天的每一则信息时，都要先根据当日钥匙重新设定一次机器。每有信息要传送，就先将它输入这台机器，记下输出的密码文，再交给无线电通讯员传送。在另一端，接收方的无线电通讯员记下收进的信息，交给"奇谜"操作员输入已经依据当日钥匙设定好的机器，输出结果即是原始信息。

这个方法相当安全，只是每天大概得传送数百则信息，全都重复使用同一把钥匙加密，会削弱它的安全性。原则上，使用同一把钥匙加密巨量的数据，会提高敌方密码分析家推测出钥匙的风险。大量的相同密码加密数据会提供密码分析家更高的机会辨识出钥匙。例如，回到较简单的密码：用频率分析法破解单套字母集密码时，若有好几页加密数据可以分析，当然比只有短短几句，容易多了。

因此，德国采取了额外的安全措施，聪明地使用当日钥匙设定来为每一则信息传送一把新的信息钥匙（message-key）。信息钥匙的接线板设定和编码器位置顺序都跟当日钥匙相同，编码器方位则不同。密码簿不会列出新的编码器方位，发信人必须依照下列方法把它传给收信人。首先，发信人依据协议的当日钥匙设定机器。假设当日钥匙的编码器方位是QCW，他就为信息钥匙随意另挑一组编码器方位，例如PGH。再来是依据当日钥匙加密PGH。输入信息钥匙到"奇谜"机里时，要输入两次，以便收信人能够验证。例如，发信人可能把信息钥匙PGHPGH加密成KIVBJE。两个PGH有不同的加密结果（第一次加密成KIV，第二次则变成BJE），是因为"奇谜"机的编码器每加密一个字母就转动一次，整个加密模式也随之改变。然后，发信人就把他的机器设定更改成PGH的方位，以这把信息钥匙加密信息主体。在接收端，收信人先把机器设定成当日钥匙所指定的方位——QCW，输入收获信息的前六个字母KIVBJE，得到PGHPGH。他就知道该把编码器设定成PGH，才能解译这则信息的主要内容。

　　这种方法等于是叫发信人与收信人协议一把主要密码钥匙，但不用来加密每一则信息，而只用来加密每一则信息的新密码钥匙，再用这把新密码钥匙来加密真正的信息。倘若德国人没使用信息钥匙，所有信息——可能有数千则信息、数百万个字母——都会用同一把当日钥匙传送。相对地，如果当日钥匙只用来传送信息钥匙，它所加密的文字数量就很有限了。假设一天有一千把信息钥匙要传送，那么这把当日钥匙就只需加密六千个字母。又因为信息钥匙是随机挑选出来的，而且每把钥匙只加密一则信息，所以它所加密的文字数量也很有限，可能只有几百个字符。

　　乍看之下，这套系统似乎难以攻破，可是波兰人并没有被吓退。他们准备使尽浑身解数，找出 "奇谜" 机和当日钥匙与信息钥匙方法的弱点。这一次，与 "奇谜" 作战的前锋是新一代的密码分析家。好几世纪以来，大家都认为最好的密码分析家候选人是精通语言结构的专家。可是 "奇谜" 的降临促使波兰人改变他们招募新成员的政策。"奇谜" 是一种机械式的密码，波兰人推想，更科学性的头脑可能较有机会破解它。波兰密码局筹办了一个密码学课程，邀请了 20 位数学家，每一位皆宣誓守密。这些数学家全都来自波兹南（Poznán）大学，它虽不是波兰最具声望的学术机构，但却有位于这个国家西部的优点——这一带领土原本属于德国，1918 年才划入波兰版图。因此，这些数学家都会一口流畅的德语。

　　这 20 位数学家中，有三位显露出破解密码的才能，而被招募进密码局。其中，最有天赋的是马里安·瑞杰斯基（Marian Rejewski），一位羞怯、戴眼镜的 23 岁年轻人。他为了想在保险业谋职，大学时攻读统计学。在大学他是一位很有潜能的学生，但是在密码局，他才找到真正适合他的职业。他先练习破解一系列传统的密码法，才前去迎接更严酷的"奇谜"挑战。他独立工作，把所有心力集中在雪毕伍斯机器的错杂性。身为数学家，他尝试分析这台机器的每个作业层面，试验编码器和接线板配线的功效。然而，就像所有数学问题，他的工作不仅需要逻辑，也需要灵感。正如另一位来自数学界的战时密码分析家所说的，有创造性的密码破解家必须"不得已地天天与恶灵沟通，才能在智力的柔道比赛中大胜"。

瑞杰斯基攻击"奇谜"的策略焦点是密码安全的大忌——"重复"。重复会产生模式，密码分析家就靠模式强大。"奇谜"所加密的信息里，最明显的重复是信息钥匙——它在每则信息的开头加密两次。操作员若选用ULJ当信息钥匙，他会重复加密它两次，ULJULJ就可能加密成PEFNWZ，然后再放在真正信息的前头。德国人之所以做这样的重复，是为了避免无线电干扰或操作人员失误造成错误。他们没料到，这会危及机器的安全性。

瑞杰斯基每天都会面对一批新截获的信息。它们都以6个跟信息钥匙有关的字母起始。这6个字母是三个钥匙字母重复两次，且用同一把当日钥匙加密的结果。例如，他可能收到四则信息，含有如下经过加密的信息钥匙：

	一	二	三	四	五	六
第一则信息	L	O	K	R	G	M
第二则信息	M	V	T	X	Z	E
第三则信息	J	K	T	M	P	E
第四则信息	D	V	Y	P	Z	X

在每个例子中，第一和第四个字母都是对同一个字母加密，亦即信

息钥匙的第一个字母。同样地,第二和第五个字母也是在加密同一个字母,
亦即信息钥匙的第二个字母;第三和第六个字母则是加密信息钥匙的第三
个字母。例如,第一则信息的L和R都是在加密同一个字母——信息钥
匙的第一个字母。同一个字母的加密结果不一样,先是L,后来又变成R,
是因为第二次加密这个字母之前,第一个编码器已经转动三位了,因而
变动了整个加密模式。

　　L和R是在加密同一个字母的事实,让瑞杰斯基可以开始推论机器起
始设定的隐约轮廓。未知的起始编码器设定,把未知的当日钥匙的第一
个字母加密成L,然后另一个同样未知的编码器设定(在尚未知的起始设
定的后三位),把未知的当日钥匙的同一字母加密成R。

　　这个轮廓充满了未知数,因而显得非常模糊,但它至少显露了一项
特征:"奇谜"机的起始设定,亦即当日钥匙,使得字母L和R有密切的
关联。把每一则当日的新信息拦截下来,就有可能辨别出第一和第四个
字母的其他关联。这些关联全是"奇谜"机起始设定的反映。例如,上
面的第二则信息告诉我们,M和X有关联;第三则告诉我们J和M有关联;
在第四则,D和P有关联。瑞杰斯基把这些关联列成一张表。以上面四则
信息为例,这张表反映(L、R),(M、X),(J、M)和(D、P)的关联:

第一个字母　　A B C D E F G H I J K L M N O P Q R S T U V W X Y Z
第四个字母　　　　　　P　　　　　　　　M　　R X

　　如果瑞杰斯基能在一天之内获取够多的信息,就能完成所有字母的
关联。下面就是一张完成的关联表:

第一个字母　ABCDEFGHIJKLMNOPQRSTUVWXYZ
第四个字母　FQHPLWOGBMVRXUYCZITNJEASDK

图42：马里安·瑞杰斯基

　　瑞杰斯基不知道当日钥匙与信息钥匙的内容，但他知道这两者衍生出上述表格所列的关联。当日钥匙改变时，关联表的内容也会改变。下一个问题就是：有没有可能透过关联表判定出当日钥匙的内容？瑞杰斯基开始在表格里寻找模式，寻找或能指引出当日钥匙内容的结构。最后，他找到一种值得研究的特定模式——字母链。例如，在表格中，上排的A连到下排的F，他就去上排找F，发现它连到下排的W，就又去上排找W。结果是，上排W的下排字母是A，于是回到这段连接的起点，形成一条环链。

　　瑞杰斯基从剩下的字母找到更多环链。他列出所有环链，并标示它们的连接点数：

$$A \rightarrow F \rightarrow W \rightarrow A \qquad\qquad\qquad 三个连接$$
$$B \rightarrow Q \rightarrow Z \rightarrow K \rightarrow V \rightarrow E \rightarrow L \rightarrow R \rightarrow I \rightarrow B \qquad 九个连接$$
$$C \rightarrow H \rightarrow G \rightarrow O \rightarrow Y \rightarrow D \rightarrow P \rightarrow C \qquad 七个连接$$
$$J \rightarrow M \rightarrow X \rightarrow S \rightarrow T \rightarrow N \rightarrow U \rightarrow J \qquad 七个连接$$

　　到目前为止，我们只有考虑这个重复性钥匙的第一和第四个字母之间的连接性。事实上，瑞杰斯基也研究了第二和第五个字母，以及第三和第六个字母之间的关联，找出它们的环链和连接数。

　　瑞杰斯基注意到，这些字母环链每天都在变。有时候会有很多短链，有时候则只有几个长链。当然，环链的字母也会变。环链的特征显然源自当日钥匙的设定——接线板设定、编码器位置顺序和编码器方位的综合结果。但是，瑞杰斯基要如何从环链判断出当日钥匙呢？10,000,000,000,000,000 把可能的钥匙中，到底是哪一把跟哪一套环链模式有关联呢？可能性数目实在太大了。

　　在这个关头，瑞杰斯基展现了他深刻的洞察力。虽然接线板和编码器设定两者都会影响环链的细节，但我们可以将它们的影响力分离到某个程度。更明确而言，环链的某一特性是完全取决于编码器的设定，跟接线板一点儿关系也没有：环链的链接数纯粹源自编码器的设定。回头看上面的例子，假设当日钥匙原本在接线板设定里，要求调换 S 和 G 的路线，现在我们稍微修改一下当日钥匙的细节，把连接 S 和 G 的电线拿掉，改拿去连接 T 和 K，以调换了 T 和 K 的路线，结果，这些环链就会改变如下：

```
A→F→W→A                          三个连二接
B→Q→Z→T→V→E→L→R→I→B              九个连二接
C→H→S→O→Y→D→P→C                  七个连二接
J→M→X→G→K→N→U→J                  七个连二接
```

有一些环链的字母变了，可是每一条环链的连接数没变。瑞杰斯基辨认出一个只受编码器设定影响的环链特征了。

编码器设定的总数是编码器位置顺序数目(6)乘以编码器方位数目（17,576），亦即105,456。所以，瑞杰斯基可以忘掉10,000,000,000,000,000把当日钥匙中是哪一把跟哪一套环链模式有关联的问题，改把他的心力移到一个较简单的问题：105,456种编码器设定中，哪一种跟哪一套环链模式有关联？虽然这个数目仍旧很大，总比可能的当日钥匙的总数小了大约一千亿倍了。简言之，这份搜查工作已经简化一千亿倍，当然是在人力可及的范围内了。

瑞杰斯基继续他的任务。多亏汉斯－提罗·施密特的情报，让他有"奇谜"复制品可用。他成立小组，开始进行检测105,456种编码器设定的琐碎工作，记下每一种设定所产生的环链长度。他们花了一整年的时间才完成环链特征目录。有了这些数据，瑞杰斯基终于可以开始解析"奇谜"密码。

每天，他都先记下所有截获信息的前六个字母，亦即重复加密的信息钥匙，建立关联表，据以追寻字母链和每一条环链的连接数。例如，分析第一和第四个字母可能会得出四条连接数分别为3、9、7、7的环链；分析第二和第五个字母可能也会得到四条环链，但连接数分别为2、3、9、

12;分析第三和第六个字母时，可能就得到五条连接数分别为 5、5、5、3、8 的环链。到这一步，瑞杰斯基还不知道当日钥匙是什么，但他知道这把钥匙会产生三套有如下特征的环链：

第一和第四字母有 4 条环链，连接数各为 3、9、7、7。

第二和第五字母有 4 条环链，连接数各为 2、3、9、12。

第三和第六字母有 5 条环链，连接数各为 5、5、5、3、8。

现在，瑞杰斯基可以翻开他那本环链特征目录了。所有 105,456 种编码器设定，都一一依据其环链特征详列在目录里。在目录里找到环链数目符合、每条环链的连接数也都符合的项目后，他马上就知道这把钥匙的编码器设定了。这些环链相当于指纹，会使编码器的起始位置顺序与方位曝光。瑞杰斯基的工作方式就跟侦探一样，在犯罪现场找到一枚指纹，就去数据库寻找指纹相符的嫌犯。

辨认出当日钥匙的编码器设定后，瑞杰斯基还必须判定接线板的设定。接线板虽有一千亿种设定可能性，找出正确设定的工作却相当简易。瑞杰斯基先根据刚查证出的编码器设定——当日钥匙的一部分——设定他的"奇谜"复制品。然后拔掉接线板上的所有电线，让接线板暂时无作用，接着输入一段拦截到的密码文。输出结果大都是无意义的字眼，因为接线板的配线还未知、还没派上场。不过他能观察到一些隐约可以辨识的词组，例如 alliveinbelrin，可能其实是 arrive in Berlin。这个假设若没错，就表示接线板的 R 和 L 应该连接、调换路线，而 A、I、V、E、B 和 N 都应该不动。继续分析其他词组，就可能判定出其他五对应该利用接线板调换线路的字母。既然推论出接线板的设定，也已发现编码器的设定，瑞杰斯基就有完整的当日钥匙，可以解译当天的任何信息了。

瑞杰斯基分开处理找出编码器设定与找出接线板设定的问题，而大幅简化了辨认当日钥匙的问题。这两个问题本身，分开处理时都是可以解决的。原本我们估计得花掉比宇宙寿命还长的时间，才检测得完所有"奇谜"钥匙。瑞杰斯基却只花一年的时间编纂出环链长度的目录，随后在每天结束前，就能找出当日钥匙。一旦有了当日钥匙，他就跟原收信人一样拥有足够的信息，而能轻易地解译信息了。

瑞杰斯基的突破使德国的通讯内容透明化了。波兰未与德国作战，但有被入侵的威胁，因此征服"奇谜"的胜利让他们大松一口气。如果能知晓德军高层对波兰有何盘算，他们就有机会防御自己。波兰的命运完全视瑞杰斯基的成败，而他也没让他的国家失望。瑞杰斯基攻破"奇谜"是密码分析界最伟大的成就之一。我只能用短短几页的篇幅概略说明他的工作，而省略了很多技术细节和所有死巷。"奇谜"是一台非常复杂的密码机，需要极高的智力才破解得了。我的简化说明不该误导你低估瑞杰斯基的非凡成就。

波兰之所以能成功破解"奇谜"密码，可归纳出三个因素：恐惧、数学和谍报。若不是忧惧德国侵犯，波兰人恐怕也会被"奇谜"密码看似无懈可击的威力吓退。若没有数学根底，瑞杰斯基不会分析出这些环链。若没有代号"灰烬"（Asche）①的施密特和他的文件，波兰人没有办法知道编码器的配线，可能也就根本不会开始进行这项密码分析工作。瑞杰

---

① "Asche"：情报员代号。

斯基也毫不迟疑地指出施密特的功劳:"灰烬的文件,犹如天赐的灵粮,所有门户马上敞开欢迎。"

波兰成功地运用瑞杰斯基的技巧好几年。赫曼·戈林(Hermann Göring)于1934年访问华沙时,一点儿也不知道波兰人拦截并解译了他所有的通讯。他跟几位德国达官贵人前往波兰密码局附近的无名战士之墓献花时,瑞杰斯基在楼上窗口望着他们,窃喜自己能阅览他们最机密的通讯。

虽然德国后来又稍微更改了他们传送信息的方式,瑞杰斯基仍有办法反击。他那本旧的环链特征目录没有用了,但他不需要重新编纂一本目录。因为他设计了一套机械版的目录系统,可以自动寻找正确的编码器设定。瑞杰斯基的发明是"奇谜"机的改造品,可以快速检验17,576套设定,直到找出相符者为止。但是编码器的位置顺序有6种可能性,因此他们必须让6台各代表一种位置顺序的瑞杰斯基机器平行运作。这6台合组成一个单元,大约一米高,大约两个小时就能找出当日钥匙。这些机器被称为"炸弹"(bombes),可能是因为它们在检验编码器设定时,会发出滴滴滴的声音。另一种说法是,瑞杰斯基是在咖啡厅吃一客半球状的"炸弹"冰淇淋时,得到发展这些机器的灵感。这些"炸弹"等于把解译过程机械化了,很自然地呼应了"奇谜"把加密过程机械化的特性。

几乎在整个20世纪30年代期间,瑞杰斯基和他的同事一直不倦息地进行揭露"奇谜"钥匙的工作。这个小组必须经年累月地面对密码分析工作的压力与紧张,必须不断修复"炸弹"的机械故障,必须不断处理源源不绝的截获信息。他们的生活重心是寻找当日钥匙,这份能揭露加密信息内容的关键信息。然而，这些波兰密码解译家不知道，他们的工作有很多根本是不必要的。波兰密码局的主管格维多·兰杰少校(Major Gwido Langer)早已获取"奇谜"当日钥匙，却把它们塞进办公桌抽屉藏了起来。

透过法国人，兰杰一直在接收施密特的情报。这名德国间谍在1931年交出两份"奇谜"的操作说明书后，并未停止他的不法行动。他跟法国秘密情报员瑞克斯碰了20次面，通常是在阿尔卑斯山上绝对隐私的偏僻小屋里。每次碰面，施密特都会交出一本或数本密码簿，每本都有一月份的当日钥匙。这些都是所有德国"奇谜"操作员会收到的密码簿，里面含有加密和解译信息所需的完整信息。他总共提供了足供38个月之用的当日钥匙。这些钥匙原本可帮瑞杰斯基省却大量的时间与功夫，可以不需要装置这些"炸弹"，可以节省很多密码局的其他部门原本用得上的人力。然而，精明过人的兰杰却决定隐瞒这些钥匙。兰杰相信，总有一天会再也拿不到钥匙，瑞杰斯基必须被训练成不必依赖钥匙。他知道战争一旦爆发，施密特就不可能再继续秘密赴会，届时瑞杰斯基就会被迫自给自足了。兰杰认为，瑞杰斯基平时就应该练习自给自足，为未来做好准备。

瑞杰斯基的绝技终于在1938年12月达到限度。德国密码应用家加强了"奇谜"的安全性。"奇谜"操作员收到两个新的编码器，编码器位置的安排会用到五个编码器中的三个。以往只有三个编码器(1号、2号、3号)可以用，可能的排列方式只有六种，现在多了两个额外的编码器(4号和5号)可用，就能安排出60种排列组合(请参考表10)。瑞杰斯基的第一个挑战是，求解这两个新编码器的内部配线。更令人烦忧的是，他也必须制造60台"炸弹"，各代表一种编码器位置。这样一套"炸弹"的制造费用是波兰密码局年度设备预算的15倍。接下来的那个月，情况变得更糟。接线板的电线数目从6条增为10条了。这表示，调换加密路线的字母从12个变成20个了。钥匙可能性的总数升高到159,000,000,000,000,000,000。

1938年，波兰拦截并解译信息的绩效达到高峰。到了1939年初，新编码器和新增的接线板电线却阻断情报的源流。在先前这几年扩展密码分析疆域的瑞杰斯基被打败了。他已经证明"奇谜"不是无法破解的密码，可是没有检验所有编码器设定所需的资源，他无法找出当日钥匙，也就不可能解译"奇谜"的信息。面对如此绝望的处境，兰杰想必考虑交出施密特提供的钥匙了。问题是，没有人送钥匙了。就在引进新编码器的前夕，施密特跟情报员瑞克斯突然中断联系。有7年的时间，他所供应的钥匙对波兰人而言是多余的。现在正当波兰人需要钥匙时,却再也没有供应源了。

"奇谜"再度变得难以攻破，对波兰而言，这是毁灭性的一击。"奇谜"不仅是一种通讯工具，也是希特勒闪电战策略的核心。闪电战的概念是快速、强大的协同攻击，这意味大型装甲师之间必须能彼此联系，并与步兵和炮兵部队维持通讯。此外，俯冲轰炸机斯图卡(Stuka)要在空中支持地面部队，也有赖于前线部队和机场之间高效率且安全的通讯。闪电战的特质就是"利用快速通讯，进行快速攻击"。波兰若无法破解"奇谜"，就没有希望挡住德国显然将在几个月内开始发动的猛烈攻势。德国已经占领苏台德地区(Sudetenland)，并于1939年4月27日撤销与波兰签订的互不侵犯条约。希特勒反波兰的演说越来越尖刻。兰杰决定不让这项同盟国到目前为止都还不知情的波兰密码分析学突破，毁于德国侵袭的战火。如果波兰已经无法得利于瑞杰斯基的工作，至少该给同盟国试一试，以它作为研发基础。也许英国和法国有额外的资源,能充分利用这个"炸弹"的构想。

6月30日，兰杰少校发电报邀请法国与英国跟他同等身份的人士前来华沙，讨论与"奇谜"有关的紧急事务。7月24日，法国与英国的资深密码分析家抵达波兰密码局总部，对正在等着他们的东西毫不知情。兰杰引领他们进入一个房间，里面有个东西用黑布覆盖着。他拉开那布幔，很戏剧性地揭开瑞杰斯基的"炸弹"。这些观众得知瑞杰斯基已经破解"奇谜"多年时，个个目瞪口呆。波兰领先世界任何其他国家十年。尤其震惊的是法国人，波兰人这项伟大成就的基础竟是法国谍报斩获的信息。法国人把施密特提供的信息交给波兰人，是因为他们相信这些信息没有价值，波兰人却证明他们错了。

最后一份惊喜是，兰杰愿意给英国和法国两台备用的"奇谜"复制品及"炸弹"的蓝图，利用外交邮包送到巴黎。8月16日，其中一台"奇谜"从巴黎转往伦敦。为了避免引起监视港口的德国间谍怀疑，这台"奇谜"机由剧作家撒夏·基特里(Sacha Guitry)和他的夫人女伶伊凡娜·潘栋(Yvonne Printemps)夹藏在行李中，越过英吉利海峡。两个星期后，9月1日，希特勒进攻波兰，大战由此爆发。

三个编码器的位置顺序	加入两个编码器之后所增添的位置顺序可能性							
123	124	125	134	135	142	143	145	152	153
132	154	214	215	234	235	241	243	245	251
213	253	254	314	315	324	325	341	342	345
231	351	352	354	412	413	415	421	423	425
312	431	432	435	451	452	453	512	513	514
321	521	523	524	531	532	534	541	542	543

表10：五个编码器的位置顺序可能性

图43：海因茨·古德里安将军的战地指挥部用车。画面左下方可看得见正在使用"奇谜"

从不咯咯叫的鹅

13年来，英、法两国一直相信"奇谜"是无法破解的，现在却冒出希望了。波兰的启示证明"奇谜"密码有缺陷，提振了同盟国密码分析家的士气。新编码器和额外的接线板电线使得波兰人的进展搁浅，可是"奇谜"不是完美密码的事实并没有改变。

波兰的突破也向同盟国证实了聘任数学家做密码分析工作的价

值。在英国，40号房一向是语言学家和人文学者的天下。现在他们也开始致力邀请数学家和科学家加入行列，平衡他们的阵容。这些新成员大多是以校友相互引荐的方式，由40号房的固有成员接触他们的母校牛津或剑桥大学招募而来的。他们也透过剑桥纽汉学院(Newnham College, Cambridge)、剑桥戈登学院(Girton College, Cambridge)等女校的校友圈子，招募女大学生。

这些新成员没有被带去伦敦的40号房，而是前往位于白金汉郡布莱切利园(Bletchley Park)的政府代码及密码学校(Government Code and Cypher School，简称GC&CS)，这是新成立的密码解译机构，将取代40号房。布莱切利园可以容纳远多于40号房的工作人员。这一点很重要，因为他们预期，战争一旦爆发，势必会有大量截获的加密信息涌入。在第一次世界大战期间，德国的通讯量是每月两百万单词。如今无线电更加普遍，第二次世界大战的通讯量恐怕会是每天两百万单词。

布莱切利园中央是一栋很大的维多利亚时期的都铎－哥特式宅邸，它是由19世纪时的财务大臣赫伯特·雷恩爵士(Sir Herbert Leon)所建。这栋宅邸有图书馆、餐厅、华丽的宴会厅，成为整个布莱切利作业的管理中心。GC&CS的主管亚雷斯特·丹尼斯顿(Alastair Denniston)指挥官的办公室在一楼，可以俯视花园，只是这个美景很快就被许多矗立的小屋给破坏了。这些临时搭建的木屋是各种密码破解活动的所在地。例如，6号屋专门负责破解德国陆军的"奇谜"通讯。6号屋把破解结果交给3号屋的情报人员，让他们翻译这些信息，尝试善用这些信息。8号屋则负责海军的"奇谜"，解译结果则交给负责翻译及情报搜集的4号屋。一开始，布莱切利园只有两百名成员，五年内即增添为7,000位。

图 44：1939 年 8 月，英国的资深密码解译家拜访布莱切利园，评估它适不适宜作为政府代码及密码学校的所在地。为避免当地居民起疑，他们宣称为瑞德里上尉的射击俱乐部成员。

在 1938 年秋天，布莱切利的科学家与数学家研习 "奇谜" 密码的复杂性，很快就熟练掌握了波兰人传授的技巧。布莱切利有较多员工和资源，而能够应付编码器设定增加后，"奇谜" 的破解难度升高十倍的问题。英国的解码专家每天都重复同样的工作。在凌晨时分，德国的 "奇谜" 操作员会换用一把新的当日钥匙，就在这个时刻，不管布莱切利在前一天有什么突破，都无法用来解译信息了。这些解码专家必须再度开始寻找新的当日钥匙的工作。这可能要花数个钟头的时间，不过一旦找出当天的 "奇谜" 设定，布莱切利人员就可开始解译堆了一叠的德国信息，揭露无价的战情信息。

突袭是一项无价的作战武器。然而只要布莱切利能破解 "奇谜"，德国的计划就会透明化，英国就能读取德国总司令部的心思。英国若截获消息，知悉一项迫在眉睫的攻击计划，就可预先增强武力或采取闪躲的行动。如果他们能解译德国讨论自身弱点的信息，同盟国就能集中他们的攻击重点。布莱切利的解译工作重要至极。例如，德国在1940年进攻丹麦和挪威时，布莱切利园提供了一份详细的德军作战图。同样地，在不列颠战役(Battle of Britain)期间，这些密码分析家能事先提供空袭警告，包括空袭的时间和地点。他们也能不断更新德国空军现状的信息，例如损失多少架飞机，以多快的时间递补等。布莱切利园把所有这些信息送到MI6总部，再从那儿转交国防部、航空部和海军部。

在影响战争的发展之际，这些密码分析家偶尔也会找出时间轻松一下。在秘密情报局服务的马尔科姆·马格利奇(Malcolm Muggeridge)曾拜访过布莱切利园，他说，击球(rounders①)是最受欢迎的游戏：

图45：布莱切利园的密码解译家玩击球游戏，轻松一下。

① rounders是英国一种类似棒球的球戏。

　　每天午餐过后，天气适合的话，这些解码专家会在宅邸草地上玩击球。这些先生被看到在做跟他们重要的研究相较起来，大概会被视为不正经或无意义的活动时，就会装出几分严肃的样子。因此他们激烈地为游戏的某个问题争论，犹如在辩论自由意志或决定论之类的哲学问题，或者宇宙究竟是起源于一场大爆炸(big bang)，还是上帝渐渐创造出来的问题。

　　熟练波兰人的技术后，布莱切利园的密码分析家开始自行发明一些寻找 "奇谜" 钥匙的捷径。例如，他们很高兴地发现，德国的 "奇谜" 操作员有时会选用相当明显的信息钥匙。根据规定，"奇谜" 操作员应该为每一则信息挑选一把不一样的信息钥匙——三个随机选取的字母。然而在战火中，工作过度的操作员有时候会懒得耗费想象力挑选一把随机的钥匙，而干脆从 "奇谜" 键盘上选用三个排在一起的字母，例如QWE或BNM(如图46)。后来，这类可以预测的信息钥匙被称为cillies。另一种形态的cilly是重复使用同一把信息钥匙，也许是操作员女朋友名字的起首字母——说真的，cilly这个词可能就是来自其中一组起首字母，C.I.L.。这些密码分析家的惯例变成：用辛苦的方法破解 "奇谜" 以前，他们会先试试这些cillies，有时候他们所谓的预感还真的会中奖。

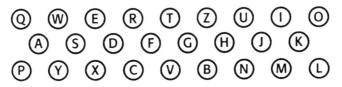

图46："奇谜" 键盘的布局。

Cillies不是"奇谜"机本身的弱点，而是使用方法的弱点。较高阶层的人为错误也会危及"奇谜"密码的安全性。那些负责编纂密码簿的人必须决定每天该使用哪些编码器，而且位置如何。为了确保敌人无法预期编码器的设定，他们不允许任何编码器连续两天留在同一个位置。这表示说，如果我们帮编码器贴上1号、2号、3号、4号和5号的标签，假使第一天的编码器的位置设定是1 3 4，第二天就有可能是2 1 5，但不可能是2 1 4，因为他们不允许4号编码器连续两天留在同一个位置。这项策略看起来好像很有道理，因为编码器的位置持续在变。可是实施这种规则反而会让密码分析家的日子更好过。密码簿编纂人员为了避免某个编码器留在同一个位置，而排除某些设定，等于是把编码器的可能性位置数目减半了。布莱切利园的密码分析家注意到这件事实，特别善加利用。他们一旦辨认出当天的编码器设定，第二天就能马上排除半数可能的编码器设定，于是工作量也跟着减半。

同样地，接线板的设定也有一条规则：不连接两个相邻的字母。这表示，S可能跟任何字母调换路线，却不会跟R和T调换。这条规则的理论是，相邻字母调换会太明显，应该刻意避免。可是，实施这类规则反而会使钥匙可能性的总数锐减。

寻找新的解码捷径是有必要的，因为"奇谜"机在大战期间继续演化。这些密码分析家不断被迫更新、重新设计、改善这些"炸弹"，构思全新的策略。他们的成功，部分归功于这个综合数学家、科学家、语言学家、人文学家、最高段的棋手与纵横字谜玩家的奇特组合。难以处理的问题会在小屋里传阅，直到碰上一位有适当的心智工具解决它的人，或碰上一位能先解决一部分才继续传出去的人。6号小屋的负责人高登·维契曼(Gordon Welchman)曾形容他的小组是"一群设法找出猎物踪迹的猎犬"。这里面有很多伟大的密码分析家和许多重大的突破,真要详细说明这些个别贡献,会变成好几大册的书。然而,若要挑出一位值得特别介绍的人物,那就是阿兰·图灵(Alan Turing),辨识出"奇谜"最大弱点的人。多亏图灵,英国才有办法在最困难的处境下,仍能破解"奇谜"密码。

阿兰·图灵的母亲于1911年秋天在南印度马德拉斯(Madras)附近的小镇查特拉普(Chatrapur)怀了他,他的父亲朱利叶斯·图灵(Julius Turing)是印度的公务员。朱利叶斯和妻子埃塞尔(Ethel)决定让他们的儿子在英国出生,于是回到伦敦,于1912年6月23日生下阿兰。他父亲随即回去印度,15个月后,他母亲也追随到印度去,阿兰就由奶妈和朋友照顾,直到他可以上寄宿学校。

1926年,14岁的图灵就读于多赛(Dorset)的雪伯尔尼中学(Sherborne School)。他第一学期的开学日刚好碰到大罢工(General Strike),但他不愿在第一天就缺席,便独自从南安普敦(Southampton)骑单车到雪伯尔尼去,全程100公里。当地报纸报道了他这项壮举。第一学年结束时,他得到的评语是:害羞、举止笨拙的男孩,只在科学学科显露潜能。雪伯尔尼的宗旨是把男孩们锻炼成十项全能、足堪治理大英帝国重任的男人,图灵对这种野心却不感兴趣,过了一段不太愉快的中学生涯。

他在雪伯尔尼唯一真正的朋友是克里斯托弗·摩孔(Christopher Morcom),他跟图灵一样,也对科学很有兴趣。他们常一起讨论最新的科学新闻,一起做实验。这段友谊点燃图灵的求知欲,而且更重要的,也在他心灵勾起一份非常深刻的情感。为图灵作传的安德鲁·哈吉斯

(Andrew Hodges)写道，"那是初恋……有一种沉迷的感觉、更强烈的意识，犹如迸放于黑白世界的耀眼色彩。"他们的友谊持续了四年，摩孔似乎并不知晓图灵对他的情感深度。在雪伯尔尼的最后一年，图灵永远失去了告诉摩孔这份感觉的机会。1930年2月13日，克里斯托弗·摩孔突然死于肺结核。

图47：图灵

失去他唯一真正爱过的人，几乎让图灵崩溃。他承受摩孔之死的方法是：专注于科学研究，努力实现他朋友的潜能。摩孔似乎比他更有天分，原已得到剑桥大学的奖学金。图灵认为，他有义务也在剑桥取得学籍，去进行他朋友势必也会想做的科学探索。他跟克里斯托弗的母亲要了一张相片，相片寄达后，他回信致谢："他正在我的桌上，鼓励我勤奋研习。"

1931 年，图灵得到剑桥国王学院的入学许可。他来到剑桥时，正逢学术界激烈辩论数学和逻辑的本质，包围在罗素（Bertrand Russel）、怀特海（Alfred North Whitehead）和维特根斯坦（Ludwig Wittgenstein）等所提出的一些重要学说里。当时的辩论重点是逻辑学家库尔特·哥德尔（Kurt Gödel）所提出的争议性概念不可判定性（undecidability）。大家一直相信，所有数学问题，至少在理论上，都有答案。哥德尔却证明，有些数学问题超乎逻辑证明的范围之外，既不能证明其为真，也不能证明其为伪，此即所谓的"无法判定的问题"。这等于宣告数学不再是数学家一贯相信的全能学科。这令许多数学家非常难受，为了拯救他们的学科，他们想找出方法来辨识一个问题是否为不可判定，好把这类问题摆到一边去。这项目标激发图灵写下他最富影响力的数学论文"论可计算的数字"（On Computable Numbers），发表于 1937 年。在《破解密码》（*Breaking the Code*）这出修·怀特摩尔（Hugh Whitemore）所创作、描述图灵一生的戏剧里，有一个人问图灵这篇论文的意义，他回答说："它所谈的是对与错。总体说来，它是一篇探讨数学逻辑的论文，但也探讨了分辨对错的困难。人们认为——大部分的人认为——在数学领域里，我们总能知道什么是对的、什么是错的。不是这样的。再也不是这样了。"

在尝试辨认无法判定的问题时，图灵的论文描绘了一部假想的机器，一部能执行特定数学运算（即演算法）的机器。换句话说，这部机器能够遵循一系列固定的、预先设定的步骤运转，譬如说，能够计算两个数字的乘积。图灵假想，要相乘的数字透过一条纸带输入到机器里，就像透过打孔纸带输入一段旋律到自动钢琴里去一样，接着再透过另一条纸带输出乘法运算的答案。他假设有一系列这类的"图灵机"，分别执行一道道特定的任务，例如除法、平方或分解因子。接着，图灵跨出更大一步。

他假想可以改变一部机器的内部构造，让它能够执行所有想象得到的图灵机的所有功能。他所假想的改变方法是，分别插入特定的纸带，把这部唯一能弹性变化的机器转化成一部除法机，或乘法机，或任何其他运算法的机器。图灵把这部假想的装置称为"万能图灵机"，因为它能解决任何逻辑上可以解答的问题。然而不幸的是，我们并不必然能够在逻辑上判定某一问题是否是不可判定的。因此之故，即使是万能图灵机也无法辨认每一个不可判定的问题。

有些数学家在读过图灵的论文后，失望于哥德尔的怪物并未被降服。值得安慰的是，图灵给了他们现代可程序化计算机的蓝图。图灵知道巴贝奇的作品，而万能图灵机也可视为差分机二号。然而，图灵又更往前跨了一步，给电子计算法提供扎实的理论基础，赋予计算机迄今仍难以想象的潜力。当时尚值20世纪30年代，还没有能实现万能图灵机构想的技术。可是，图灵并不在意他的理论超乎当时的技术能力范围，他只想得到数学界的认同。事实上，数学界不仅赞赏这篇论文，还视之为该世纪最重要的突破。他当时年仅26岁。

这是图灵特别快乐、顺遂的时期。在20世纪30年代，他从卑微的男孩成为世界精英所在的国王学院的一分子。他过着典型的剑桥学生生活，

为他的数学世界掺杂了更多琐碎的活动。1938年，他常常看白雪公主与
七个小矮人的电影，邪恶巫婆把苹果浸入毒药那一幕，显然叫他印象特
别深刻。后来，他的同事常听到他不断重复这段阴森的吟诵："苹果入酿汁，
浸透睡死药。"

　　图灵很珍惜他的剑桥生涯。除了在学术上有所成就外，他也发现自
己处在一个宽容、支持他的环境。这所大学里，大体而言对同性恋相当
包容，他可以自由地跟同好发展关系，而不必担心谁会发现、谁会说什么。
他没有认真的长期伴侣，但似乎对生活很满意。1939年，图灵的学术生
涯忽然中断。政府代码及密码学校邀他去布莱切利园。1939年9月4日，
首相张伯伦(Neville Chamberlain)向德国宣战的第二天，图灵从剑桥方
院的优渥环境搬到申利溪尾(Shenley Brook End)的皇冠客栈(Crown
Inn)。

　　他每天都从申利溪尾骑5公里的自行车到布莱切利园。在这里，他把
一部分的时间花在小屋里，做例行的密码破解工作，一部分的时间则在
布莱切利园的思考室里。这个思考室原本是赫伯特·雷恩爵士储放苹果、
梨、李子的储藏室。这些密码分析家喜欢在这里进行他们的脑力激荡，以
对付新问题，或预先设想如何解决未来可能出现的问题。图灵的思虑焦
点是：如果德国军队改变他们交换信息钥匙的系统怎么办？布莱切利园早
期的成功是以瑞杰斯基的研究成果为基础，亦即利用"奇谜"操作员每
则信息钥匙加密两次的结果(例如，信息钥匙若为YGB，操作员就会输入
YGBYGB)。这种重复是为了避免在收信端发生错误，却使"奇谜"的安
全出现裂痕。英国密码分析家猜测，再过不了多久德国就会注意到钥匙重
加密会危及"奇谜"密码的安全，而下令操作员停止重复加密的动作，布

莱切利园目前的解码技术也就会派不上用场。图灵的工作就是寻找另一种破解"奇谜"的方法，一种跟重复加密的信息钥匙没有关系的方法。

数个星期下来，布莱切利园收集了大量的解译信息。其中，图灵注意到，很多信息有固定的结构。研究过旧的解译信息后，他发现他有时候，单凭信息发送时间与来源，竟可预测一些尚未解译信息的部分内容。例如，经验告诉他，每天早上6点一过，德国就会送出一则加密的气象报告。所以，一则在6点5分拦截到的加密信息，几乎一定会含有wetter(天气)这个单词。任何军事组织都会实行一套严格的规范，这表示，这类信息也会合乎某种制定的格式，因此图灵甚至可以指出wetter大约在这则加密信息的哪个位置。例如，经验可能告诉他，某一段密码文的头六个字母相当于明文字母wetter。可以把一段明文跟一段密码文对应在一起时，两者并在一起的文字称为对照文(crib)。

图灵相信他可以利用这类对照文来破解"奇谜"。如果他有一段密码文，而他知道其中某一特定部分，譬如说ETJWPX，代表wetter，他的挑战就是找出会把wetter改写成ETJWPX的"奇谜"机设定。最直接但不实际的方法是，把wetter输入"奇谜"机里，看看会不会冒出正确的"密码文"。如果没有，就改变机器的设定，调换接线板的电线位置、调换或重新设定编码器的方位，然后再输入wetter看看。如果仍旧没有出现正确的密码文，就再度更改设定一次、再一次、又一次，直到出现正确的。这种尝试错误法的唯一问题是，共有159,000,000,000,000,000,000种设定得检验，要这样找出把wetter改写成ETJWPX的设定，是不可能的任务。

为了简化这个问题，图灵尝试依循瑞杰斯基分离这些设定的策略。他想把找出编码器设定(找出哪一个编码器在哪一个插槽，以及它们个别的方位）的问题跟找出接线板配线的问题分开来。例如，如果他可以在这组对照文里找到跟接线板的配线没有关系的特征，他就有办法检验完剩下的1,054,560种编码器组合了(60种位置安排成17,576种方位)。找到正确的编码器设定，他就能推测出接线板的设定了。

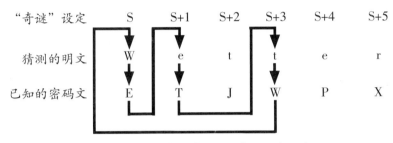

图48：图灵所找出的对照文，出现一个回路。

最后，他把心力放在一项特别的对照文特征上：内部回路(internal loop)。这种回路跟瑞杰斯基所利用的环链很像，可是跟信息钥匙没有关系。图灵这项研究的出发点，正是假设德国很快就会停止发送重复加密的信息钥匙。图灵所找出的回路连接了对照文内的明文字母和密码文字母。图48的对照文就有一个回路。

别忘了，对照文只是猜测的结果，对错还不知道。不过，我们若假设这组对照文是正确的，就可以把w—E，e—T，t—W连成回路。虽然我们不清楚 "奇谜" 机的设定，但我们可以把第一个设定，不管它是什么，称之为S。我们知道第一个设定把w编成E。编完码，第一个编码器就会转移一位，产生新的设定S+1，而把字母e编成T。编码器又再转移一位，改编了一个不在这个回路里面的字母。接下来，这个编码器再度转移一位，才改编下一个也在这个回路里的字母；这一次，S+3设定把字母t编成W。

我们把这些过程摘要如下：

> 在 S 设定，"奇谜"把 w 编成 E。
>
> 在 S+1 设定，"奇谜"把 e 编成 T。
>
> 在 S+3 设定，"奇谜"把 t 编成 W。

到目前为止，回路看起来不过是个有点古怪的模式，可是图灵却紧紧地追踪回路的内部关联的意义，发现它们正提供他破解"奇谜"所需要的快速捷径。图灵开始设想，不要只用一台"奇谜"来试验所有设定，而是同时运用三台机器来模拟回路的三个编码过程：第一台机器尝试把 w 编成 E，第二台则尝试把 e 编成 T，第三台则尝试把 t 编成 W。这三台机器的设定几乎一模一样，只是第二台的编码器方位相对于第一台的设定往前转移一位，亦即 S+1 的设定，第三台的编码器方位则相对于第一台的设定往前转移三位，亦即 S+3 的设定。接着，想象一位快要抓狂的密码分析家，为了得出正确的编码结果，得不断更换接线板的电线，更换编码器位置的安排和它们的方位。第一台机器更换了什么电线，其他两台也得照着换。第一台机器的编码器位置做了什么变动，其他两台也得照着变。而且很重要地，第一台机器的编码器起始方位做了什么转变，第二台也必须跟着变，但得往前多移一位，第三台也是，但得往前多移三位。

图灵这个构想似乎没什么高明之处。这位密码分析家仍旧得检验 159,000,000,000,000,000,000 种设定，而且，还更糟——这项工作得同步在三台机器上进行。放心，图灵下一阶段的构想改变了这项挑战的性质，使它简单多了。他设想，如图49，用电线连接三台机器的输出与输入, 形成一个电流回路, 相当于那组对照文的回路。图灵假想, 这些机器会, 如前面所述, 更动它们的接线板和编码器设定, 但是, 唯独所有机器的所有设定都正确的时候, 这个电流回路才会接通, 使电流流通所有机器。若在这个电路内加入一颗灯泡, 正确的设定找到时, 电流就会接通, 点亮灯泡, 发出成功的讯号。至此, 这三台机器仍旧得检验高达 159,000,000,000,000,000,000 种设定, 才能点亮这颗灯泡。不过, 目前这一切都只是图灵做出最后一步逻辑跳跃的预备动作; 他的最后一跃将使这项任务一下子简单了一百万亿倍。

图灵所设计的电路, 排除了接线板的影响, 让他可以忽略数万亿种接线板设定。图 49 显示, 在第一台 "奇谜" 机里, 电流进入编码器后, 会从某个未知的字母冒出来, 我们把这个字母称为 L1。接着, 电流穿过接线板, 接线板就把 L1 转换成 E。这个 E 透过电线跟第二台 "奇谜" 机的 e 连结, 当电流通过第二块接线板后, 它就又转换回 L1 了。换句话说, 这两块接线板互相消解对方的作用。同样地, 从第二台 "奇谜" 机编码器出来的电流会从 L2 流进接线板, 然后把 L2 转换为 T。这个 T 跟第三台 "奇谜" 机的 t 相连结, 电流通过第三块接线板后, 它又转换回 L2 了。简而言之, 在整个电路中, 这些接线板会相互消解作用, 所以, 图灵可以完全忽略它们。

图灵只需把第一套编码器的输出点——L1, 直接连接到第二套编码器的输入点——也是 L1, 等等。可惜, 他并不知道字母 L1 的值。所以, 他必须把第一套编码器的所有 26 个输出点连接到第二套编码器所有相对应的 26 个输入点, 等等。结果就会有 26 个电流回路, 每一个回路都有一颗灯泡来指示电路是否接通了。这三套编码器就只需检查 17,576 种方位, 其中第二套编码器的方位永远比第一套的多移一位, 第三套编码器的方位则比第二套的多移两位。一旦找到正确的编码器方位，其中一组电路就会接通，电泡就会亮。如果编码器能够每秒换一次位置，五个小时就可以检验完所有可能性方位了。

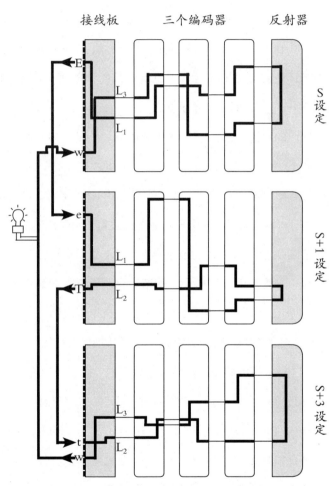

图49：对照文的环路可以比拟成电流环路。这三台"奇谜"机的设定几乎一模一样，只是第二台的编码器方位往前移了一位(S+1设定)，第三台的编码器方位则往前移了三位(S+3设定)。每一台"奇谜"的输出点都连接到下一台的输入点。这三套编码器就会同步一位一位地转动，直到电路接通，点亮灯泡，表示找到正确设定了。这个例图是假设机器的设定正确，而有接通的电路。

　　只剩两个问题要解决。第一，有可能这三台机器的编码器位置安排都不对。"奇谜"机在作业时，只用到五个编码器的其中三个，而且还必须注意位置顺序，亦即总共有60种安排可能性。因此，如果所有17,576种方位都检验完，灯泡都没有亮，就必须试试另一种编码器位置，再度一一检验17,576种方位，如此一直重复这个程序，直到有灯泡发亮。或者，设置60套三台机器的装置，让它们并行操作。

　　第二个问题则牵涉到接线板的配线。事实上，一旦找出正确的编码器位置顺序和方位，要找出接线板的正确配线并不难。在一台编码器位置顺序和方位都正确的"奇谜"机，输入一段密码文，再检视输出的明文。如果输出结果是tewwer，不是wetter，很明显地，接线板的w和t必须插接电线。再输入其他密码文片段，就可以揭露其他接线板电线的位置。

　　对照文、回路和电路链接的机器，这三者组合出一套惊人的密码分析法。也只有具备数学机器方面特殊学养的图灵，才会想出这种方法。他先前对假想的图灵机的冥想是为了解答关于数学不可判定的深奥问题，然而这项纯学术的研究把他放进正确的思考架构，得以设计出能解决现实问题的实用机器。

　　布莱切利园得到十万英镑的资金，可以把图灵的构想转化成工作设备。这些机器绰号叫"炸弹"，因为它们的机械构造跟瑞杰斯基的"炸弹"很像。图灵的每一台"炸弹"都有12套以电线相连的"奇谜"编码器，以便处理更长的字母回路。整台设备约两米高、两米长、一米宽。图灵在1940年初完成他的设计，建造的工作则由英国雷屈沃瑟(Letchworth)的图表机械工厂(Tabulating Machinery factory)接手。

　　这些"炸弹"送来前，图灵继续他在布莱切利园的日常工作。很快地，其他资深密码分析家都耳闻了他的突破，赞扬他是稀有的解码天才。也是布莱切利园解码专家的彼得·希尔顿（Peter Hilton）说："阿兰显然是位天才，但他是一位可亲的、友善的天才。他总是愿意花时间、不厌其烦地解释他的构想。而且他并非只局限于某一领域的专家，他多元的思绪悠游于庞大领域的精密科学里。"

然而，政府代码及密码学校的任何人事物都是最高机密，因此布莱切利园以外的人都不知晓图灵非凡的成就。例如，图灵的父母完全不知道他在做破解密码的工作，更不可能知道他是英国最优秀的密码分析家。他曾告诉他母亲他在做某种形式的军事研究，但没有详述细节。她只是很失望，这项工作竟没使她邋遢的儿子理个像样一点儿的发型。布莱切利园虽由军方统筹管理，但他们同意让步，容忍这些"教授型"的邋遢和怪癖。图灵很少刮胡子，指甲沾满污垢，衣服总是皱成一团。至于军方是否也会容忍他的同性恋，我们就不得而知了。布莱切利园的老将杰克·古德（Jack Good）说："幸好当局不知道图灵是同性恋。要不然，我们可能会打输这场大战。"

第一台"炸弹"原型，取名为"胜利"（Victory），在1940年3月14日抵达布莱切利园。他们马上让这台机器开工运转，可是，初步结果难以令人满意。这台机器的动作比预期的慢很多，花了一个星期才找到一把钥匙。他们同心协力提升这台"炸弹"的效率，数周后交出一份修改过的设计。建造一台升级的"炸弹"，得再花四个月的时间。在此同时，密码分析家得承受他们早已预期的噩运。1940年5月10日，德国改变他们的钥匙交换方式了，不再重复输入信息钥匙。英国成功解译出来的"奇谜"信息数目立即急速下跌。这段信息空白时期持续到8月4日，新的"炸弹"

抵达。这台命名为“神之羔羊”（Agnus Dei）或简称为“艾格妮斯”（Agnes）的机器完全符合图灵的期望。

在18个月内，又多了15台“炸弹”加入探究对照文、检验编码器设定、揭露钥匙的工作，每一台都咯吱咯吱响，犹如百万只缝衣针在工作似的。顺利时，一个小时内就可找到“奇谜”钥匙。一旦找出某一则信息的接线板配线和编码器设定（信息钥匙），就能轻易地推测出当日钥匙，当天所拦截到的其他信息也就都能解译出来。

这些“炸弹”虽然是密码分析学的一项重大突破，解译成绩却很有限。叫这些“炸弹”开始寻找钥匙之前，必须先克服很多障碍。例如，得先有一组对照文，才能操作“炸弹”。资深的解码专家会提供对照文给“炸弹”操作员，可是解码专家不一定能猜对密码文的意义。而且即使他们的对照文明文部分是正确的，却可能被放在错误的位置。密码分析家或能猜出某段加密信息含有某个特定的词组，却可能把这个词组跟不对应的密码文片段配在一起。不过，有一个巧妙的诀窍能检视对照文是否配对位置。

在下面这组对照文的例子，密码分析家相信他所猜测的明文是正确的，但不确定是否有跟正确的密码文字母配在一起。

猜测的明文　　　　w e t t e r n u l l s e c h s
已知的密码文　I P R E N L W K M J J S X C P L E J W Q

“奇谜”机的特色之一是，由于反射器作用的缘故，它不可能把明文字母编码加密成同一个字母。字母a永远不可能编成A，字母b永远不可能编成B，以此类推。所以，上面那组对照文的位置一定是配错了，因为wetter的第一个e跟密码文的E配在一起。要找出正确的配对位置，我们只需挪移一下明文或密码文，直到每个字母都跟相异字母配对。例如，我们把明文往左挪移一位，这个位置仍旧不正确，因为sechs的第一个s跟密码文的S配在一起。相反地，若把明文往右移一位，就没有不允许的配对。于是这组对照文就有可能配对了位置，可以用做"炸弹"解码的基础了。

猜测的明文　　　　　　w e t t e r n u l l s e c h s
已知的密码文　　I P R E N L W K M J J S X C P L E J W Q

　　布莱切利园所搜集的情报只送交最资深的军方人物以及国防部的特定成员。丘吉尔首相非常清楚布莱切利园解译成果的重要性。1941年9月6日，他去拜访这些解码专家。见到其中一些密码分析家时，他很惊讶这么怪异的人物组合，竟是他宝贵信息的来源。除了数学家和语言学家外，还有瓷器权威、布拉格博物馆的研究主任、英国国际象棋冠军和无数的桥牌好手。丘吉尔对秘密情报局(Secret Intelligence Service)主管斯图尔特·门吉斯爵士(Sir Stewart Menzies)低声说道："我叫你不要漏翻任何石头，可没想到你竟真的完全照做了。"说是这么说，他却很喜欢这个杂乱的班底，称他们为"会下金蛋，但从不咯咯叫的鹅"。

　　这趟访视有意显示最高当局非常欣赏这些解码专家的工作，以鼓舞他们的士气。后来危机迫近时，图灵和他的同事也因此胆敢直接与丘吉尔联络。为了使这些"炸弹"发挥极致的功效，图灵需要更多人手，可是接任布莱切利园的指挥官爱德华·特拉维斯(Edward Travis)觉得他没有适当的理由招募更多人员，遂拒绝了他的请求。1941年10月21日，这些密码分析家越级报告，跳过特拉维斯，直接写信给丘吉尔：

图 50：运作中的布莱切利园"炸弹"。

亲爱的首相，

　　几个星期前，您屈尊降贵前来探视我们。我们相信您真的非常看重我们的工作。您想必已看到，多亏特拉维斯指挥官的才能与远虑，我们得以有足够的"炸弹"来破解德国的"奇谜"密码。然而，我们认为必须让您知道，这份工作正受到阻碍，而且在某些方面根本停摆了，主要原因是我们的人手不足。直接写信给您的原因是，数个月来我们已经尽我们所能透过正常渠道反映此事，却得放弃任何及时改善的希望，除非您能介入……

　　您的忠仆，

图灵 (A.M.Turing)

维契曼（W.G.Welchman)

亚历山德 (G.H.O'D.Alexander)

米尔纳—巴里 (P.S.Milner-Barry)

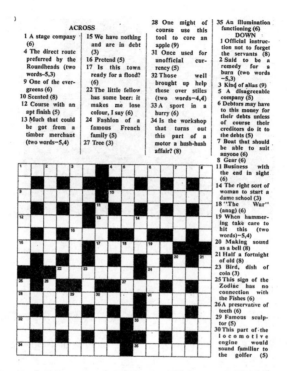

图51:《每日电讯报》(*Daily Telegraph*) 的纵横字谜，用作招募新密码破解员的测试(答案在附录H)。

丘吉尔毫不迟疑地响应他们的请求。他马上写了一张备忘录给他的参谋首长:

即日行动

务必以最高优先级，立即满足所有他们的需求。办妥后，向我回报。

从此再也没有招募成员或添购物资的障碍。到1942年底，他们共有49台"炸弹"，并且在布莱切利园北方的盖核斯庄园(Gayhurst Manor)

新设立了一处"炸弹"工作站。为了招募人手,政府代码及密码学校在《每日电讯报》刊登了一封信。他们向读者发出一项匿名挑战:谁能在12分钟内解决报纸上的纵横字谜(如图51)?他们觉得纵横字谜专家也可能是优秀的解码高手,可以跟布莱切利园已有的科学心智互补——当然,报纸并没有提到这些。25位回复的读者被邀请到舰队街(Fleet Street)参加一项纵横字谜测验。有五位在指定的时间内完成纵横字谜,另有一位,12分钟过了后,只缺一个单词。数个星期后,军方情报单位对这六位进行面试,并招募为布莱切利园的解码员。

窃取密码簿

到目前为止,本章一直把"奇谜"通讯当成一个巨大的通讯系统来讨论。事实上,德国有数个不同的"奇谜"通讯网。例如,在北非的德国陆军有他们自己的通讯网,他们的"奇谜"操作员手上的密码簿与在欧洲所使用的不一样。因此,布莱切利园若辨认出北非的当日钥匙,就能解译所有当天从北非发出的德国信息,但无法利用北非的当日钥匙来破解在欧洲大陆上所传输的信息。同样地,空军也有他们自己的通讯网。要想破解空军的通讯,就得找出空军的当日钥匙。

有些通讯网比其他的更难以破解。海军舰队通讯网是最难以破解的,因为德国海军使用了更复杂的"奇谜"机型。例如,海军的"奇谜"操作员有8个编码器可以选用,而非5个。这表示,他们的编码器位置排列可能性几乎多了6倍,也就是说,布莱切利园得检验的钥匙数目也将近多了6倍。海军"奇谜"的反射器也不一样。反射器的作用是送回电流讯号,流通过编码器，才到灯板。在一般的"奇谜"机里，反射器永远固定在特定的方位。但海军"奇谜"机，反射器却有26种方位可以选用，如此一来，钥匙可能性的总数又提高了26倍。

海军的"奇谜"操作员还使海军"奇谜"密码的分析更加困难。他们很小心，不发送固定形态的信息，布莱切利园也就没有办法寻找对照文。此外，海军舰队也制定了更安全的信息钥匙的选择与传送系统。额外的编码器、可变化的反射器、没有固定形态的信息，以及新的信息钥匙交换系统，再次使得德国海军通讯难以攻破。

布莱切利园无法破解海军"奇谜"，德国海军舰队也就一直在大西洋战役(Battle of the Atlantic)保持上风。卡尔·邓尼茨上将(Admiral Karl Donitz)设计了高效率的两阶段式海战战略。首先，他的潜艇在大西洋分散搜寻同盟国的护航船队，一旦找到目标，就呼叫其他潜艇来到现场，等聚集了大批潜艇后，才发动攻击。这种联合攻击的策略，有赖于安全的通讯系统才能成功。海军"奇谜"就提供了这样的通讯系统，这些潜艇的攻击，对供给英国食物与军备的同盟国船舶，形成毁灭性的威胁。

只要潜艇的通讯无法破解，同盟国就无从得知潜艇位置，无法为护航船队策划安全的航行路线。英国海军部似乎只有一个方法可以知道德国潜艇的确切位置：查看英国沉船的位置。1940年6月到1941年6月之间，同盟国平均每个月损失50艘船只，根本来不及建造足够的新船来替补。不仅是船只的折耗令人难以忍受，人员的损失也非常惨重——50,000名同盟国的船员在这场大战中死亡。若不能使这些损失锐减，英国很可能会输掉大西洋战役，因而也就输掉整场大战。丘吉尔后来曾写道，"处在剧烈事件的洪流中，吾人最深的焦虑是：战役或赢或输，行动或成或败，领土或守或弃，但控制了我们持续作战、乃至求生能力的关键，端视我们能否掌控大洋航线，以及能否自由进出我们的港埠。"

布莱切利园从波兰的经验和汉斯—提罗·施密特的例子学到一点：若无法以智力破解密码，就得使用谍报、渗透、偷窃的方法来获取敌方的钥匙。布莱切利园偶尔也利用皇家空军的妙计，突破海军的"奇谜"。英国飞机在特定地点设置水雷，促使德国军舰发送信息警告其他船只。这些用"奇谜"加密的警告信息当然会提到相关地点，英国人就可利用已知的地点数据找出对照文。换句话说，布莱切利园知道，有一段密码文的内容会是特定的位置坐标。布置水雷以获取对照文的方法被称为"栽植法"（Gardening），必须让皇家空军飞行特殊任务，因此不能定期为之。布莱切利园还得再想出别的方法来破解海军"奇谜"。

另一个破解的策略是偷窃钥匙。詹姆斯·邦德的原创者，也是战时海军情报部门成员的伊恩·弗莱明（Ian Fleming），就曾策划一项窃取钥匙的大胆计划。他建议让英国飞行员驾驶一架掳获的德国轰炸机，在英吉利海峡靠近德国舰只的地方紧急迫降。德国海军势必会航向飞机，解救他们的伙伴，这些由英国人假扮成德国人的飞行员就能登舰船，偷取密码簿。德国的密码簿含有编制加密钥匙所需的信息，而且舰艇常远离基地很长一段时间，他们的密码簿应该至少可以用一个月。偷到这类密码簿，布莱切利园就可以解译一个月的海军"奇谜"信息了。

弗莱明的计划得到批准，被称为"绝地行动"（Operation Ruthless）。英国情报部门开始准备一架要做紧急迫降的汉克轰炸机（Heinkel bomber），召募一组会讲德语的英国飞行组员。行动日期预定在月初,好偷取新出厂的密码簿。佛来明到多佛港(Dover)监督这项行动,可惜这一带并没有德国船只,这个计划也就无限期地搁延下来。4天后,布莱切利园的海军部门主管法兰克·柏屈(Frank Birch)记下了图灵和他的同事彼得·特温(Peter Twinn)的反应:"图灵和特温来找我,对'绝地行动'的取消,犹如葬仪业者在两天前被骗走了一具好尸体般,非常焦虑不安。"

"绝地行动"终被取消,不过在连番大胆空袭德国气象船和潜艇之际,英国终于俘获德国海军的密码簿。这些所谓的"顺手牵羊"行动提供了布莱切利园终止情报空白期所需的文件。海军的"奇谜"透明化,布莱切利园就可以提供潜水艇的确切位置,大西洋战役的局势开始转向。同盟国的护航船队专挑没有潜艇眈视的航道走,英国的驱逐舰也开始改采攻势,追猎、击沉德军潜艇。

同盟国窃取"奇谜"密码簿的事当然不能让德军最高司令部知道。如果德国发现"奇谜"系统不再那么安全,一定会再修改"奇谜"机,布莱切利园就又会退回原点了。跟齐玛曼电报事件一样,英国采取各种措施以防止德国起疑,例如,偷到密码簿后,就把德国船只击沉,让邓尼茨上将相信那些密码数据没有落到英国人手中,而是沉到海底去了。

秘密获取资料后,在利用从中搜集到的情报以前,还需采取一些预防措施。例如,解译"奇谜"密码能得知众多潜艇的位置,但是将它们尽数歼灭,并非明智之举。因为英国突然无缘无故地大胜,会使德国警觉他们的通讯已被破解。因此,同盟国会刻意让几艘潜艇逃走,而且在攻击其他几艘前,先派出一架侦察机在附近绕一下,让驱逐舰有正常理由在几个钟头后出现。有时同盟国也会送出发现德国潜艇的假报告,以为后续的攻击提供充分的佐证。

尽管有政策要掩饰"奇谜"已被破解的迹象,英国有些行动的确叫德国的安全专家特别关切。有一次,布莱切利园解译了一则信息,得知一队德国油轮与补给船的确切位置,一共有9艘。海军部唯恐一举摧毁所有目标会使德国起疑,因而只通知驱逐舰其中7艘的确切位置,打算放走另外两艘,"干达尼亚"(Gadania)号和"共岑翰"(Gonzenheim)号。没想到,击沉那7艘目标船只后,皇家海军的驱逐舰碰巧遇到另两艘海军部原本想放过的船只,把它们也击沉了。这些驱逐舰对"奇谜"以及避免起疑的政策,都不知情,只相信他们是在履行职责。在柏林,库特·弗里克上将(Admiral Kurt Fricke)下令调查这一次和其他类似的攻击,探查英国破解"奇谜"的可能性。报告的结论是,这一连串的损失可能是常态的恶运,也可能是英国间谍渗入海军舰队造成的。破解"奇谜",则被视为不可能,而且难以想象。

隐身幕后的密码分析家

布莱切利园不仅破解了德国的"奇谜",也成功地解译了意大利和日本的信息。从这三个信息来源所得到的情报有一个代号,叫"终极"(Ultra)。"终极"情报档案协助同盟国在这场大战的所有主要战场取得明显优势。在北非,"终极"指引同盟国摧毁德国的补给线,通知盟军隆美尔将军(General Rommel)的军队状态,让第八集团军得以击退德国的进逼。"终极"也警示了德国入侵希腊的计划,让英军没有重大损失地撤退。

事实上，敌军在整个地中海域的活动情况，"终极"都提供了确实的报告。同盟国在1943年登陆意大利和西西里时，这些信息更是特别珍贵。

1944年，同盟国进攻欧洲时，"终极"扮演了非常重要的角色。例如，D–Day(进攻发起日）的前几个月，布莱切利园的解译成果提供了德国军队集中在法国沿岸的详细情况。在战争期间任职英国情报局的官方历史学家哈利·兴斯里爵士(Sir Harry Hinsley)写道：

> 不断累聚的"终极"情报，带来了一些惊骇。尤其是，先前已有令人不安的情报显示，德国分析哈弗港(Le Havre)和薛尔堡(Cherbourg)之间的区域很可能是，而且甚至会是主要的进攻区域，接着又有情报显示，在5月的下半月，他们加强了诺曼底和薛尔堡半岛的兵力。不过这个情报及时来到，让同盟国得以修改在犹他(Utah)抢滩时以及之后的登陆计划。此外，这支远征队伍出发前，同盟国估计了敌军在西部58个师的数量、身份和位置，除了两项外，其余完全正确，诚可谓独一无二的成就，而且对军事行动而言至为重要。

在战争过程中，布莱切利园的译码专家知道他们的解译成果非常重要，丘吉尔的来访也证实了这一点。可是这些密码分析家从不知道任何军事行动细节，也不知道军方如何应用他们的解译结果。例如，这些解码专家对D–Day(进攻发起日）的计划一点儿也不知情，还安排在这一天前夕，也就是盟军登陆的前一个晚上开舞会。特拉维斯指挥官，布莱切利园的主管，也是该地唯一知悉D–Day计划的人，对此甚为担忧。他不能叫六号屋的舞会委员会取消这场活动，因为这等于明白暗示有一项重要的攻击行动即将进行,违反安全原则。这场舞会依计划照常举行时,因为天气不佳,登陆计划延后24个小时,这些解码专家因而有时间从这场狂欢嘻闹中清醒复原。登陆那天,法国反抗军破坏了地面通讯电线,迫使德军只能利用无线电通讯,布莱切利园也就有机会拦截并解译更多信息。在战争转折之际,布莱切利园提供了更详细的德军行动情报。

六号屋的密码分析家斯图尔特·米尔纳—巴里(Stuart Milner-Barry)写道:"我无法想象,有史以来还有哪一场战争,在作战过程中,某一方持续在阅读另一方的主要军事与海事情报。"美国有一份报道也下了类似的结论:"'终极'情报改变了资深幕僚和政治首长下决定时的心境。觉得自己很了解敌人,是非常令人安心的感觉。你若能经常、密切地观察他的思想、作风、习惯和行动,这种感觉就会随着时间不知不觉地增长。这样的感觉经验让你自己在做计划时更为果决,而不致优柔寡断,少了忍痛的感觉而有更快活的心情。"

有人认为,布莱切利园的成就是同盟国胜利的决定性因素。尽管这种说法引人争议,但可确定的是,布莱切利园的解码专家显著缩短了这场战争。回溯大西洋战役,设想没有"终极"情报的话会怎么样。首先,占优势的潜艇一定会击沉更多船只、更多补给,危及与美国的重要供输线,迫使同盟国转移人力和资源来建造新船舶。历史学者估计,这会使同盟国的计划延迟好几个月,这意味着D-Day的进攻计划至少会延到来年。亨利·兴斯里爵士曾说:"倘使政府代码及密码学校未能解读'奇谜'密码,收集'终极'情报的话,这场战争就会迟至1948年,而非1945年才结束。"

在这一段延迟的时间里,欧洲会丧失更多生命,希特勒会进一步利用他的V型火箭,损毁整个英国南部。历史学者大卫·坎恩简述了破解"奇谜"的影响:"它拯救了生命。不只是同盟国和苏俄人民的生命,而且既缩减了战争,也挽救了德国人、意大利人和日本人的生命。有些从第二次世界大战幸存下来的人,若没有这些解译成果,可能保不住生命。这就是全世界从这些解码专家所得到的恩惠——他们的成就有至高无上的价值。"

战争结束后,布莱切利园的成就仍是受到严密保护的秘密。在战争期间成功解译密码的英国想继续他们的情报搜集活动,而不愿意泄露他们的能力。事实上,英国掳获了数千台"奇谜"机,分送给它以前的殖民地,这些国家就像当年的德国人,相信这种密码非常安全。英国没有费劲解除他们这种迷信,反倒经常解译他们接下来那几年的秘密通讯。

另一方面,英国关闭了布莱切利园的政府代码及密码学校,曾一起创造出"终极"情报的数千位工作人员都被解散了。那些"炸弹"全被解体,每一张跟战时的解译工作有关的纸片,不是被藏锁起来,就是烧掉。英国的密码破解活动正式转移到新成立于伦敦的政府通讯总部(Government Communications Headquarters,简称GCHQ),1952年迁移到查腾翰(Cheltenham)。有些密码分析家跟着迁进了GCHQ,大部分的则返回他们的平民生活,宣誓守密,不得泄露他们在同盟国的作战行动中扮演了多么重要的角色。那些打了传统战的人可以谈论他们的英雄事迹,而这些打了情报战的人,尽管非常重要,却必须强忍困窘,规避他们在战争时期做了什么的问题。高登·维契曼回忆道,一位跟他一起在6号屋工作的年轻密码分析家收到一封苛刻的信,他的中学校长指责他不曾站在前线保卫国家,是学校的耻辱。也曾在6号屋工作的德雷克·彤特(Derek

Taunt)简要说明了他的同事的真正贡献:"我们愉悦的小组是没有在圣克里斯宾节(St Crispin's Day)那一天跟随着哈利国王(King Harry)①,但我们也绝对没有赖在床上,也没有理由因为曾待在我们待过的地方而认为自己很可厌。"

缄默了30年后,布莱切利园的机密终于在1970年初解除。负责发送"终极"情报的的温特博特姆上尉(Captain F.W.Winterbotham)开始向英国政府力争:英联邦的国家都已停止使用"奇谜"密码,现在隐瞒英国已破解它的事实,又没有什么好处。情报部门不太情愿地同意,并核准他写一本关于布莱切利园的书。1974年夏天,温特博特姆出版了他的《终极秘密》(*The Ultra Secret*)等于昭告布莱切利园的同仁,他们终于可以自由讨论他们战时的活动了。高登·维契曼大大地松了一口气:"战后,我一直避免讨论战争事件,怕会揭露我从'终极',而不是公开的故事,所得到的信息。……这个转机把我从战争时期的保密誓约中解放出来。"

现在,那些对作战行动有极大贡献的人士可以得到他们应得的赞扬了。温特博特姆的揭示后果,最特别的或许是,瑞杰斯基至此才知道他战前针对"奇谜"所做的突破竟有这么惊人的后续影响。德国进攻波兰后,瑞杰斯基逃到法国,后来法国也被侵占时,又逃到英国去。依常理,他应该会成为英国破解"奇谜"行动的一分子,岂知他却被贬谪到翰默

---

① 这里的哈利国王是指英国国王亨利五世(Henry V;1387~1422年)。亨利五世于1413年继位后,随即于1415年向法国国王查理六世提亲,想娶他的女儿凯瑟琳,并要求对方赠以诺曼底与安茹(Anjou;位于法国卢瓦河Loire下游)两地为嫁妆。查理六世拒绝,亨利五世以此为由向法国宣战,掀开英法百年战争的序幕。1415年10月25日(圣克里斯宾节),亨利在亚琼库尔一役(Agincourt)击败法军,并于1419年占领诺曼底等地。1420年,英法签订《特鲁瓦条约》(*Treaty of Troyes*):亨利娶得凯瑟琳,并得到法国王位的继承权。1422年,亨利比法王查理六世早两个月病死,而未能如偿以偿同时戴上英法两国的王冠。

翰斯代(Hemel Hempstead)附近的玻克斯默(Boxmoor)较不重要的情报单位处理浅陋的密码。这么聪明的头脑怎么会被排除于布莱切利园之外，我们不得而知，只知道结果他对政府代码及密码学校的活动完全不知情。温特博特姆的书出版之前，瑞杰斯基一点儿也不知道他的构想是整个战争期间例行解译"奇谜"工作的基石。

对有些人而言，温特博特姆的书出版得太晚。布莱切利园的首任主管亚雷斯特·丹尼斯顿过世多年后，他的女儿才收到一封他昔日同事寄来的信："令尊是非常伟大的人，所有讲英语的人都该永远，或至少很久很久，对他心存感激。悲哀的是，很少人知悉他真实的贡献。"

阿兰·图灵是另一位未能活着接受公开表扬的密码分析家。他没被赞扬为英雄，反而因他同性恋的倾向受到压迫。1952年，在向警察报告一宗窃案时，他天真地让警察知道他当时正跟同性恋伴侣在一起。警察认为他们别无选择，必须逮捕他，并以"违反1885年刑法修正案第11条条款，重大猥亵"的罪名起诉。报纸报道了后续的审判与定罪，图灵蒙受公然的屈辱。

图灵的秘密曝光，大家都知道他的性倾向了。英国政府撤销他原已通过的安全调查，不准他参与计算机研发计划。他被强制接受心理咨询，接受荷尔蒙治疗，变得性无能且肥胖。接下来的两年，他极度抑郁。1954年6月7日，他带一瓶氰化物溶剂和一粒苹果进去寝室。20年前，他吟诵过邪恶巫婆所念的韵文："苹果入酿汁，浸透睡死药。"现在，他准备遵循她的咒文。他把苹果浸入氰化物溶剂，然后咬了几口。年方四十二岁，密码分析界一位真正的天才自杀了。

第 5 章

语言障碍

英国密码专家破解了德国的"奇谜"密码，扭转了欧洲的战争局势，美国的密码专家则破解了日本名为"紫色"(Purple)的机械密码，对太平洋战场的战役也有同等重要的影响力。例如，1942年6月，美国破解出一则含有日本战略的信息：日本海军计划发动一场假攻击，把美国海军引到阿留申群岛(Aleutian Islands)，再攻占他们真正的目标——中途岛(Midway Island)。美国军舰就依计驶离中途岛，但没有真的走远。当美方的解码专家拦截并解译出日本下令攻击中途岛的信息时，这些军舰很快就返回岗位，防御中途岛，打赢了太平洋战争最重要的战役之一。切斯特·尼米兹上将(Admiral Chester Nimitz)表示，美国在中途岛的胜利"其实是情报的胜利。打算偷袭的日本反而被我们偷袭了"。

　　约一年后，美国密码分析家解译了一则揭露日本联合舰队总司令山本五十六(Isoruko Yamamoto)前往所罗门群岛北部的行程的信息。尼米兹决定派遣战斗机前去拦截并击落山本的座机。以绝对准时闻名的山本在8点整接近他的目的地，跟截获的行程表所列的时间一秒不差。18架美国P-38战斗机迎向他，成功地除掉了日本最高司令部最有势力的人物之一。

　　日本和德国的密码，"紫色"和"奇谜"，都没逃过被破解的命运，但它们在使用初期的确有很高的安全性，对美国和英国的解码专家，都是名副其实的挑战。事实上，假使这些密码机器使用得当——没有重复的钥匙信息，没有cillies，没有在接线板设定与编码器的排列顺序设限，没有能找出对照文的制式信息——它们很可能是永远不会被破解的。

英国陆军和空军所使用的"X型"(Type X)密码机，以及美军所使用的SIGABA(或称M-143-C)密码机，示范了机械密码真正的威力与潜能。这两种机器都比"奇谜"更复杂，而且都使用得当，所以直到大战结束仍未破解。同盟国的密码专家相信复杂的电机密码可以担保机密通讯的安全。然而，复杂的机械密码并非安全通讯的唯一方法。其实，第二次世界大战期间最安全的加密方法中，有一种是非常简易的。

在太平洋战役中，美军指挥官开始感受到密码机器如SIGABA有本质上的缺陷。电机加密方法虽然提供了相当高的安全度，速度却慢得令人难受。用机器加密，必须一个字母一个字母地把信息打进机器里，并得一个字母一个字母地抄录下输出结果，再把完成的密码文交给无线电通讯员传送。接收到加密信息的无线电通讯员必须把它转交给密码专家，由他小心选取正确的钥匙，把密码文打进密码机里，一个字母一个字母地解译。作战总部与船舱或能提供这种必须谨慎处理的工作所需的时间与空间，可是在更恶劣、更紧张的环境，例如太平洋上的岛屿，机械加密法就不怎么理想了。有一位战地记者描述了在丛林战火中的通讯困难："当战斗局限在小区域时，每件事都得分秒必争。没有时间做加密、解密。在这样的情况中，纯正英语是下下策——用语愈鄙俗愈好。"不幸(对美国人而言)，很多日本军人上过美国大学，会讲流利的英语，包括鄙俗的词语。美国的战略与战术信息经常落入敌人手里。

菲利普·约翰斯顿(Philip Johnston)是首先为这个问题提出对策的

人士之一。他是驻在洛杉矶的工程师，因年纪太大而无法参战，但仍想为战事尽一份心力。1942 年初，他从孩童时代的经验获取灵感，发明了一种加密系统。身为新教传教士儿子的约翰斯顿在亚利桑那州的纳瓦霍(Navajo)保留区长大，完全沉浸在纳瓦霍的文化里。他是少数能讲一口流利纳瓦霍语的非纳瓦霍人，纳瓦霍人与政府官员讨论事务时，常请他口译。他这份工作甚至让他在 9 岁时随同两位纳瓦霍人前往白宫，恳求罗斯福(Theodore Roosevelt)总统善待他们族人。注意到这个语言对非本族人多么难懂，约翰斯顿想到了一个主意：纳瓦霍或任何其他美洲原住民的语言，都可以作为几乎无法破解的密码。如果太平洋地区的每一战斗营都任用几位美洲原住民当无线电通讯员，他们的通讯保证安全。

他跑去圣迭戈外围的艾力特营(Camp Elliott)，向该营区的通讯官詹姆斯·琼斯中校(Lieutenant.Colonel James E.Jones)提出他的构想。对这位错愕的军官抛出几串纳瓦霍词组后，约翰斯顿就说服了他这个构想值得认真考虑。两个星期后，约翰斯顿带来两名纳瓦霍人，准备在高阶的海军陆战队军官面前做一次示范。这两位纳瓦霍人被各置一处。他们给其中一位 6 则典型的英文信息，由他翻译成纳瓦霍语，再用无线电传送给他的同伴。在接收端的纳瓦霍人把信息转译回英文，交给这些军官，让他们跟原始信息比较。纳瓦霍人密语传话的示范，证实没有瑕疵，这些陆战队军官批许了实验计划，并下令马上开始招募人员。

然而在招募任何人以前，琼斯中校和菲利普·约翰斯顿必须先决定，要用纳瓦霍语还是其他语言来进行这项前导研究。约翰斯顿请纳瓦霍人做第一次的示范，是因为他和这个部族有私人交情，但他们不一定就是最理想的选择。最重要的选择标准是人数：陆战队所需的部族，必须要能提供大量会讲流利的英语而且识字的人。由于美国政府对原住民疏于照顾，大部分保留区的识字率也就非常低，因此只有四个最大的部族可以考虑：纳瓦霍、苏族(Sioux)、齐本瓦(Chippewa)和皮玛帕帕戈(Pima-Papago)。

纳瓦霍是最大的一族，识字率却最低。相反地，皮玛帕帕戈识字率最高，族群人数却也最少。这四个部族都差不多，最后的决定是基于另外一个重要因素。根据官方对约翰斯顿的构想所做的报告：

纳瓦霍是20年来唯一还没有被德国学生骚扰过的美国部族。这些德国人，以艺术学生、人类学家等身份做掩饰，研究了多种部族的语言，一定对纳瓦霍语之外的各部族语言都已有充分的实际了解。因此，纳瓦霍是唯一能为这类工作提供绝对安全的部族。此外值得注意的是，纳瓦霍部族的语言对其他部族和所有其他人而言，是完全无法理解的，除了28位已经研究过这个语言的美国人可能是例外。这个语言相当于安全的密码系统，非常适用于快速、安全的通讯。

美国加入第二次世界大战之际，纳瓦霍的生活环境非常艰困，被当成次等人来对待。尽管如此，他们的部族会议仍支持这项战争行动，宣告他们的忠诚之心："没有人会比原始美国人对美国更忠诚。"纳瓦霍人很想参与作战，以至于有的谎报年龄，有的吞下好几串香蕉，有的灌下大量的水，好达到55公斤的体重下限。同样地，寻找担任纳瓦霍密语通话员的适当人选，也不是难事。在珍珠港被袭后的四个月内，29名纳瓦霍人，有的年仅15岁，开始了海军陆战队主办的8周通讯课程。

开始进行训练以前，海军陆战队必须先克服另一个目前为止唯一以美国原住民语言为密码所曾遭遇到的问题。在第一次世界大战期间，在法国北部，141 步兵团第四连的连长宏内上尉(Captain E.W.Homer)任命八名查投族人(Choctaw)当无线电通讯员。敌方显然无人懂得他们的语言，查投语也就成了非常安全的通讯媒介。然而，这个密码系统有一个基本缺点：查投语没有现代军事术语的同义词，信息里的军事术语可能会因此翻译成涵义较模糊的查投词语，而导致收信人诠释错误的风险。

纳瓦霍语也可能出现同样的问题。有鉴于此，陆战队计划编造一套纳瓦霍词汇来取代难以翻译的英文字，杜绝信息意义含糊的问题。这些受训人员协助编纂了这套辞典。他们倾向于使用描绘自然世界的字汇来代表特定军事术语。因此，鸟的名字被用来代表各式飞机，鱼的名字代表船舰(请参阅表11)。指挥官变成"战斗族长"(war chief)，军队单位"排"变成"烂泥族"(mud clan)，碉堡变成"穴居地"(cave dwelling)，迫击炮则是"蹲着的枪"(gun that squats)。

原文	代号	纳瓦霍语拼音
战斗机	蜂鸟	Da-he-tih-hi
侦察机	猫头鹰	Ne-as-jah
鱼雷轰炸机	燕子	Tas-chizzie
轰炸机	雕	Jay-sho
俯冲轰炸机	叼鸡鹰	Gini
炸弹	蛋	A-ye-shi
水路两用车	青蛙	Chal
战舰	鲸	Lo-tso
驱逐舰	鲨鱼	Ca-lo
潜艇	铁鱼	Besh-lo

表11：飞机和舰船的纳瓦霍代号

尽管整本辞典包含了274个单词，要翻译较难预料的单词以及人名、地名时，仍会有困难。他们的解决方法是，设计一套语音改写字母集来拼写难字。例如，Pacific就拼成"pig、ant、cat、ice、fox、ice、cat"，翻译成纳瓦霍语则是"bi-sodih、wol-la-chee、moasi、tkin、ma-e、tkin、moasi"。表12列示完整的纳瓦霍字母集。在8个星期内，受训人员熟记了整本辞典和字母集，不需再编制密码簿，因而排除了密码簿落入敌手的风险。对纳瓦霍人而言，把所有东西都记在脑海里，是非常稀松平常的事。因为纳瓦霍语没有文字，他们习惯于默记他们的民间传说故事和家族历史。正如受训人员威廉·麦卡(William McCabe)所说的："纳瓦霍人，什么东西都在脑海里——歌曲、祷文、任何东西。我们就是这样长大的。"

A Ant(蚂蚁)	Wol-la-chee	N Nut(核桃)	Nesh-chee
B Bear(熊)	Shush	O Owl(猫头鹰)	Ne-ahs-jsh
C Cat(猫)	Moasi	P Pig(猪)	Bi-sodih
D Deer(鹿)	Be	Q Quiver(箭囊)	Ca-yeilth
E Elk(麋鹿)	Dzeh	R Rabbit(兔子)	Gah
F Fox(狐狸)	Ma-e	S Sheep(绵羊)	Dibeh
G Goat(山羊)	Klizzie	T Turkey(火鸡)	Than-zie
H Horse(马)	Lin	U Ute(犹他族人)	No-da-ih
I Ice(冰)	Tkin	V Victor(胜利)	A-keh-di-glini
J Jackass(公驴)	Tkele-cho-gi	W Weasel(鼬)	Gloe-ih
K Kid(小孩)	Klizzie-yazzi	X Cross(十字)	Al-an-as-dzoh
L Lamb(小羊)	Dibeh-yazzi	Y Yucca(丝兰)	Tsah-as-zih
M Mouse(老鼠)	Na-as-tso-si	Z Zinc(锡)	Besh-do-gliz

表格12：纳瓦霍字母集代码

训练结束时，他们做了一次测试。发信人把一些英文信息译成纳瓦霍文，传送出去，收信人把这些信息翻译回英文——必要时，会用到他们脑海里的辞典和字母集。结果每个单词都正确。为了检测这个系统的强度，他们把测试的录音交给海军情报部，这个单位已破解日本最难缠的"紫色"密码。密集分析了三个星期，海军的解码专家仍旧对这些信息束手无策。他们说纳瓦霍语是"一连串奇怪的喉音、鼻音、饶舌的声音……我们甚至无法用普通文字写下它，更遑论破解它"。纳瓦霍密码成功通过检验。两位纳瓦霍士兵约翰·本诺利(John Benally)和钱宁·曼纽里投(Johnny Manuelito)被留下来训练下一批新兵，其余27位纳瓦霍密语通话员被编入四个旅，遣往太平洋战区。

日本于1941年12月7日偷袭珍珠港，不久就主宰了西太平洋的大半区域。日本在12月10日占领美军在关岛的要塞，在12月13日拿下所罗门群岛中的瓜达尔卡纳尔岛(Guadalcanal)，12月25日香港失守，1942年1月2日菲律宾群岛上的美军宣告投降。日本计划在当年夏天在瓜达尔卡纳尔岛建造机场作为轰炸机的基地，以摧毁同盟国的供给线，让同盟国无法反击，以巩固他们对太平洋的控制。厄尼斯特·金上将(Admiral Ernest King)，美国海军作战本部总司令，急于在机场建造完成以前攻击该岛。8月7日,海军陆战队第一师率先攻击瓜达尔卡纳尔岛。头几批登陆部队中，第一组密语通话员也在里面体验实际的战争行动。

虽然这些纳瓦霍人自信他们的技巧会对陆战队极有帮助，但头几次的尝试却只引发一场混乱。很多正规的通讯员不知道这种新密码，使得整座岛屿传遍他们发出的惊惶信息，说日本人用了美国的调频广播。负责的上校立即停用纳瓦霍通讯系统，直到他能确信这套系统值得使用。

其中一位密语通话员忆及纳瓦霍密码终于被派上用场的过程：

> 这位上校想出一个主意。他说，如果我能胜过他的"白色密码"——一个机械式、滴滴答答响的圆筒状东西——他才会留下我们。我们两人各自发出信息，他用他的白色圆筒，我用我的声音。我们俩都会收到回讯，而这场比赛就是看谁能先解译出回讯。他问我："你会需要多少时间？两小时？""两分钟比较可能。"我回答道。我在四分钟半内听清楚了我的回讯时，那个家伙还在做解译的工作。我说："上校，你什么时候才要放弃那个圆筒东西？"他闷不吭声，点了烟斗，转身走开。

图52：首批的29位纳瓦霍密语通话员为传统的结训照摆姿势。

这些密语通话员很快就证明了他们在战场的价值。塞班岛(Saipan)曾发生一段插曲。有一营的陆战队占领了原由日军驻守的据点后，忽然连续飞来好多炸弹。那是自己人所发射的炮火——友军部队不知道他们前进到这里了。他们急忙以英语广播，向对方解释现状，炸弹却继续齐发而来，因为攻击的美军部队相信，这些信息是由擅于模仿声调的日军发出来愚弄他们的。直到接获纳瓦霍信息，他们才认清自己的错误，停止这场猛烈的攻击。纳瓦霍信息是假造不了的，永远可以信任的。

密语通话员的名声马上传开，1942年底，部队要求增添83位。这些纳瓦霍人全在六个陆战队师服役，有时候也会被其他军种借用。他们的语言武器很快就使这些纳瓦霍人变成英雄。其他士兵常会自愿帮他们扛无线电和步枪，有些单位甚至会派给他们私人保镖，部分原因是要防止他们被自己人攻击。这些密语通话员，至少有三次曾被美国士兵误认为日本人而被俘，只有在同营弟兄挺身担保后才获释。

纳瓦霍密码之所以难以破解，是因为纳瓦霍语属于纳丁(NaDene)语系，跟任何亚洲、欧洲语言都没有关联。例如，纳瓦霍语的动词不仅会随着主语，也会随着宾语做变化。动词的结尾端视宾语的类别而定：长的(例如烟斗、铅笔)，细瘦且有弹性的(例如蛇、皮带)，含颗粒的(例如糖、盐)，成束的(例如干草)，黏黏的(例如泥巴、粪便)，以及很多其他类别。动词也会结合特定的副词，以说明讲话者所谈述的事是亲身经验或只是传闻。因此有时候单单一个动词就等于一整个句子，外人几乎完全没有办法解析出它的意义。

虽然纳瓦霍密码的强度很高，但仍有两项显著的缺点。第一，在自然的纳瓦霍词汇里或那本列有274个代号的辞典都找不到的单词，必须利用特殊的字母拼出来。这很耗费时间。因此他们决定给这本辞典添加234个常用字词，例如国名就用纳瓦霍语给个绰号来替代：澳大利亚是"卷帽"，英国是"四面环海"，中国是"辫子"，德国是"铁帽"，菲律宾是"浮动的地"，西班牙是"绵羊痛"①。

第二个问题则牵涉到那些还是得拼出来的单词。如果日本人知道有些字是拼出来的，他们就会想到用频率分析法来辨认哪些纳瓦霍单词代表哪些字母。他们很快就会发现最常用到的单词是dzeh，麋鹿(elk)的意思，代表英文最常用的字母e。拼出瓜达尔卡纳尔岛 (Guadalcanal)，而重复wol-la-chee(蚂蚁；ant)这个单词四次，会给他们哪个字代表字母a的明显线索。解决方法是用更多单词来代表常用字母(同音法)。六个最常用的字母e、t、a、o、i、n各多加了两个单词来代表，次常用的六个字母s、h、r、d、l、u则各多加了一个单词。例如，字母a也可以用be-la-sana(apple，苹果)或tsenihl(axe，斧头)来替代。这样一来，拼出Guadalcanal时，就只会重复一个单词了：klizzie、shi-da、wol-la-chee、lha-cha-eh、be-la-sana、dibeh-yazzie、moasi、tse-nihl、nesh-chee、tse-nihl、ah-jad(山羊goat、舅舅uncle、蚂蚁ant、狗dog、苹果apple、小羊lamb、猫cat、斧头axe、核桃nut、斧头axe、腿leg)。

太平洋的战局变得更加炽热时，美军从所罗门群岛前进到冲绳时，纳瓦霍密语通话员所扮演的角色也愈加重要。在攻击硫磺岛(Iwo Jima)的头几天，他们总共交换了超过800则的纳瓦霍信息，全都没有失误。霍

---

① Sheep Pain ；取Spain的谐音。

华德·康纳少将(Major General Howard Conner)表示："没有这些纳瓦霍人，陆战队拿不下硫磺岛。"若考虑到为了完成任务他们常得面对、克服他们内心最深的恐惧，这些纳瓦霍密语通话员的贡献就显得更加非凡。纳瓦霍人相信，没有被安葬好的死者灵魂(chindi)，会向活人报仇。太平洋战役特别血腥，每个战场都遍地横尸。尽管chindi的观念一直萦绕于心，这些密语通话员仍旧鼓起勇气执行他们的任务。在多丽思·保罗(Doris Paul)的著作《纳瓦霍密语通话员》(*The Navajo code Talkers*)里，一位纳瓦霍通话员所忆及的一段情景，即彰显了他们的勇敢、专注与沉着：

　　战火非常激烈，只要把头抬高15厘米，你就没命了。然后在清晨，我们双方都紧绷着，一片死寂。有一名日本人想必是被逼得再也受不了了。他站起来，狂呼，大声尖叫，冲向我们的壕沟，挥舞一把长长的武士刀。我相信他被射击了25至40次才倒下来。

　　在壕沟里，有一位伙伴跟我在一起。可是，那名日本人挥砍了他的喉咙，直直砍到他颈背的韧带。他的气管还在喘气；他挣扎着要呼吸的声音恐怖极了。当然，他死了。那个日本鬼子砍过来时，温血溅满我握着麦克风的手。我正用密码呼叫求救。他们告诉我，尽管如此，我所说的每个音节都清楚地传达过去了。

这场大战总共用了420位纳瓦霍密语通话员。尽管他们英勇的行为得到褒奖，他们保护通讯安全的特殊角色则列为机密。政府不准他们谈论他们的工作，他们特殊的贡献一直未被公开。就像图灵和其他布莱切利园的密码分析家一样，纳瓦霍人被忽视了20多年。直到1968年，纳瓦霍密码终于解除机密，这些密语通话员在来年首度举行联谊会。1982年，美国政府公开表扬他们，明定八月十四日为"纳瓦霍密语通话员国定纪念日（National Navajo Code Talkers Day）"。事实上，这些纳瓦霍人获得的最大肯定是，他们的密码是少数有史以来从未被破解的密码之一。日军情报首脑有末精三中将(Lieutenant General Seizo Arisue)承认，他们破解了美国空军的密码，却对纳瓦霍密码束手无策。

图53：1943年，小亨利·贝克下士(Corporal Henry Bake, Jr.; 图左)和乔治·克科上等兵(Pfc George H.Kirk)在布干维岛(Bougainville)浓密丛林中使用纳瓦霍密码通话。

解译失落的语言与古老文字

纳瓦霍密码的主要成功原因是：对某些人来说是母语的语言，对不懂的人来说是无意义的声音或文字。第二次世界大战的日本密码分析家所面对的难题，在很多方面，跟考古学家尝试解译早已被遗忘，或废弃不用的文字所写的语言的课题很像。要说有什么不同，那就是考古学家所面临的挑战困难多了。例如，日本人有源源不绝的纳瓦霍字词供他们分析比较，然而考古学家能据以研究的信息，有时候只不过是极少量的泥板。此外，考古学的解码专家常是对某篇古老文稿的内容或背景一点儿概念也没有，不像军事解码专家通常有这类线索可以协助他们破解密码。

　　解译古老文字似乎是一项几无成功希望的任务，很多学者却仍献身于这份艰辛的工作。了解我们祖先的文字记录、学说他们的话、一窥他们的思想与生活，这些欲望驱使这些考古学家坚持他们的执迷。这种解译古老文字的欲望，《文字解译的故事》的作者莫力斯·波普(Maurice Pope)可能描述得最好："文字解译显然是古典学科最迷人的成就。未知的文字，尤其是那些来自远古时代的，有着一股魔力，而且它会让率先解开它的神秘性的人享有一样迷人的荣耀。"

　　解译古老文字跟编码者和译码者不断进行中的演化战争没有关系，因为这个领域虽有考古学家担任译码者的角色，但却没有编码者。也就是说，在绝大多数的古代文字解译案例中，原始撰写人并未刻意隐藏文字的意义。本章接下来的讨论重点是考古学的文字解译，它跟本书的主旨有点儿离题。然而，古代文字的解译原理基本上跟传统军事密码分析是一样的。事实上，很多军事译码专家对揭示古老文字的挑战非常有兴趣。这可能是因为古代文字的解译提供了异于军事译码任务的清爽口味，是一种纯粹考验智力的谜题，而非军事上的挑战。换句话说，他们的动机是好奇心，不是敌意。

　　最有名，可能也是最浪漫的文字解译成就，是解读古埃及象形文字。好几世纪以来，古埃及象形文字一直是个谜，考古学家只能推测它们的意义。一份堪称经典之作的谜文解译成果，使这些象形文字不再是神秘符号，考古学家从此得以阅读古埃及历史、文化和信仰的第一手记载。古埃及象形文字成功的解译等于搭建了一座意义深远的桥，跨越了我们与埃及法老文明相隔数千年的鸿沟。

最早的象形文字可以回溯到公元前3000年，而且这种细致雕琢的书写形式沿用了3500多年。象形文字(hieroglyphics)的精巧符号，用来装饰庄严神殿的壁面是很理想（希腊文hieroglyphica意为"神圣的镌刻"），用来记载俗世日常事务却略嫌复杂。因此，有一种与象形文字平行演化的日常文字，叫做"僧侣体"(hieratic)——用较快、较容易书写的线条化符号来取代每一个象形文字的符号。大约在公元前600年，有一种更简易的文字"俗体字"(demotic)取代了"僧侣体"。俗体字的名称源自希腊文demotika，意为"通俗的"。象形文字、僧侣体和俗体字，基本上都是相同的文字，几乎可称为同一种文字的不同字体。

这三种书写形式都是语音式的，也就是说，这些符号大多代表不同的声音，就如英文的字母一样。也和我们今日广泛运用文字的情形类似，这些文字使用于古埃及人的每个生活层面，用了三千多年。然后在公元四世纪末，短短一世代的时间内，这些古埃及文字消失了。可确定年代的古埃及文字遗迹中，时间最晚的一批是在菲力岛(Philae)发现的。有一处神殿的象形文字铭文是在公元394年刻上去的，另有一段俗体字的涂鸦则是写于公元450年。基督教的拓展是古埃及文字灭绝的主因。他们禁止人民使用这些文字，以根除人民跟古老异教文化的联系。由24个希腊字母加6个俗体字(demotic)字母所组成的卡普特文(Coptic)取代了古埃及文字。那6个俗体字字母是用来代表希腊字母无法表示的6个埃及语音。从此，埃及人民只使用卡普特文，进而完全丧失阅读古埃及象形文字、俗体字和僧侣体的能力。他们仍继续讲古埃及语，日后并演变成卡普特语。可是到了11世纪，随着阿拉伯的扩张，卡普特语言和文字也被替换掉。与古埃及王国的最后一丝语言联系断掉了，阅读法老故事所需的知识消逝了。

到了17世纪，教皇西斯笃五世(Sixtus V)重新规划罗马的街道网，在每个交叉路口竖立一个从埃及带来的方尖塔，象形文字才再度唤起人们的兴趣。学者纷纷尝试解译方尖塔上的象形文字，却都被一个错误的假设给绊住：没有人能接受这些象形文字是语音符号，亦即表音文字(phonogram)的可能性。他们认为，对这么古老的文明而言，语音拼字的文字太先进了。相反地，17世纪的学者都相信，这些象形文字是表意文字(semagram)，每个复杂的符号都代表一个完整意念，是原始的图画文字。事实上，这些象形文字还是活的文字时，拜访埃及的外国人也多相信它们是图画文字。公元前1世纪的希腊历史学家戴奥多鲁斯·赛库鲁斯(Diodorus Siculus)写道：

> 埃及人的文字形式碰巧就探用了各种生物、人体四肢和器具的形状……，因为他们的文字并不是利用一个个音节的组合来表达他们的意念，而是利用它们所摹仿物体的外观或是实际经验所感受的隐喻意义……。所以，鹰对他们而言象征所有很快发生的事物，因为它几乎是速度最快的飞禽。这种概念会透过适当的隐喻转换，转移为所有快速的事物以及那些适宜快速进行的事物。

诸如此类叙述，也难怪17世纪的学者在尝试解译这些象形文字时，总是把每一个符号诠释成一个完整的意念。例如，1652 年，德国耶稣会士阿坦那休斯·科荷 (Athanasius Kircher)出版一本名为《伊迪帕斯埃及文》(*Oedipus aegyptiacus*)的寓言式诠释字典，并从中衍生出一系列怪异、奇妙的翻译。例如，几个我们现在知道不过是拼出法老亚皮里斯(Apries)名字的象形文字符号，就被科荷翻译成："要透过神圣的仪式和精灵之链，求取奥西里斯神(Osiris)的庇护，才能获益于尼罗河。"科荷的翻译在今日显得非常滑稽，对当年有志于解译这些文字的人士却造成很大的冲击。科荷不单单是埃及古文物学家，他还写了一本密码技术的书，建造了一座音乐喷泉，发明了幻灯投影(电影的先驱)，曾进过维苏威火山(Vesuvius)的火山口，赢得"火山学之父"的头衔。这位耶稣会士是那个时代最受敬仰的学者，因此，他的观点影响了后续好几代古埃及文物学家。

　　一个半世纪后，1798 年夏天，埃及的古物受到重新审视——拿破仑(Napoleon Bonaparte)派遣一队历史学者、科学家和绘图员，随着他的军队来到埃及。这些被士兵称为"哈巴狗"的学者非常认真地进行描制地图、绘画、转译文字、测量的工作，并记录下他们观察到的任何事物。1799 年，这些法国学者邂逅了考古学史最有名的一块石板，由一队驻扎在尼罗河三角洲附近的罗塞塔镇(Rosetta)朱利安堡(Fort Julien)的法国士兵发现。这些士兵受命毁掉一道古墙，以便扩建城堡。这道古墙嵌着一块石板，上面有一组非常奇特的铭文：同样的内容在石板上分别用希腊字、俗体字(demotic)和象形字刻了三次。这块后来被称为罗塞塔石板(Rosetta Stone)的石板片显然提供了一组相当于密码分析学的对照文，就像那些让布莱切利园的解码专家得以攻破"奇谜"的对照文。很容易读懂的希腊文相当于一段明文，可以与犹如密码文的俗体字和象形文字对照。罗塞塔石板很可能成为揭开古埃及文字意义的工具。

　　这些学者一眼就看出这块石板的重要性，连忙将它送往开罗的国立研究院(National Institute)做进一步的研究　然而，这所机构还没来得及进行任何认真的研究，就听到法军快被前进到此的英军打败了。法国人急忙把罗塞塔石板从开罗移送到比较安全的亚历山德拉(Alexandria)，却是人算不如天算——法国投降时，投降条约的第16条是：置放在亚历山德拉的古物送交英国，置放在开罗的，则可运回法国。1802年，这块无价的黑色玄武岩石板(高118厘米，宽77厘米，厚30厘米，重0.75吨)搭乘法国帝国军舰"埃及人"(HMS L'Egyptienne)到朴茨茅斯港(Portsmouth)，稍后移置大英博物馆，从此定居于此。

　　英国的学者立即译出那段希腊文，得知罗塞塔石板记载了埃及祭司大会在公元前196年所发布的敕令。这篇文稿记录了托勒密法老(Pharaoh Ptolemy)赐与埃及人民的恩典，也详述了这些祭司如何赞誉这位法老。例如，他们宣告"每年都将从特胡提神(Tehuti)月份的第一天起，在每个神殿为普塔神(Ptah)所眷顾的、永生的、显赫仁慈的神托勒密国王举行为期五天的庆典。他们将戴着花冠，进行献祭、奠酒，以及其他固有典礼。[①]"如果另外两段铭文也是在说明这道敕令，这些象形文与俗体文的解译还有什么难的？不尽然。还有三个大障碍得跨越。首先，如图54所示，罗赛塔石板毁损得很厉害。下面的希腊文共有54行，而最后26行并不完整。俗体文则有32行，前14行缺了开头（古埃及象形文和俗体文

---

① 特胡提(Tehuti；英文写成Thoth)是古埃及神祇之一。文献记载，特胡提神庆典是在特胡提神月份的第十九日举行的。由此可知，在古埃及历法中，某个月份也被称为"特胡提"。普塔神也是古埃及神祇之一，普遍被视为司艺术与工匠的神，在某些时期更被视为创造万物及人类的大神。

都是从右往左写①）。象形文的情况最糟，有一半完全不见了，剩下的14
行（对应于希腊文的最后28行）也有残缺。第二个障碍是，这两段埃及
文所传达的语言是古埃及语，一个至少8个世纪没人讲过的语言。即使能
找出一组与某些希腊文单词对应的古埃及文符号，进而分析出这些符号
的意义，也没办法判定埃及文字的语音。最后一个障碍是，科荷的智慧
遗产仍使考古学家认为古埃及文字是表意文字，而非表音文字，几乎没
有人考虑尝试从语音的层面解译这些象形文字。

图54：罗塞塔石板，刻写于公元前196年，发现于1799年。同样的文稿刻成三种文字：
上方是古埃及象形文字，中间是古埃及俗体文，下方是希腊文。

---

① 有时候也从左到右，而且图形会跟着反向。例如，从右往左写的时候，鸟会面向右方，从
左往右写时，鸟就面向左方。此外，跟中文一样，可以横排或纵向书写。

最先对古埃及象形文字是图画文字的偏见提出质疑的，是一位博学的英国天才托马斯·杨(Thomas Young)。1773年生于萨莫赛特郡(Somerset)密弗敦(Milverton)的杨，两岁就能读书，十四岁就学了希腊文、拉丁文、法文、意大利文、希伯来文、迦勒底文、叙利亚文、撒马里亚文、阿拉伯文、土耳其文和埃塞俄比亚文。他成为剑桥伊曼纽尔学院(Emmanuel College)的学生时，他的聪颖使他得到"神奇·杨"的别号。他在剑桥攻读医学，可是据说他只对疾病本身而不是病患有兴趣。他逐渐开始专注于研究，不太管病患问题。

图55:托马斯·杨

他做了一系列特别的医学实验，其中有很多是在探究人类眼睛的运作模式。他提出，人类对色彩的知觉是三个分别只对三种原色的其中一种较敏感的视觉器官综合出来的结果。此外，他在一个活眼球周围套上金属环，显示眼睛在集中视力时并不会整个变形，因为他相信，是眼球内部的水晶体在做这些工作的。他对光学的兴趣促使他转向物理，而又有其他的发现。他发表了"光波的动论"(The Undulatory of Light)，是一篇探讨自然光的经典论文；他为潮汐现象提出一套更好的新解释；他正式定义了能量的概念；他发表了一系列论述弹性的突破性论文。他好像就是有办法解决任何学科的问题，不过这并不全然是优点。他太容易被诱惑，而不时从一个主题跳到另一个主题，上一个问题还没完全结束，就又开始挑战新的了。

罗塞塔石板的消息一传到杨的耳里，马上成为无法抗拒的挑战。1814年夏天，他携带这三段铭文的复本去沃兴(Worthing)沿岸胜地休年假。他的突破起于一组套在一个圆圈里的象形文字，亦即框饰文(cartouche)。他的直觉是，这些文字符号会被圈起来，想必是代表某种非常重要的东西，也许是托勒密法老的名字，因为希腊铭文中提到他的希腊文名字托勒密斯(Ptolemaios)数次。果真如此，杨就有机会发现这几个符号所代表的语音，因为法老的名字，不管是用哪个语言，读音应该都差不多。这个"托勒密"框饰文在罗赛塔石板上重复了6次，有几次是所谓的标准版本，有几次是比较长、比较复杂的版本。杨猜想，较长的版本可能是托勒密的名字加上头衔，因此他决定专注于标准版本里的符号，猜测每个象形文字符号所代表的音值(表13)。

象形文字	杨推测的音值	确实的音值
□	P	P
◡	t	t
随意的		o
lo 或 ole		l
ma 或 m		m
i		i 或 y
osh 或 os		s

表13：杨对罗塞塔石板上的"托勒密"框饰文（标准版）的解译。

　　他当时还不知道，事实上他给那些符号所配的音值大多正确。很幸运地，他放对了头两个一上一下的符号（□、◡）的语音顺序。这位撰写人为求美观，牺牲了语音的明确性，把这两个符号摆成这样。古埃及的书记都有这样写的倾向，以求视觉上的和谐，避免出现空隙。有时候，他们甚至不惜抵触语音拼字的合理性，调换一些文字符号的顺序，全为了增添铭文的美感。做完这段解译后，杨在一份底比斯（Thebes）卡马克（Kamak）神殿的铭文复本上发现了一个框饰文，他猜想是托勒密王朝一位女王的名字：柏瑞妮卡（Berenika 或 Berenice）。他重复先前的策略，结果如表14所示。

象形文字	杨推测的音值	确实的音值
	bir	b
	e	r
	n	n
	i	i
随意的		k
ke 或 ken		a
阴性结尾的符号		阴性结尾的符号

表14：杨对卡马克神殿上的"柏瑞妮卡"（标准版）的解译。

这两个框饰文共有13个不同的符号，他的推测结桌有半数完全正确，有一些则对了一半。他也正确地辨识出摆在女王和女神名字后面的阴性结尾符号。尽管他当时还无法确认他的成功性，如出现在这两个框饰文，且都代表i，对杨应该是个很好的提示：他的解译方向正确，大可继续做进一步的解译。可是，他却忽然停下这项工作。他似乎对科荷的观点——古埃及象形文字是表意文字——存有太多敬意，没有粉碎这个典范的意图。他为自己表音层面的发现找到借口：托勒密王朝始于亚历山大大帝的将军拉古斯(Lagus)，换句话说，托勒密王室是外国人。杨相信，标准的古埃及象形文字集里没有自然的语意符号可以表达他们的名字，只好用语音法拼出来。他概略说明他的想法时，拿了欧洲人才刚稍有认识的中国象形文字和这些埃及象形文字做比较：

在某些情况下这些象形文字似乎就会变换成字母拼音式的文字，这个发现真是有趣极了。这种变换过程，在某些程度，可以用现代中文表达外来语的方法作为例证。现代中文要表达外国语言的语音组合时，那些象形文字就不再保留它们原有的含义，而是在加上适当的记号后，就只有表音的作用了。这种记号，在一些现代的印刷书籍里，正好跟套住这些古埃及象形文所写的名字的圆环非常相似呢。

杨称他的成就为"闲暇时刻的消遣"。他对这些象形文字失去兴趣，于是把他的发现简述成一篇专论，收入1819年的《大英百科全书补遗》(*Supplement to the Encyclopaedia*)，这份工作就算结束了。

在此同时，法国一位很有前途的年轻语言学家让-弗朗索瓦·商博良(Jean-Francois Champollion)正准备为杨的发现找出圆满的结论。那时候，他才刚迈入三十，却已经对古埃及象形文字迷恋20年了。这份执迷始于1800年，拿破仑的"哈巴狗"之一，法国数学家让·傅立叶(Jean-Baptiste Fourier)，展示他收藏的埃及古物给年方十岁的商博良看。这些古物大多雕饰着奇异的铭文。傅立叶告诉他没有人能解译这些神秘的文字，这个男孩却向他保证，总有一天他会解开这个谜。7年之后，17岁的商博良发表一篇论文"法老治下的埃及"(Egypt under the Pharaohs)，由于论文极具独创性，他立即入选葛诺柏勒(Grenoble)学院。当他听到自己年纪轻轻就成为教授时，欣喜至极，马上昏了过去。

商博良继续令他的同僚惊叹不已：他精通拉丁文、希腊文、希伯来文、埃塞俄比亚文、梵文、袄文、帕勒维文[①]、阿拉伯文、叙利亚文、迦勒底文、波斯文和中文，只为了以这些语文为后盾，破解古埃及象形文字的秘密。1808年的一次插曲显示了他的执迷程度：他在路上碰到一位老朋友，朋友不经意地说道，知名的古埃及文物学家亚历山德·棱诺(Alexandre Lenoir)发表了古埃及象形文字的完整解译结果，顿时感到天崩地裂的商博良马上昏倒在地。（他似乎很有昏倒的天赋。）他生命的唯一意义似乎在于成为第一位能读懂古埃及文字的人。幸好对商博良而言，棱诺的解译跟科荷在17世纪的尝试结果一样怪诞，所以这项挑战还在。

1822年，商博良把杨的方法套用到其他框饰文上。英国的博物学家班克斯(Bankes)带了一个刻有希腊文和象形文的方尖塔到多赛特，并出版了

---

① Pahlevi 或 Pehlevi，属于印伊语系(Indo-Iranian；印欧语系的一支)。这种语言有时也被称为中古波斯语(Middle Persian)。

这些双语铭文的石板印刷本。这些铭文含有"托勒密"和"克莉奥帕特拉"(Cleopatra)框饰文。拿到一份复本的商博良为每个象形文字符号指定一个音,如表15所示。这两个名字都有p、t、o、l、e这几个字母,其中四个,在"托勒密"和"克莉奥帕特拉"框饰文里,都用同样的图形符号表示,只有t不一致。商博良假设,t可用两种图形符号表示,就像英文的c发音可用c或k拼写,如cat和kid。这次的成功激励他开始分析没有翻译对照的框饰文,用他从"托勒密"和"克莉奥帕特拉"所得到的音值来替代相对应的图形符号。他的第一个神秘框饰文(表16)含有古代最重要的名字之一,商博良马上就认出,这个拼起来是a-l-?-s-e-?-t-r-?的框饰文是alksentrs,也就是亚历山大大帝的希腊文名字Alexandras。商博良也随之明了,那些书记不怎么爱用元音,经常予以省略。他们显然认为读者可轻易自行填入漏掉的元音。这位手上多了两个象形文符号的年轻学者继续研究其他铭文,解译出一系列的框饰文。然而,这一切都只是延伸杨的工作。所有这些名字,像是亚历山大和克莉奥帕特拉,都是外国名字,支持了只有传统象形文字词汇外的单词才会转换成语音拼字的理论。

1822年9月14日,商博良收到阿布新贝(Abu Simpel)神殿的浮雕,上面的框饰文是在希腊、罗马称霸以前刻写的。这些框饰文的重要意义是,它们的历史非常久远,含有传统的埃及名字,但这些名字仍旧是用拼音的,这明显反驳了拼音法只用于外国名字的理论。商博良特别专研一个只有四个象形文符号的框饰文:头两个符号不详,但后面那对重复的符号曾在"亚历山大"框饰文(alksentrs)出现过,代表字母s。这表示,这个框饰文等于(?-?-s-s)。就在这一刻,商博良渊博的语言学知识派上用场了。古埃及语言的直系后代卡普特语,虽然早在11世纪就成为死语言,却仍如化石般存留在基督教卡普特教派的祈祷文里。

商博良在十几岁时学过卡普特文，娴熟到可以用它来记载日志事项。然而在此之前，他从没想过卡普特语可能就是这些古埃及象形文字的语言。

图56　让－弗朗索瓦·商博良

象形文符号	音值	象形文符号	音值
□	p	△	c
◯	t	🐍	l
𓏏	o	𓂝	e
🐍	l	🎗	o
⸗	m	□	p
⫨	e	🦅	a
⫨⫨	s	◯	t
		◯	r
		🦅	a

表15：商博良对班克斯方尖塔上"托斯密"和"克莉奥帕特拉"框饰文的解译。

商博良怀疑，这个框饰文的第一个符号⊙可能是一个代表太阳的表意词。接着，天才的直觉反应让他假定这个表意词的音值就是卡普特语"太阳"这个词的发音：ra。这个假设让他得出(ra-?-S-S)。似乎只有一位法老的名字符合这样的拼音。考虑到元音的省略，假设那个还是问号的字母是m，那么这个字必定是(ramss)——最重要也是最古老的法老之一拉美西斯(Rameses)。符咒解除了。即使是古老传统的名字也是用拼音的。商博良冲到他兄弟的办公室，大叫"Je tiens l'affaire!"（我解开了）然而，承受不住自己对古埃及象形文字的强烈热忱，他马上虚脱倒地，病卧床榻五天。

商博良证明，古埃及的书记有时候会利用画谜的原理来写字。所谓画谜(rebus)，就是把单词分解成几个音节，再用表意词来替代这些音节。例如，belief这个字可以分成两个音节be-lief，取谐音就成bee-leaf两个词，但是我们不把bee、leaf这两个词拼写出来，而是画一只蜜蜂和一片叶子，就是所谓的画谜了。在商博良所发现的这个例子里，只有第一个音节(ra)是用一个画谜图像——太阳——来表示，剩下的部分仍是用传统的方式拼写。

这个在"拉美西斯"框饰文里的太阳表意词，有非常深远的意义：它指引我们辨识出古埃及书记所讲的语言。例如，这些古埃及书记所讲的语言一定不是希腊语，因为希腊语的"太阳"是helios，这个框饰文若念成helios-meses，没有意义。这些书记必定是讲卡普特语，这个框饰文才会念成ra-meses，解释起来才合理。

这次的解译，不单单是多解开了一个框饰文的谜；它揭开了古埃及象形文字的四项基本原理。第一，这个文字的语言至少跟卡普特语有关。

事实上，其他象形文符号的检视，随即证实这个语言完完全全就是卡普特语。第二，这个文字系统也使用表意词来代表某些词，例如一个简单的太阳图像就代表"太阳"这个词。第三，较长的词会利用画谜的原理拼写整个或部分的词。第四，在大部分的书写过程中，这些古埃及书记用的是相当典型的语音拼词法。最后一点尤其重要，商博良甚至称语音拼词为古埃及象形文字的"灵魂"。

象形文符号	音值
	a
	l
	?
	s
	e
	?
	t
	r
	?

表16：商博良对"亚历山大"框饰文的解释。

商博良运用他渊博的卡普特文知识，开始毫无窒碍地顺利解译了框饰文以外的古埃及象形文字。他在两年内辨识出大多数象形文符号的语音值，发现有些是代表两个甚至三个辅音的组合。有了这类符号，古埃及书记拼写单词时，有时候会用许多单一音值的象形文符号，有时候则只用几个复合辅音的象形文符号。

商博良把他的初步结果寄给法国铭文研究院的常任秘书，达西耶(Dacier)先生。然后在1824年，34岁的商博良出版了一本汇集所有成果的著作《古埃及象形文字系统概要》(*Précis du système hiéroglyphique*)。

1400年来，人们第一次有机会阅读古埃及书记所记录的法老的故事，语言学家也得以研究一个横越三千多年的语言和文字的演变。从公元前3000年一直到公元4世纪的古埃及象形文字都能探索出意义了。此外，僧侣体及俗体字，在与古埃及象形文字对照比较之后，也都能解译出来了。

有好几年的时间，政治因素与嫉妒心使商博良伟大的成就未受到广泛的认同。托马斯·杨对这些成果批评得特别苛刻。有时候他完全否定古埃及象形文字大多是表音符号的可能性，有时候则赞同这个理论，但又抱怨他早在商博良之前就得出这样的结论，这个法国人不过是填补了一些空隙。杨之所以涌出这么多敌意，是因为他初步的突破很可能是所有这些解译成果的灵感来源，商博良却从没提过他的贡献。

1828年7月，商博良开始他的埃及之旅，为期18个月。他终于看到以往只能从图片或石板印刷品观赏的铭文原作。30年以前，拿破仑的远征队伍还在胡乱猜测这些雕饰神殿的象形文字的意义。现在，商博良却能一个字一个字地阅读它们，正确地诠释它们的意义。他算是及时做了这趟旅行——过了三年，完成他这趟埃及之旅的笔记、绘图和翻译后，他严重中风。折磨了他一辈子的晕厥很可能是某种严重疾病的征兆，他执迷、勤奋的研究工作可能使这疾病加剧了。1832年3月4日，商博良去世，享年41岁。

线形文字 B 之谜

从商博良的突破开始，古埃及文物学家愈来愈了解古埃及象形文字的繁杂结构，甚至熟稔到可以破解加密的古埃及象形文——世界最古老的密码之一。有些法老陵墓上的铭文用了许多不同的方法加密，包括替代式密码法。有时候他们使用不在象形文字词汇里的符号当密码字母，有时候则使用音值不同但外观相像的文字符号来替代正确的符号。例如，通常代表 f 音的角状小蛇符号有时候会被用来取代代表 Z 音的毒蛇符号。他们加密墓志铭的用意，通常不是要隐瞒什么秘密，而是想设些谜团，诱发闯入者的好奇心，让他们滞留在那儿，忘记前进。

　　征服古埃及象形文字后，考古学家相继解译了多种古代文字，包括巴比伦的楔形文字，土耳其的科克土其(Kök-Turki)神秘文字和印度的婆罗米字母(Brahmi)。不过，追随商博良的新进语言学家可以放心，还有许多文字尚待解译，例如伊特拉斯坎文(Etruscan①)和古印度文(请参阅附录I)。尝试解译这些文字的最大困难是：没有对照文，没有什么可以让古文或密码解译家撬开这些古代文字意义的工具。古埃及象形文字有相当于对照文的框饰文，让杨和商博良得以浅尝这些符号底下的语音基础。然而，没有对照文的协助时，古文字的解译虽是希望渺茫，却不是完全无望。线形文字 B，一种可回溯到铜器时代的克里特(Cretan)文字，就是在古代书记没有遗留任何有利线索的情况下被解译出来的。它是结合逻辑与灵感解译出来的，是纯密码分析令人折服的实例。事实上，线形文字 B 的解译被公认为考古学界最伟大的解译成就。

　　线形文字 B 的故事始于阿瑟·伊凡斯爵士(Sir Arthur Evans)一连串的挖掘行动。伊凡斯是19世纪末最卓越的考古学家之一，他对荷马史诗《伊利亚特》(Iliad)和《奥德赛》(Odyssey)所描述的希腊历史时期非常有兴趣。

---

① 伊特拉斯坎是古代一支定居于意大利的非印度日耳曼语系民族。全盛时期约在公元前7世纪至公元前4世纪，留下许多引人瞩目的工艺品。

荷马叙述了特洛伊战争的历史——希腊战胜特洛伊的经过以及征战英雄奥德修斯随后的冒险历程——据推测，这些事件的发生时间约在公元前12世纪。许多19世纪的学者认为，荷马的史诗不过是传奇故事。1872年，德国考古学家海因里希·施里曼(Heinrich Schliemann)却在土耳其西岸附近发现特洛伊的遗址，荷马的神话霎时变成历史。1872至1900年之间，考古学家发现更多迹象显示，在毕达哥拉斯、柏拉图、亚里士多德的希腊古典时期之前约600年，还有一段繁荣的前希腊时期。前希腊时期大概始于公元前2800年，延续到公元前1100年，而且在这个时期的最后4个世纪时，文明成就达到高峰。在希腊本土，这个文明的中心位在迈锡尼(Mycenae)，考古学家在此挖掘出大量的工艺品和珍宝。然而，令阿瑟·伊凡斯爵士非常困惑的是，他们竟没有发现任何文字形式。他无法相信这样一个高度发展的社会完全不会读写。他决意证明迈锡尼文明已有某种文字形式。

见过多位雅典古董商后，阿瑟爵士终于发现一些有铭刻符号的石头，看起来很像是古希腊时期的印章。这些印章上的符号不太像真正的文字，反倒像徽章上的象征性图案。古董商解释说，这些印章来自克里特(Crete)岛的诺萨斯(Knossos)，传说中迈诺斯(Minos)国王的宫殿所在，曾支配爱琴海域的帝国中心。阿瑟爵士前往克里特岛，在1900年3月开始进行挖掘。挖掘结果跟它们的出现速度同样出人意料：他发现一座豪华宫殿的遗迹，布满非常复杂的通道，饰有年轻男子跃过凶蛮牡牛的壁画。伊凡斯推测，这种跃过牡牛的活动可能跟传说中嗜食童男童女的牛头人身怪物(Minotaur)的故事有关，而这个宫殿通道的复杂性正是牛头人身怪的迷宫故事的灵感来源。

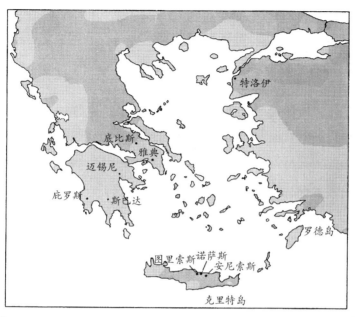

图57：爱琴海域的几个古址。在希腊本土迈锡尼发现宝贵的古物后，阿瑟·伊凡斯爵士开始搜寻刻有文字的泥板。第一批线形文字B的泥板是在迈诺帝国的中心克里特岛发现到的。

　　3月31日，阿瑟爵士最渴望的宝物开始出土。先是发现一块刻有文字的泥板，几天后又挖出一个木箱，里面全都是这类泥板，随后更出乎他所期待地出现大叠、大叠的文字数据。这些泥板原本都只是让太阳晒干而已，不用火烤，以便日后加水重复使用。照理说，几世纪的雨水会把这些泥板溶解成泥巴，这些铭文会跟着化为乌有。可是，诺萨斯这座宫殿显然遭过回禄之灾，泥板被大火烤硬而留存了三千多年。这些泥板没受到什么毁损，甚至还能看出撰写人的指纹呢。

　　这些泥板可分为三大类。第一组泥板的时间可溯及公元前2000年至1650年，只有一些图画，也许是表意文字，阿瑟·伊凡斯爵士在雅典向古董商所买的印章上的符号很可能就属于这一类。第二组泥板的时间则可溯及公元前1750年至1450年，上面的符号是由简单的线条组成的，因此这组文字被称为线形文字A。第三组泥板则可溯回公元前1450年至1375年，上面的文字似乎是线形文字A的精美版，而被称为线形文字B。大部分的泥板都刻有线形文字B，而且它是三组中距今最近的文字，因此阿瑟爵士和其他考古学家都相信线形文字B最有希望解译出来。

有很多泥板似乎是财产清单。数字符号一行又一行，很快就能理出他们的计数系统，可是那些表音符号就难解多了。它们看似无意义的随笔涂鸦。历史学者大卫·坎恩对其中一些符号的描述是："一个哥特式拱券内有一道垂直线，一个梯子，一颗心、中间穿过一根血管，一个装上倒钩、有点弯的三叉戟，一头回头看的三脚恐龙，一个多了一根并行线穿越它的A，一个反向的S，一个高高的啤酒杯、半满、杯口绑了一个弓形物，还有好几打什么都不像的符号。"线形文字B只提供了两个有助于进一步研究的线索。第一，书写方向是从左到右，因为行尾空白缺口通常出现在右方。第二，这些泥板共享了90种不同的符号，由此几乎可确定这个文字是采用音节拼写法。纯字母的文字通常会有20至40个符号(例如，俄文有36个符号，阿拉伯文有28个符号)。至于表意文字，则会有数百，甚至数千个符号（中文字就远超过5000个）。音节文字的符号数目则位在中间，约为50至100个。至此，除了这两个可归为事实的线索外，线形文字B是一个无法洞视的谜。

最基本的问题是,没有人能确定线形文字B写的是什么语言。刚开始，他们推想线形文字B是希腊语文字，因为它有7个符号跟古典塞浦路斯文(Cypriot)的某些符号非常相近，而塞浦路斯文已确知为使用于公元前600年和200年之间的希腊语文字。稍后，疑点开始出现。希腊文最常出现的字尾子音是 s，而塞浦路斯文最常出现的字尾符号也的确是 ⊨——代表音节 se 的音。塞浦路斯文也是音节文字，每个符号代表一个音节，遇到单辅音时，仍用一个辅音＋元音的符号代表，只是这个元音在此就不发音了。这同样的符号也出现在线形文字 B 里，却很少出现在词尾。所以，线形文字 B 不太可能是希腊语文字。普遍共识是：比塞浦路斯文略早的线形文字 B 是一种不详、已经灭绝的语言的文字。那个语言死了，但是它的文字仍留存下来，并在几个世纪后演变，或者说，被塞浦路斯人借用了符号，而成为记写希腊语的塞浦路斯文。因此，这两种文字看起来虽很像，表达的却是两种不同的语言。

阿瑟·伊凡斯爵士也支持线形文字 B 不是希腊语文字的理论，并且相信它是克里特岛原有的语言文字。他认为他的观点有很强的考古学证据。例如，他在克里特岛的发现显示，迈诺斯国王的王国（被称为迈诺帝国）比希腊本土的迈锡尼文明更为先进。迈诺帝国不是迈锡尼帝国的自治国，而是她的竞争对手，可能甚至是具有主宰地位的强权。牛头人身怪的神话支持了这一点。这个神话讲述道，迈诺斯国王要求雅典进贡七对童男童女来喂食牛头人身怪。总之，伊凡斯的结论是，迈诺帝国非常强大，想当然会保有他们自己的母语，不会去改用他们竞争者的语言，希腊语。

尽管大家普遍认同迈诺人讲他们自己的语言（而线形文字 B 就是这个语言的文字）的理论，仍有一两位异类坚持迈诺人讲的是希腊语，写的是希腊文。阿瑟爵士无法容忍这些异议，竟利用他的影响力惩罚那些跟他唱反调的人。剑桥大学考古学教授魏斯(A.J.B.Wace)表明支持线形文字 B 是希腊语文字的理论后，阿瑟爵士不让他参加任何挖掘计划，并迫使他从雅典的英国学院提早退休。

图58：刻有线形文字B的泥板，约在公元前1400年刻写。

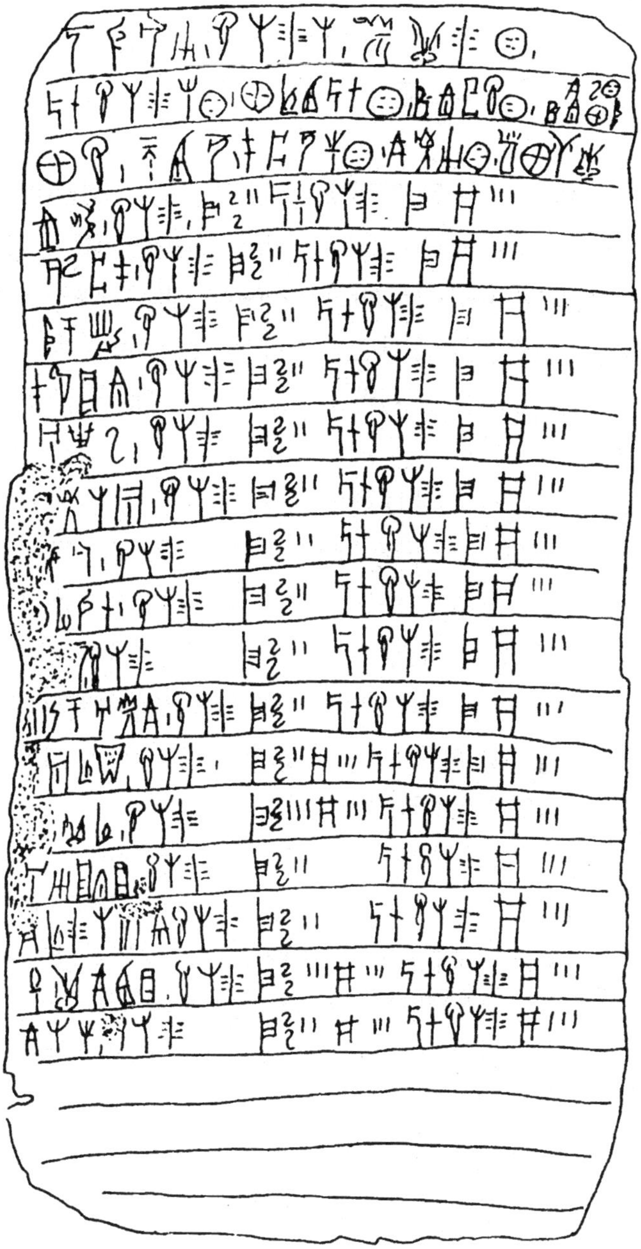

1939年，"希腊语对非希腊语"的争议加剧，因为美国辛辛那提大学(University of Cincinnati)的卡尔·柏里根(Carl Blegen)在庇罗斯(Pylos)的涅斯特(Nestor)宫殿发现一批也刻有线形文字B的泥板。这项发现引起格外的震撼，因为庇罗斯位于希腊本土，隶属迈锡尼帝国，而非迈诺帝国。少数相信线形文字B是希腊语文字的考古学家争论道：线形文字B出现在讲希腊语的希腊本土上，所以线形文字B是希腊语文字；线形文字B也出现在克里特岛，所以迈诺人也讲希腊语。伊凡斯的阵营也不甘示弱，把他们的论点倒过来讲：克里特岛的迈诺人讲迈诺语，线形文字B出现在克里特岛，所以线形文字B是迈诺语文字；线形文字B也出现在希腊本土上，所以希腊本土的人也讲迈诺语。阿瑟爵士更强调道："迈锡尼容不下讲希腊语的君主……他们的文化，跟这个语言一样，彻彻底底是迈诺的。"

事实上，柏里根的发现并不必然可得出迈锡尼人和迈诺人讲同一种语言的结论。在中古时期，很多欧洲国家，尽管各有自己的语言，却仍用拉丁文记事。也许线形文字B是爱琴海域的会计员的混合共同语，以便利国与国之间的通商。

40年来，所有解译线形文字B的努力都徒劳无功。1941年，阿瑟爵士去世，享年90岁。他未能亲眼见到线形文字B的成功解译，未能阅读他所发现的文稿内容。事实上，在这时刻，线形文字B的解译似乎希望渺茫。

过渡性音节

阿瑟·伊凡斯爵士去世后，只有特定一小撮的考古学家，也就是那些支持线形文字B是迈诺语文字的人士，才能取阅线形文字B的泥板数据以及阿瑟爵士的考古笔记。20世纪40年代中期，布鲁克林学院(Brooklyn College)的古典学者爱丽丝·考柏(Alice Kober)设法取得这些数据，开始非常仔细而且没有预设立场地分析这种文字。对那些只跟她有点头之交的人而言，考柏是一个非常平凡的人，是一位衣衫褴褛的教授，既不迷人，也没有什么权威气质，过着相当枯燥无味的生活。她对自己的研究却有无限的热情。"她以一种压抑的激昂态度在工作。"她的学生，后来成为耶鲁大学考古学家的伊娃·布兰(Eva Brann)回忆道。"她曾告诉我，只有在你的脊椎骨刺痛时，你才能确定你正在做一件真正伟大的事。"

图 59：爱丽丝·考柏

考柏知道，要译解线形文字B，必须抛弃任何先入为主的想法。她关注的重点是整个文字的架构以及个别单词的结构。她注意到，有些单词可以归类为一组三式的词，它们看来好像是同一个单词以三种稍微不同的形式出现。它们有相同的词干，但有三种不同的词尾。她判定，线形文字B是一个词形变化很多的语言文字，也就是说，词尾会因性别、时态、词格等而有所变化。英语是词形变化不多的语言，以decipher(破译) 这个词为例，"I decipher、you decipher、he deciphers"，只有第三人称的动词会加上一个s。古老的语言通常会有非常烦琐的词尾变化。考柏发表了一篇论文，说明两组单词的词形变化性质。如表17所示，每一组词都有自己的共同词干，只是不同的词格会有不同的词尾。

为了方便讨论，线形文字B的每个符号都编上二位数的号码，如表18所示。使用这些编号，就可以把表17的词改写成表19所示。这两组词有可能是名词，随着不同的词格改变它们的词尾，例如词格1可能是主格，词格2可能是宾格，词格3可能是所有格。很明显地，这两组词的头两个符号(25-67- 和 70-52-)都是词干，因为不管是在哪一个词格，它们都会出现。第三个符号就比较麻烦了。如果这第三个符号也是词干的一部分，那它应该不管是在哪一个词格都会一样，可是它没有。单词A的第三个符号在词格1和词格2都是37，在词格3却是05。如果第三个符号不是词干的一部分，那么，或许它是词尾的一部分？这个假设却同样有问题。通常不管是哪个词，同一种词格应该会有同样的词尾，可是在词格1和词格2，单词A的第三个符号是37，单词B的第三个符号却是41，此外，在词格3，单词A的第三个符号是05，单词B的第三个符号却是12。

第三个符号极难预料，因为它们似乎既不属于词干也不属于词尾。考柏提出一个理论来解决这个问题：每一个符号都代表一个音节，而且是一个辅音后面加一个元音的组合。她推测，第三个符号可能是一个过渡性音节(bridging syllable)，既是词干的一部分，也是词尾的一部分。辅音部分属于词干，后面的元音则属于词尾。她以阿卡德语(Akkadian[①])为例，说明她的理论。阿卡德语也有过渡性音节，而且词形也变化得很厉害。在阿卡德语里，Sadanu，是词格1的名词形式，在词格2会变成sadani，在词格3会变成sadu(请参阅表20)。这三个词的词干是sad−，词尾则分别是−anu(词格1)、−ani(词格2)和−u(g词格3)，其中，−da−、−da−和−du−是过渡性音节。词格1和词格2有一样的过渡性音节，词格3的却不一样。这跟我们在线形文字B所观察到的形态一模一样——考柏所列出单词的第三个符号，必定是过渡性音节。

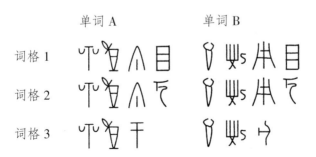

表17：线形文字B两组单词的词形变化。

---

① 阿卡德(Akkad)是昔日位于巴比伦北方的古城，确切位置不可考。阿卡德语是东北部的巴比伦人和亚述人的语言，属于闪米特(Semit)语系（或称闪族语系）。

01		30		59	
02		31		60	
03		32		61	
04		33		62	
05		34		63	
06		35		64	
07		36		65	
08		37		66	
09		38		67	
10		39		68	
11		40		69	
12		41		70	
13		42		71	
14		43		72	
15		44		73	
16		45		74	
17		46		75	
18		47		76	
19		48		77	
20		49		78	
21		50		79	
22		51		80	
23		52		81	
24		53		82	
25		54		83	
26		55		84	
27		56		85	
28		57		86	
29		58		87	

表18：编上号码的线形文字B符号。

光是辨识出线形文字 B 的词形变化性质以及过渡性音节的存在，考柏的进展就已领先其他任何尝试解译迈诺文字的人一大步，而这还只是起步而已。她又进一步做出意义更深远的推测。在阿卡德语的例子里，过渡性音节会从 –da– 变成 –du–，只有元音变，辅音不变。同样的，在线形文字 B 里，单词 A 的音节 37 和 05 应该会有同样的辅音，单词 B 的音节 41 和 12 也该如此。这是自伊凡斯发现线形文字 B 以来，考古学家首度对这些文字符号的语音性质有所了解。考柏还辨识出这些符号的另一组关系。如之前所解释，线形文字 B 的单词 A 和单词 B 在词格 1 应该有同样的词尾，可是它们的过渡性音节却分别为 37 和 41。这暗示，音节 37 和 41 有不同的辅音，但有相同的元音。这就可以解释为什么这两个词在这里用了不同的符号，但又能有相同的词尾。词格 3 的两个单词也是如此，音节 05 和 12 应该有相同的元音，不同的辅音。

	单词 A	单词 B
词格 1	25–67–37–57	70–52–41–57
词格 2	25–67–37–36	70–52–41–36
词格 3	25–67–05	70–52–12

表19：用编号改写的线形文字 B 两组单词的词形变化。

词格 1	sa-da-nu
词格 2	sa-da-ni
词格 3	sa-du

表20：阿卡德文的名词单词 sadanu 的过渡性音节。

考柏没办法明确指出 05 和 12 的共同元音是什么，37 和 41 的共同元音是什么。同样地，她也没办法说出 37 和 05 的共同辅音以及 41 和 02 的共同辅音到底是什么。然而，不管它们真正的音值是什么，她已经确立某些符号的关联性了。她把她的分析结果简述成一个方格，如表21所示。这个方格的意思是：考柏不知道符号37代表什么音节，但知道它跟符号05有同样的辅音，跟符号41有同样的元音。同样地，她不知道符号12代表什么音节，但知道它跟符号41有同样的辅音，跟符号05有同样的元音。她用这个方法来分析其他单词，最后得出一个有十个符号，两个元音,五个辅音的方格。考柏很有可能可以再踏出下一步关键性的分析步骤，甚至可以解译出整套文字。可惜，她没有足够的时间进一步探索自己分析出来的成果。1950年，肺癌夺走她的生命，享年43岁。

	元音 1	元音 2
辅音 I	37	05
辅音 II	41	12

表21:考柏的方格，列出了线形文字B的符号关联性。

偏离正道

爱丽丝·考柏在去世前几个月，收到一位对线形文字B很着迷的英国建筑师麦克尔·文屈斯(Michael Ventris)的来信。文屈斯生于1922年7月12日，父亲是英国军官，母亲有一半的波兰血统，而且是母亲引发他对考古学的兴趣。在母亲的陪同下,他常在大英博物馆赞叹古代世界的奇迹。麦克尔是一个聪颖的孩子，对语言特别有天赋。他在学龄时期，前往瑞士的葛斯达(Gstaad)，随即通晓法语和德语。他的波兰语则是在六岁时自学的。

　　跟让－弗朗索瓦·商博良一样，文屈斯从小就爱上古代文字。7岁时，他仔细研读了一本介绍古埃及象形文字的书。年纪这么小的孩子能看这种书，实在值得另眼相看，尤其是这本书还是用德文写的。整个童年时期，他对古代文明文字的兴趣未曾稍减，甚至在1936年聆听阿瑟·伊凡斯爵士的演讲后，点燃出更炽烈的热情。14岁的文屈斯听过有关迈诺文明以及神秘的线形文字B的介绍后，立志要解译这种文字。

　　18岁时，他把他对线形文字B的初步想法写成一篇论文，发表在知名学术刊物《美国考古学期刊》（*American Journal Archaeology*）。投交论文时，他唯恐期刊编辑不把他当一回事，因而刻意隐瞒实际年龄。他的论文也帮着阿瑟爵士批评线形文字B是希腊语文字的假设。他说："迈诺语可能就是希腊语的理论，其根据显然刻意忽视历史的合理性。"他个人相信线形文字B跟伊特拉斯坎语有关联。这个论点很合理，因为有遗迹显示伊特拉斯坎人是从爱琴海域移居到意大利来的。这篇论文没有尝试做解译，但他很有信心地下结论道："这是办得到的。"

　　文屈斯后来当了建筑师，而非专业考古学家，但他对线形文字B的热情没有消退，仍把所有闲暇时间投注在这种文字的研究上。当听到爱丽丝·考柏的研究时，他急切想了解她的突破，写了一封信向她请教详情。尽管考柏未及回复就去世，她的论点还活在她发表的作品里。文屈斯非常仔细地研究这些发表成果，完全体会出考柏方格所蕴含的潜力。他尝试找出其他有共同词干、有过渡性音节的单词，在考柏的方格加入了新的符号和其他元音与辅音。勤奋地研究了一年后，他注意到一个特异的迹象：线形文字B的符号似乎不全然是音节符号。

　　线形文字B的每个符号都代表一组辅音加元音的音节的论点已普遍

受到认同。这个论点表示，拼写单词时，单词会被分成数个辅音加元音的单元(1consonant+1vowel，简称CV)。例如，英文的minute(分钟、细微)这个单词会被拼成mi-nu-te，三个CV音节。可是，有很多字并不便于分成CV音节。例如，visible(可见)这个字若两个两个字母分，会得出vi-si-bl-e，并不是一系列的CV音节——有一个音节是两个辅音，最后又多出一个-e。文屈斯假设，迈诺人解决这个问题的方法是，插入一个不发音的i，造出一个装饰性的-bi-音节，这个单词就可写成vi-si-bi-le，又是CV音节的组合了。

可是，这个方法不能解决invisible(不可见)这个单词的拼写问题。首先，它也必须插入不发音的元音，这次得插在n后面和b后面，才能把它们转换成一连串的CV音节。再来，这个字i-ni-vi-si-bi-le的头一个元音i也是一个有待处理的问题。这个开头i没有办法轻易转换成CV音节——若在单词开头加上一个不发音的辅音，恐会制造混淆。简而言之，文屈斯的结论是：线形文字B一定有一些只代表单一元音的符号，以便拼写元音开头的单词。要找出这类符号应该不难，因为它们只会出现在单词的开头。文屈斯开始整理每个符号出现在任何单词的开头、中间、结尾的频率。他发现08和61这两个符号几乎只出现在单词的开头，便判定它们所代表的不是音节，而是单一的元音。

文屈斯把他的元音符号理论以及他扩编的考柏方格印行为一系列的"研究笔记"，分送给其他研究线形文字B的人士。1952年6月1日，他在"研究笔记20"发表了最重要的研究成果，是线形文字B解译过程的转折点。他花了两年的时间把考柏的方格扩增成如表22所示的版本。这个方格有5个元音，15个辅音，共有75格，另多出5格给单元音符号。这个方格是珍贵的信息宝库。例如，查看第六行就知道音节符号37、05和69都有同样的辅音Ⅵ，但有不同的元音1、2和4。文屈斯还不知道辅音Ⅵ或元音1、2、4的确实音值。事实上，直到此刻，他一直强忍住给任何符号配上音值的欲望。现在他觉得是该跟着某些直觉走，猜测一些音值，看看结果会怎样的时候了。

图60：麦克尔·文屈斯

		元 音				
		1	2	3	4	5
辅音	I					57
	II	40		75		54
	III	39				03
	IV		36			
	V		14			01
	VI	37	05		69	
	VII	41	12			31
	VIII	30	52	24	55	06
	IX	73	15			80
	X		70	44		
	XI	53				76
	XII		02	27		
	XIII					
	XIV			13		
	XV		32	78		
	纯元音		61			08

表22：文屈斯所扩增的考柏方格。这个方格虽未明确列出元音或辅音的音值，但明确标示了哪些文字符号有共同的元音或子音。例如，第一栏的所有符号都有相同的元音，标为1。

文屈斯注意到，有三个单词一再重复出现于许多线形文字B泥板上：08-73-30-12、70-52-12和69-53-12。完全出于直觉地，他猜测这些字可能是某些重要城镇的名字。文屈斯已经假定符号08是个元音，所以第一个城镇的名字必须是元音开头的。唯一完全符合要求的显赫地名是安尼索斯(Amnisos)，一个重要的港都。果真如此，那么第二、第三个符号73和30就代表-mi-和-ni-了。这两个音节有同样的元音i，所以73和30应该会在这个方格的同一个元音栏里，而它们也的确如此。最后一个符号12应该是-so-，没有任何符号代表尾音s。文屈斯决定先搁置少了尾音s的问题，继续做出如下的解译：

城镇1=08-73-30-12=a-mi-ni-so=Amnisos

这只是个猜测，可是文屈斯的方格却有很大的回响。例如，代表 −so− 的符号12位在第二个元音栏、第七个辅音行里。因此，如果他的猜测是正确的，那么所有其他位在第二个元音栏里的音节符号的元音应该都是o，而所有其他位在第七个辅音行里的音节符号的辅音则应该都是s。

文屈斯在检视他所假设的第二个城镇名字时，注意到它也有12号的符号，亦即 −so−。其他两个符号70和52都在 −so− 这个音节所在的元音栏里，所以这两个符号所含的元音应该也是o。把这些推测结果插入这第二个词，就得出：

城镇 2=70−52−12=?o−?o−so=?

莫非是 Knossos(诺萨斯)？ 这些符号有可能代表 ko−no−so。再一次，文屈斯很乐意搁置少了尾音s的问题，至少暂时还不必担心。他很高兴地发现，可能是 −no− 的符号52跟可能是 −ni− 的符号30(出现在 Amnisos 这个字里)位在同一个辅音行里。这等于确认了他的推测无误，因为既然它们有同样的辅音，就是应该位在同一个辅音行里。他把从 Knossos 和 Amnisos 所导出的信息套入第三个词：

城镇 3=69−53−12=??−?i−so

唯一符合这个拼法的名字是图里索斯 Tulisssos(tu−li−so)，位于克里特岛中央的重要城镇。又一次，少了尾音s，又一次，文屈斯先搁置这个问题。现在，他已经试验性地判定三个地名以及八个符号的音值了：

城镇 1=08-73-30-12　　=a-mi-ni-so　　=Aminisos

城镇 2=70-52-12　　　=ko-no-so　　=Knossos

城镇 3=69-53-12　　　=tu-li-so　　=Tulissos

　　这八个符号引发的连锁反应非常惊人。文屈斯可以从这些辅音或元音中推论出方格里位于同一栏或同一行的其他符号的辅音或元音。结果是，有很多符号的辅音或元音现身了，有一些符号则完全显现它们所代表的音节。例如，符号05根12（so）、52（no）和70（ko）位于同一栏，因此它所含的字母必定是o；另一方面，它跟符号69（tu）位于同一行，因此它所含的辅音必定是t。结论就是：符号05等于-to-。再来看符号31，它跟符号08位于同一栏——a栏，跟符号12位于同一行——s行，所以它一定是-sa-。

　　推论出符号05和31的音节值特别重要，因为这让文屈斯可以解读出两个完整的单词，05-12和05-31。这两个词常出现在财产清单的底端。文屈斯已经知道出现在Tulissos这个词内的符号12是-so-，所以05-12应该读成to-so。另外一个词05-31则应读成to-sa。这个结果令他惊愕极了。专家原本就已猜测这两个位于清单底端的词可能是"总数"（total）的意思，现在这两个词被他解读为toso和tosa，跟古希腊文的tossos和tossa近似得叫他不敢相信（tossos和tossa，一个阳性、一个阴性，意思是"如数"）。从他14岁起，从他听过阿瑟·伊凡斯爵士的演讲后，他就一直相信迈诺人的语言不可能是希腊语。现在他所揭露出来的字却显示，希腊语可能就是线性文字 B 所拼写的语言。

当初是塞浦路斯文让大部分的考古学家相信线性文字 B 不是希腊语文字的，因为以它初步分析线性文字 B 的结果显示，线性文字 B 的词很少以 s 结尾，刚好跟希腊语的特征反其道而行。文屈斯已经发现，线性文字 B 的词很少以 s 结尾，然而，这有可能是一种书写管理——省略 s。Amnisos、Knossos、Tulissos 和 tossos 这几个字的尾音 s 都没有被拼出来，那些撰写人似乎不想多费功夫拼写尾音 s，打算让读者自己填补显然是被省略的音。

文屈斯又解译出几个词，也都跟希腊语很像，但是这仍不能完全说服他线形文字 B 是希腊语文字。理论上，他解译出来的这几个词可能都刚好是掺入迈诺人语言的外来语。初到英国旅馆的外国人可能会无意中听到 redezvous（约会）或 bon appetit（祝胃口好、请慢用）之类的词，他若因而以为英国人所讲的语言是法语，就大错特错了。在"研究笔记 20"里，他没有漠视线形文字 B 是希腊语文字的假设，但却把它标示为"偏离正道"。他的结论是："若继续延这条解译路线走下去，我相信它迟早会走到死巷，或自行在荒谬中灭迹。"

尽管充满疑惑，文屈斯仍继续循着这条希腊语路线探究下去。"研究笔记 20"尚在分送之际，他已发现更多希腊词了。他辨识出 poimen（牧人）、kerameus（陶匠）、khrusoworgos（金匠）、khalkeus（铜匠），甚至翻译出几段完整的词组。到目前为止，没有任何具威胁性的荒谬词汇阻止他继续前进。这个沉默了 3000 年的线形文字 B 首度再次微微细语，而且说的是地地道道的希腊语。

图61：约翰·查德威克

　　在这段进展快速的时期中，英国广播公司BBC碰巧邀请他上电台讨论迈诺文字之谜。他决定利用这个机会公开他的发现。在一段相当乏味的讨论后，他发出革命性的宣告："在最近这几个星期，我得到一个结论：诺萨斯和庇罗斯的泥板所写的语言必定是，终究是，希腊语——一种很难、很古老的希腊语，因为它约比荷马早500年，而且写成相当短缩的形式，但是不管怎样，是希腊语没错。"这段谈话的听众之一是剑桥的研究员约翰·查德威克(John Chadwick)，他自20世纪30年代起就对线形文字B

的解译很有兴趣。在大战期间，他在亚历山德拉做密码分析的工作，破解了意大利的密码，随后加入布莱切利园，专攻日本的密码。战后，他曾经尝试利用他在分析军事密码时所学到的技巧解译线形文字B，可惜没有成功。

当他听到这段电台访问时，他被文屈斯显然违悖常理的声明吓一大跳。跟收音机前的大多数学者一样，他认为这纯是业余人员不值得当真的研究成果——文屈斯这份研究工作的确是业余的。然而，身为希腊文讲师的查德威克，想到自己势必会被文屈斯声明所引发的问题轰炸，而决定深入了解文屈斯的论点，为相关问题预作准备。他拿到文屈斯的"研究笔记"，仔细审阅它们，预期会抓到很多漏洞。可是几天内，这位原本持疑的学者，反倒成为率先支持文屈斯"线形文字B是希腊语文字"理论的拥护者。查德威克开始钦佩起这位年轻的建筑师：

他的头脑反应非常快速，几乎在你说出你的建议之前，他就已经想出这个建议的所有相关问题了。他能非常敏锐地评估实际情势。对他而言，迈锡尼人不是模糊的抽象概念，而是可以洞视他们的想法的活生生的人。在处理问题时，他很看重视觉性的方法。他非常熟悉这些铭文的外观，乃至早在他解译出任何文意前，大部分的片段都已犹如图案烙印在他的脑海里。然而光靠精准的记忆是不够的，在此，他受到的建筑训练对他很有帮助。建筑师的眼睛在观看一栋建筑物时，他看的不是单纯的外观、一大堆装饰和结构的特征，他会看透表层，辨识出建筑的模式、结构元素及骨架。就是这样，文屈斯能够在令人昏乱的神秘符号堆里，辨识出彰显内在结构的模式和规律性。这种在表面混乱的事物中看出秩序的能力，就是所有伟大人物的工作特征。

可是，文屈斯还缺少一门特别的专业知识，亦即对古希腊语的彻底了解。文屈斯只在少年时期在斯多学校(Stowe School)受过希腊文的正式教育，因此他无法全力继续他自己的突破。例如他无法解释某些解译出来的字，因为它们不在他的希腊文词汇里。查德威克的本行是希腊语言学，一门研究希腊语言的历史演变的学科，因此他有足够的学识能力指出这些似乎有问题的单词其实仍符合最古老的希腊语理论形式。查德威克和文屈斯成为完美的搭档。

荷马的希腊文已有3000年的历史，线形文字B所记述的希腊语却还比它早500年。查德威克用已知的古希腊文来推测线形文字B的词汇时，也考虑到这个语言的三种演化层面。第一，发音会随着时间演化改变。例如，"浴用水龙头"的希腊字在线形文字B是lewotrokhowoi，到了荷马时期却变成loutrokhooi。第二，语法也会有所改变。例如，在线形文字B，所有格名词的结尾是−oio，在古典希腊文却被改成−ou。最后，词汇的变化非常剧烈。有些新单词衍生了，有些单词被淘汰了，有些则改变了字义。在线形文字B，harmo意为"轮子"，在后期的希腊文则意为"两轮战车"。查德威克指出，这跟现代英语有时候会以wheels这个字来表示车子的用法很像。他们的解读速度一天比一天快。查德威克在《线形文字B的解译》这本描述他们工作成果的书里写道：

密码学是一门推演与对照实验的科学。建立假设，检验假设，然后通常是得抛弃这个假设。可是，通过试验的假设会不断增加，直到实验者感受到稳固的立足点：所有可成立的假设都凝结在一起，这些掩饰符号开始暴露文义片段。密码"破了"——或该定义为：众多线索忽然以你跟不上的速度出现的那一刻。它就像原子物理连锁反应的引发；一旦跨过关键门坎，这个反应就会自动进行下去……

没多久，他们就熟通这种文字了——他们开始用线形文字B写短笺给对方。

检测他们的解读是否正确的一种非正式方法是，数一数他们的解读内容有多少神祇。以往，那些误入歧途的人，译出无意义的单词时，常把它们解释为至此未知的神祇的名字。查德威克和文屈斯只译出四个神祇的名字，而且都是大家已知的神祇。

1953年，对自己的分析有信心的文屈斯和查德威克撰写了一篇论文，给了一个谦虚的标题"迈锡尼档案中希腊方言的证据"(Evidence for Greek Dialect in the Mycenaen Archives)，发表在《希腊研究期刊》(*The Journal of the Hellenic Studies*)。这时候，全世界的考古学家才知道他们见证了一份革命性的研究成果。德国学者埃恩斯·席提赫(Emst Sittig)写给文屈斯的信，道出了学术界的普遍感受："我再重复一次：您的证明是我所听过最有意思的密码学实例，它们实在引人入胜。如果您的证明是对的，那么考古学、民族学、历史学和语言学最近这50年的方法全都沦为荒谬之说了。"

线形文字B泥板的释读结果违悖了阿瑟·伊凡斯爵士以及他的同辈所提出的任何论点。首先，线形文字B是希腊语文字，这是明确的事实了。再来，如果克里特岛的迈诺人写的是希腊语的文字，讲的可能就是希腊语，考古学家就必须重新思考他们的迈诺历史观。现在看来，在这个区域占优势的强权似乎该是迈锡尼，克里特则是地位较低的城邦，这里的迈诺人讲的是强势邻居的语言。然而，有证据显示，在公元前1450年之前，迈诺的确是一个独立的城邦，有自己的语言。线形文字B大约在公元前1450年左右取代线形文字A的。尽管这两种文字看起来很相似，至今还没有人能解译线形文字A。线形文字A所书写的语言很可能跟线形文字B的语言非常不一样。迈锡尼人很可能在公元前1450年左右征服了迈诺人，强制推行他们自己的语言，把线形文字A改成线形文字B，而成为希腊语的文字。

线形文字B的解读不仅澄清了历史的整个轮廓，也填进了一些细节。例如，当挖掘庇罗斯时，这座被大火烧毁的华丽宫殿出人意料地未挖出任何珍宝。当时的考古学家即怀疑，这座宫殿是侵略者掠夺完所有宝贵物品后，纵火烧毁的。在庇罗斯发现的线形文字B泥板虽未提到这类攻击，但有纪录暗示他们曾为一场侵略预作防备。有一块泥板提到成立特别部队以防守海岸。另有一块泥板提到征收青铜饰物，改铸成矛头。还有一块泥板写得比前面两块杂乱，描述了一场特别讲究的祭祀，可能牵涉到杀人献祭。大部分的线形文字B泥板都写得很整齐，表示撰写人可能都会先打草稿，等正式刻写好后，再把草稿毁掉。这块写得很杂乱的泥板很有多空缺，有几行字空了一半，有的字则拼写到另一面去了。一种可能的说法是，这块泥板记述他们面对侵略之际举行祭典请求神明协助，可是还没重新誊写，这座宫殿就被蹂躏了。

大部分的线形文字B泥板都是货品清单，记述的是日常事务。这个用泥板记录所有制造品与农产品琐碎细节的官僚体系，可与史上任何一个官僚体制相媲美。查德威克把这些泥板纪录喻为中世纪英国的地籍簿

(DomesdayBook[①])。丹尼斯·佩吉(Denys Page)教授则如此描绘这些纪录的详细程度："羊可以数到一个令人眼睛一亮的数目——两万五千只：这还不够，他们还要记录清楚，其中一只是寇马文(Komawens)捐赠的……叫人不禁怀疑，是不是每播一粒种子、加工一克青铜、织一匹布、养一只羊、喂一头猪以前，都得先去皇宫填写一份表格。"这些王宫纪录或许显得很世俗，但也因而是继承着浪漫，因为它们与《奥德赛》和《伊利亚特》有非常密切的关系。当诺萨斯和庇罗斯的书记在记录这些日常事务时，特洛伊战争正在进行中。线形文字 B 所书写的语言正是《奥德赛》的语言。

1953 年 6 月 24 日，文屈斯公开演讲说明线形文字 B 的解译过程，隔天即刊登在《时代》杂志上，旁边是一篇关于珠穆朗玛峰首度被征服的评论[②]。文屈斯和查德威克的成就因此被誉为"希腊考古学的珠穆朗玛峰"。来年，他们决定写一套集结为三册的书，包括解译过程的说明、300 块泥板的详细分析、630 个迈锡尼词汇的辞典以及线形文字 B 符号的音值表(如表 23 所示；少数几个符号的音值仍不详)。《迈锡尼希腊语文件》(*Documents in Mycenaean Greek*)在 1955 年夏天完成，准备在 1956 年秋天付梓。然而，就在印刷出版的前几个星期，麦克尔·文屈斯在 1956 年 9 月 6 日被夺走生命。当天晚上开车回家时，他的车在哈费德(Hatfield)附近的诺瑟大道(Great North Road)撞上一辆卡车。约翰·查德威克赞扬他的伙伴媲美同样英年早逝的天才商博良："他的作品还活着，他的名字会跟古希腊语与文明的研究一样永远为后人所熟知。"

---

① 英国国王威廉一世于 1068 年下令编成的英格兰土地勘查纪录，是以拉丁文书写。
② 新西兰的爱德蒙·希拉里(Sir Edmund Percival Hillary)和夏尔巴向导丹增·诺尔盖 Tenzing Norgay)在 1953 年 5 月 29 日攀登上珠穆朗玛峰。

01	da	30	ni	59	ta
02	ro	31	sa	60	ra
03	pa	32	qo	61	o
04	te	33	ra₂	62	pte
05	to	34		63	
06	na	35		64	
07	di	36	jo	65	ju
08	a	37	ti	66	ta₂
09	se	38	e	67	ki
10	u	39	pi	68	ro₂
11	po	40	wi	69	tu
12	so	41	si	70	ko
13	me	42	wo	71	dwe
14	do	43	ai	72	pe
15	mo	44	ke	73	mi
16	pa₂	45	de	74	ze
17	za	46	je	75	we
18		47		76	ra₂
19		48	nwa	77	ka
20	zo	49		78	qe
21	qi	50	pu	79	zu
22		51	du	80	ma
23	mu	52	no	81	ku
24	ne	53	ri	82	
25	a₂	54	wa	83	
26	ru	55	nu	84	
27	re	56	pa₃	85	
28	i	57	ja	86	
29	pu₂	58	su	87	

表23：标明号码与音值的线形文字B符号

第 6 章

爱丽丝和鲍勃公开钥匙

在第二次世界大战期间，英国译码专家之所以比德国编码专家略胜一筹，主要是因为布莱切利园的工作人员追随波兰人的榜样，发展出一些破解密码的设备。除了图灵用来破解"奇谜"的"炸弹"外，英国人还发明了"巨像"(Colossus)，一个用来破解德国更强的加密形式"劳伦兹"(Lorenz)密码的设备。决定了20世纪后半期的密码学发展方向的就是"巨像"。

"劳伦兹"密码专门加密希特勒和纳粹将领之间的通讯，担任这项加密任务的机器是"劳伦兹SZ40"，它的运作方式跟"奇谜"机很像，但更加复杂，对布莱切利园的专家而言，也是更大的挑战。可是布莱切利园的专家约翰·梯特曼(John Tiltman)和比尔·塔特(Bill Tutte)发现了"劳伦兹"密码使用方法上的弱点，进而研究出破解方法，解译了希特勒的信息。

破解"劳伦兹"密码需要做一连串的搜寻、比对、统计分析和细心的判断，超乎"炸弹"的技术能力范围。"炸弹"可以快速执行特定的任务，但没有足够的弹性来处理"劳伦兹"的精密细节。要破解"劳伦兹"所加密的信息必须动用纸笔，而且得花费数周的辛勤工作，解译出来的信息大都失去时效了。后来，布莱切利园的数学家麦克斯·纽曼(Max Newman)提出如何把分析"劳伦兹"密码的工作机械化的构想。纽曼引用阿兰·图灵的"万能图灵机"构想，设计出一台可以应付许多各种问题的机器，也就是我们今日所称的可程序化的计算机。

纽曼的设计被视为技术上不可行，而被布莱切利园的长官束之高阁。幸好曾参与设计讨论的工程师汤米·弗洛尔兹(Tommy Flowers)决定漠视布莱切利园的怀疑态度，径直着手制造这台机器。弗洛尔兹把纽曼的设计蓝图带到北伦敦达里斯丘(Dollis Hill)的邮政研究站(Post Office Research Station)，花了十个月的时间制成一台"巨像"机器，在1943年12月8日交给布莱切利园。这台机器用了1,500个电子管，比"炸弹"的那些慢吞吞的电机式继电器开关快多了。而且更重要的是，它是可程序化的。就是这个特点让"巨像"成为现代数字式计算机的先驱。

"巨像"和布莱切利园的其他东西一样，都在战后销毁，跟它工作过的人也不准讨论它。汤米·弗洛尔兹收到销毁"巨像"蓝图的命令时，他顺从地把它们带到锅炉室烧掉。世界第一台电脑的设计图就这样永远消失了。这项保密举动让其他科学家获得发明计算机的荣衔。1945年宾州大学(University of Pennsylvania)的小朴瑞斯伯·埃克特(J.Presper Eckert,Jr.)与约翰·莫奇利(John W.Mauchly)造出ENIAC(Electronic Numerical Integrator And Calculator，电子数字积分与计算器)，用了18,000个电子管，每秒可以执行5,000次计算。几十年来，ENIAC，而不是"巨像"，一直被视为计算机始祖。

促成现代计算机诞生的译码专家，在大战结束后，仍继续研发和运用计算机科技来破解各式密码。现在他们可以利用可程序计算机的速度与弹性，来搜寻所有可能的加密钥匙。很自然地，编码专家也开始反击，利用计算机的力量来制造一个比一个复杂的密码。简言之，计算机在编码者与译码者的战后竞赛中，扮演了决定性的角色。

　　大体而言，使用计算机加密信息与传统的加密形式非常相似。事实上，计算机加密和"奇谜"密码之类的机械加密只有三项显著的差异。第一项差异是，机械式密码机器受限于实际建造的可行性，计算机则可仿真成一台极度复杂的假想密码机。例如，我们可以设计程序使计算机仿真一百个编码器的动作，有的顺时针转，有的反时针转，有的每加密十个字母就消失，有的则在加密过程中愈转愈快。这样的机械式密码机，在现实环境造不出来，计算机却能仿真出来，并提供安全度非常高的密码。

　　第二个差异是速度。电子设备的运作速度比机械式编码器快多了。叫计算机仿真"奇谜"机，一瞬间它就能加密好一则很长的信息。或者，即使要它执行更为复杂许多的加密方法，它也能在适当的时间内完成任务。

　　第三个或许是最显著的差异是：计算机所加密的对象是数字，不是字母。计算机只处理由0和1组成的二进制数(binary digits)，简称位(bit)。所以进行加密前，每则信息都得先转换成二进制数字。这种转换有数种协议可循，例如美国标准信息交换码(American Standard Code for Information Interchange)，简称ASCII(念成 ass-key)。ASCII给每个字母指定了一个7位的二进制数字。在此，你只需把二进制数想象成一个个由0和1组成的特殊字符串，用来代表每个字母(请参阅表24)，就像摩斯电码用不同的点和线组合来代表字母一样。7个位置的组合方式共有128种(2^7)，所以ASCII可以定义出128个不同的字母和符号。这个数目足以定义所有小写字母(例如，a=1100001)，所有用得到的标点符号(例如，！=0100001)以及其他符号(例如，&=0100110)。信息被转换成二进制数后，加密程序就可开始了。

　　即使我们面对的是计算机和数字，而不是机器和字母，加密程序仍旧依循着古老的替代式和移位式加密原理进行，把信息的原始元素替换成其他元素，或调换它们的位置，或两者并用。每一套加密方法，不管有多复杂，都可分解成这些简单的动作。下面两则计算机执行基本的替代式密码法和移位式密码法的例子，即能显示计算机加密的简易本质。

　　首先，假设我们要加密信息HELLO，而且想用计算机版的简易移位式密码法来进行。在开始加密前，我们必须先把这则信息，根据表24，转换成ASCII码的二进制值：

　　　　明　　文 =HELLO = 1001000 1000101 1001100 1001100 1001111

　　最简单的替代式密码法形式是对调第一和第二个数字、第三和第四个数字等。这个例子的数字个数是奇数，所以最后一个数字维持不变。我把明文信息各个ASCII码之间的空格去掉，连接成一个字符串，跟加密出来的密码文并排，以便清楚比较结果。

　　　　明　　文 =100100010001011001100100110010001111
　　　　密码文 =011000100010100110011000110000110111

　　很有意思的是，这种位层次的移位动作，可以在字母之内发生，非但如此，而且字母的最后一位或头一位会跟隔壁字母的位对调。例如，对调第七和第八个数字时，字母 H 的最后一位的 0 和字母 E 的头一位的 1 对调了。加密出来的信息是一个 35 位的二进制数。收信人接收到这则信息时，可以逆向执行移位法，还原成原始的二进制数，再根据 ASCII 字码表转换出原始信息 HELLO。

A	1 0 0 0 0 0 1	N	1 0 0 1 1 1 0
B	1 0 0 0 0 1 0	O	1 0 0 1 1 1 1
C	1 0 0 0 0 1 1	P	1 0 1 0 0 0 0
D	1 0 0 0 1 0 0	Q	1 0 1 0 0 0 1
E	1 0 0 0 1 0 1	R	1 0 1 0 0 1 0
F	1 0 0 0 1 1 0	S	1 0 1 0 0 1 1
G	1 0 0 0 1 1 1	T	1 0 1 0 1 0 0
H	1 0 0 1 0 0 0	U	1 0 1 0 1 0 1
I	1 0 0 1 0 0 1	V	1 0 1 0 1 1 0
J	1 0 0 1 0 1 0	W	1 0 1 0 1 1 1
K	1 0 0 1 0 1 1	X	1 0 1 1 0 0 0
L	1 0 0 1 1 0 0	Y	1 0 1 1 0 0 1
M	1 0 0 1 1 0 1	Z	1 0 1 1 0 1 0

表 24：主要字母的 ASCII 二进制数

再来，改用计算机版的简易替代式密码法加密 HELLO。再一次，我们先把这则信息转换成 ASCII 码。进行替代式密码法以前，发信人和收信人必须先协议好加密钥匙。我们且用 DAVID 这个词当钥匙。钥匙本身也得转换成 ASCII 码，再开始如下的加密程序：明文的每一个位跟对应的钥匙位"相加"。您可以把二进制数的加法想成两个简单的原则：如果相对应的明文位与钥匙位是一样的(同样是 0，或同样是 1)，就在密码文的对应位置写上 0；如果不一样，则写成 1[①]。

---

① 这种看似奇怪的算法称为"位元的互斥运算"(bitwise XOR operation)

信息	HELLO
信息明文	10010001000101100110010011001001111
钥匙 (DAVID)	10001001000001101011010010011000100
密码文	00011000000100001101000001010001011

　　加密出来的信息也是一个35位的二进制数。收信人可以使用相同的钥匙逆向执行替代法，产生原始的二进制数，再根据ASCII字码表转换出原始信息HELLO。

　　拥有计算机的人才能利用计算机加密、解密，早期就只有政府和军方才会有。然而，一系列科学上、技术上与工程上的突破，使得计算机本身以及计算机的加密应用得以普及。1947年，AT&T贝尔实验室(AT&T Bell Laboratories)发明了晶体管，成为电子管的廉价替代品。1951年，商用计算机开始上场，费兰蒂(Ferranti)之类的公司开始生产定做的计算机。1953年，IBM开始生产它的第一台计算机，并在4年后推出Fortran程序语言，让"一般"大众也可以自行撰写计算机程序。1959年，集成电路的发明开启了新的电算时代。

　　在20世纪60年代，计算机功能增强，价格降低。工商企业愈来愈负担得起计算机，而能利用它们加密重要的通讯，例如转账汇款或是必须慎重处理的交易。然而，愈来愈多公司购买计算机，商业加密日益普遍的同时，密码专家面临了密码技术几乎只限于政府和军方的时代从没出现过的新问题。标准化是一项主要问题。公司可以采用一套特殊加密系统来保障公司内部通讯的安全，却不见得能用来跟它的商业伙伴进行秘密通讯，除非对方也使用相同的加密系统。1973年5月15日，美国国家标准局(National Bureau of Standards)终于出面处理这个问题，正式征求方案，以订定一套标准加密系统，以方便商业界秘密洽谈业务。

IBM公司有一套称为"魔王"(Lucifer)的产品已经问世一段时日，他们将它提交出来，作为上述标准的候选方案。魔王是霍斯特·费斯妥(Horst Feistel)研发出来的。费斯妥是1943年移民到美国的德国人，就在成为美国公民的前一刻，美国加入欧洲战场，他竟从此被禁锢在家里，直到1944年大战结束。有好几年的时间，为避免美国当局的起疑，他压抑住对密码学的兴趣。当他终于开始在空军的剑桥研究中心研究密码时，美国国家安全局(NSA)立刻找上门来。这个组织不仅负责保障军方和政府通讯的安全，也专门拦截、破解外国的通讯。NSA所任用的数学家、所采购的计算机、所拦截的信息，都比世界上任何一个组织多得多。要比窥探，它是世界之冠。

NSA对费斯妥的过去没什么意见，他们只是想垄断密码学的研究，费斯妥的研究计划似乎也因此被取消。20世纪60年代，费斯妥转到密特公司(Mitre Corporation)工作，NSA却再度施加压力，迫使他再次放弃密码研究。最后，他进入纽约附近的IBM沃森实验室(Thomas J. Watson Laboratory)，终于能够全力从事研究，不再受到骚扰。就在这儿，在20世纪70年代初叶，他研发出"魔王"系统。

"魔王"加密信息的编码程序如下。首先，把信息转译成位元(二进制数)字符串。然后，把这一长串字符串分成许多区段，每个区段有64位，准备对各区段个别进行加密。再来，取出一个区段，弄混它的64位，再分成两个32位的小区段，标示为左0和右0。右0的位会跑一次"碎裂函数"（mangler function），亦即根据非常复杂的替代法更改这些字符。被"碎裂"的右0跟左0相加，造出一个新的32位区段，称为右1。最初的右0则改称为左1。执行这样一次程序称为一个"回合"。对新的32位区段，左1和右1，重复上述程序，第二回合结束时，又再产生新的32位区段，左2和右2。这套程序一共要重复进行16个回合。这种加密程序有点儿像在揉面团。想象一下，有一块长条面团写满了信息，我们先把它切割成数块64厘米长的小面团，拿起其中一块，再切一半，把其中一半捏碎，又叠捏在一起，跟另一半合在一起，又拉长切分成新的一半。就这样一次又一次地重复这套程序，直到这则信息完全搅浑了。把揉捏16回合所产生的密码文寄出去，收信人逆向重复这套程序，就能解译出原始信息了。

发信人和收信人可以协议好加密钥匙，以定义碎裂函数的细节。换句话说，同一则信息可以有极为多种加密结果，端视所选的钥匙为何。计算机密码学所使用的密码纯为数字，因此发信人和收信人可以任选一个数字当钥匙。发信人只需输入钥匙数字和信息，"魔王"就会自动输出这则信息的密码文。同样地，收信人输入同样的钥匙数字和信息密码文，"魔王"就会输出原始信息。

"魔王"被公认为市面上最强的加密程序产品之一，有很多公司、组织都购买使用它。看来，这套加密系统必然会被采纳为美国标准。可是，再一次，NSA又干涉费斯妥的工作了。"魔王"的密码非常强，有可能超乎NSA的破解能力，不消说，NSA当然不愿看到有个加密系统标准是他们破解不了的。因此，谣传NSA在幕后活动，借由限制可用钥匙的数目来削弱"魔王"的力量，然后才准许它成为标准。

可用钥匙的数目是决定密码强度的关键因素之一。尝试破解加密信息的密码分析家可以试着检验所有可能的钥匙；可用钥匙的数目愈大，要找出正确钥匙所需的时间就愈长。如果可用钥匙只有 1,000,000 把，一部功能很强的计算机几分钟内就能找出钥匙，进而解译出所拦截的信息。可用钥匙的数目够大的话，搜寻钥匙的办法就会变得很不可行了。在"魔王"成为加密系统标准之前，NSA 要先确定它能使用的钥匙数目有限。

NSA 要求把钥匙数目限定在 100,000,000,000,000,000 左右（用术语来说，是钥匙长度不可以超过 56 位，因为前述数字换算成二进制，会有 56 位）。NSA 显然认为这样的钥匙对民间人士而言够安全了，因为没有任何民间组织有够强的计算机可以在适当的时间内检验完所有钥匙。而 NSA 本身，有全世界最强的电子计算机资源，要破解它还不成问题。美国国家标准局在 1976 年 11 月 23 日正式采用 56 位版本的"魔王"，称之为数据加密标准（Data Encryption Standard，简称 DES）。过了 1/4 世纪之后，DES 依旧是美国的加密系统官方标准。

DES 解决了标准化的问题，鼓励企业界应用密码保护他们的通讯隐私。而且 DES 密码非常强，足以防范商业对手的破解企图。备有商业计算机的公司不可能破解 DES 所加密的信息，因为可用钥匙的数目已经相当大了。可惜，尽管标准化的问题解决了，尽管 DES 密码很强，业界还有一个重要的问题得解决：钥匙的发送。

假设有一家银行想透过电话线传送机密数据给客户，但担心有人偷搭电线拦截数据，于是选了一把钥匙，使用 DES 加密这些数据。接到加密信息的客户不仅得有一套 DES 系统在他的计算机里，也必须知道这则信息的加密钥匙是什么，才能解译出银行送来的资料。可是，银行该怎么通知客户它用了什么钥匙呢？不可以利用电话线，因为可能有人正等着窃听。真正安全的方法是亲自递交，可是太浪费时间。安全度略逊，但比较实际可行的方法是请信差递送。在20世纪70年代，银行聘请经过调查、公司最能信任的职员担任特别信差发送钥匙。这些信差带着上锁的手提箱，跑遍全世界，亲自递送钥匙给几个星期后将收到银行来讯的人。然而，交易网不断扩大，愈来愈多信息得传送，需要递交的钥匙也随之增加，这种发送方法变成银行的噩梦，而且这些额外成本也飞涨得吓人。

自古以来，钥匙发送的问题一直是编码者的头痛来源。例如，在第二次世界大战期间，德国最高司令部每个月都得发送指定当日钥匙的密码簿给所有的"奇谜"操作员，当然也有不小的发送问题。就是通常会离开基地很久的潜艇，也仍得定期收到钥匙。在更早的时候，维吉尼亚密码的用户也得想办法送交钥匙单词给收信人。理论上再怎么安全的密码，都有可能败在发送钥匙的问题上。

在某些程度上，政府和军方不惜投注大量金钱与资源，因而能够应付钥匙发送的问题。为了保护重要信息，他们尽一切所能地确保钥匙的传送安全无误。美国政府负责密码钥匙的管理与发送的机构是通讯安全局(Communications Security)，简称COMSEC。在20世纪70年代，COMSEC每天要传送巨量的钥匙。载运COMSEC数据的船入港时，密码监护人就上船，接收成堆的卡片、纸带、磁盘片或任何可以储存钥匙的媒体，再将它们分送给适当的收件人。

钥匙的发送或许让人觉得是层次较低的平常问题，却变成战后密码专家最大的问题。依赖第三者传送钥匙是通讯安全链上最弱的一环。商业界的困境是，如果政府都得花上大把钞票才能勉强保证钥匙发送的安全，民间公司岂不得搞到破产才可能弄出一套可靠的钥匙发送系统？

尽管有人宣称，钥匙的发送问题是解决不了的，有一群特立独行的人却克服劣势，在 20 世纪 70 年代中期想出一个高明的解决方法。他们设计出一套似乎违反所有逻辑的加密系统。尽管计算机改变了密码的实施方式，20 世纪密码学最伟大的革命是钥匙发送问题的克服。这项突破被视为，继两千多年前单套字母密码法的发明之后，最伟大的密码学成就。

天公疼憨人

卫德费·迪菲(Whitfield Diffie)是他这一代密码学家中精力最充沛的一位。乍看之下，他的外观会给人一种非常醒目而又有些突兀的印象。他体面的西装反映了他在 20 世纪 90 年代为美国计算机业巨人工作的事实——他目前的正式工作职称是升阳(Sun Microsystems)特优工程师。可是他披肩的头发和长长的白胡须却又透露出他的心还留在嬉皮盛行的 20 世纪 60 年代。他大部分的时间都坐在一台计算机工作站前面，却又像是在孟买贫民窟中也能泰然自得的人。迪菲很清楚自己的服饰和个性所给人的印象，他自己说道："人们总会高估我的身高，而且有人告诉我，这是一种老虎效应——'不管它到底有几斤几两重，它的腾跃总使它显得比实际上还大'。"

迪菲生于 1944 年，早年大多待在纽约皇后区。他在童年时代就迷上数学，从《化学橡胶公司数学表手册》(*The Chemical Rubber Company*

Handbook of Mathematical Tables）到哈迪(G.H.Hardy)的《纯粹数学课程》(*Course of Pure Mathematics*)，几乎只要跟数学有关的书他都读。长大后，进入麻省理工学院(Massachusetts Institute of Technology)研习数学。1965年毕业后，他做了几份跟计算机安全有关的工作。到了20世纪70年代，他成为少数真正独立的安全专家之———一位自由思考的密码专家，不是政府或任何大公司的员工。如今回顾，他可说是第一位密码朋客(cypher punk)。

图62: 卫德费·迪菲

迪菲对钥匙发送问题特别有兴趣，他知道，找出解决方法的人将成为永垂史册的卓越密码学家之列。他自己写了一本特别的笔记，标题为"全能密码技术所需解决的问题"（Problems for an Ambitious Theory of Cryptography），钥匙发送问题不仅列在里，而且是最重要的条目；他对这个问题的着迷程度由此可见一斑。他的动机有一部分是源自他对网络化世界的展望。在20世纪60年代，美国国防部成立了一所尖端计划的研究组织——高等研究项目署（Advanced Research Projects Agency，简称ARPA）。ARPA的首要研究计划之一是军方计算机设备的联机——把军方所有计算机，不管相距多远，都连接成一个网络，万一有计算机出了问题（故障或被破坏），其他计算机仍可接续它的工作。这项计划的主旨是强化五角大楼的计算机基础设施，以应付核弹攻击的威胁。另一方面，科学家也可以透过这样的网络互通信息，或让尚有余力的远程计算机帮忙执行计算工作。1969年ARPA网络（ARPANet）诞生，连接了加州与犹他州四所大学中的计算机设备。ARPANet持续扩张，并在1982年转化为互联网。20世纪80年代末期，互联网正式开放给非学术界或非官方人士，这个网络的使用人数随即爆增。时至今日，上亿人口利用互联网交换信息、传送电子邮件信息。

当ARPANet还在襁褓时期，迪菲就已预见信息高速公路和数字革命的来临。他相信，一般大众将拥有自己的计算机，并利用电话线来连接彼此的计算机。民众在使用计算机传送电子邮件时，当然也有加密信息以保障隐私的权利。然而加密信息牵涉到钥匙的交换。如果连政府和大公司都没有解决这个问题的良方，一般大众就更是束手无策了。

假设有两个陌生人想透过互联网会谈，他们要如何传送加密的信息给对方？他也考虑到，若有人想在互联网上购买货品，他要如何利用电子邮件传送加密的信用卡数据给网络商店，而不叫其他人偷窥到这些重要数据？不管是哪一种情况，两方都必须协议好加密钥匙，可是他们要如何安全交换钥匙呢？民众之间偶然接触的次数、随兴发出的电子邮件数量都将非常庞大，人工发送钥匙就会变成不可行。迪菲担心，钥匙发送的问题会让民众在数字世界完全没有隐私权。寻找解决方法的念头开始盘踞他的心思。

1974年，依旧四处游走的迪菲受邀到IBM的沃森实验室演讲。他提出数种发送钥匙的策略，可是这些构想都是假设性的，他的听众不太相信这个问题会有解决方法。只有IBM的资深密码专家亚伦·孔翰(Alan Konheim)给迪菲正面的响应。他说，加州斯坦福大学教授马丁·黑尔曼(Martin Hellman)曾于前些日子莅临此实验室发表了关于钥匙发送问题的演说。当天晚上，迪菲坐进驾驶座，开始五千公里的旅程，前往西岸会见可能是唯一跟他有同样执迷的人。迪菲和黑尔曼后来成为密码学界最有活力的搭档。

马丁·黑尔曼在1946年生于布朗克斯(Bronx，纽约市北部的一区)。他们原本住在犹太小区，却在他四岁时，迁移到一个爱尔兰天主教徒聚居的小区。此举影响黑尔曼的生活态度甚巨："其他孩子都上教堂，听过犹太人杀耶稣的故事，把我叫成'杀耶稣的凶手'。我也被揍过。刚开始，我决定要像其他孩子一样，我要家里摆圣诞树，我要圣诞节礼物。后来我了解到，自己不可能像其他孩子一样。出于自卫心理，我采取了'谁想跟其他人一模一样？'的态度。"黑尔曼对密码的兴趣就是源自这种要与众不同的欲望。他的同事告诉他，研究密码学是很疯狂的事，因为这等于在跟 NSA 以及他们的数十亿经费竞争。难道他还希望能发现什么 NSA 还不知道的？而且，就算他真的发现了什么，NSA 也会把它列为机密。

黑尔曼刚要开始他的研究时，无意中读到历史学家大卫·坎恩所写的《解码者》(*The Codebreakers*)。这是第一本详细探讨密码发展史的书，对初入门的密码研究者而言，是最佳的入门读本。《解码者》是黑尔曼唯一的研究伙伴，直到 1974 年 9 月，他突然接到卫费德·迪菲打来的电话，刚驾车横越美国的迪菲想要见他。黑尔曼从没听过他的名字，勉强同意在当天下午跟他谈半个小时。会面结束时，黑尔曼惊觉迪菲是他所见过见闻最广博的人。他们惺惺相惜。黑尔曼回忆道："我答应我太太回家照顾孩子，所以他跟我一起回家，并共度晚餐。他待到半夜才走。我们的个性非常不同——他比我更加反文化——然而，这种个性差异对彼此非常有利。我犹如呼吸到一口新鲜的空气。在真空状态工作的那段日子其实很不好受。"

黑尔曼没有足够的研究资金来聘任这位志同道合的朋友当研究员。迪菲申请成为研究所学生，跟黑尔曼一起研究钥匙发送的问题，努力寻找取代人工传送钥匙的替代方法。稍后，拉尔夫·墨克(Ralph Merkle)加入他们。墨克是从另一个研究小组迁移过来的知识难民，那个小组的教授无法容忍梦想解决钥匙发送问题的研究员。黑尔曼说：

　　拉尔夫跟我们一样愿意当傻瓜。进行原创性的研究时，要想爬上顶端，就必须当傻瓜，因为只有傻瓜才会持续不断地尝试。你有个 1 号构想，非常兴奋，结果它行不通。接着你有 2 号构想，非常兴奋，结果它也行不通。然后你有第99号构想，非常兴奋，结果它还是行不通。只有傻瓜才会为第100号构想兴奋，可是，可能就是要有100个构想，才会有收获。你若不够傻，无法不断为新的构想兴奋，你就不会有动机，不会有精力继续下去。老天会奖赏傻瓜的。

这整个钥匙发送问题是一个典型的"第22条军规"[①]进退维谷的情境。想透过电话线交换秘密信息，发信人就必须加密这则信息。要加密信息，发信人就必须使用加密钥匙。这把钥匙本身也是秘密，所以问题出现了：如何把这把秘密钥匙传送给收信人以便传输秘密信息？简言之，交换一个秘密(加密的信息)以前，这两个人必须先分享另一个秘密(加密钥匙)。

在思考钥匙发送的问题时，不妨使用爱丽丝(Alice)、鲍勃(Bob)和伊芙(Eve)这三个虚构人物来举例说明。事实上，这三个名字已成为业界讨论密码学的标准用语。典型的情形是，爱丽丝想发信给鲍勃，或是鲍勃发给爱丽丝，而伊芙则想窃听。爱丽丝想传送私密的信息给鲍勃时，每则信息都要先加密过才送出去，而且每次都用不同的钥匙。爱丽丝不断遭逢钥匙发送的问题，因为她必须安全地送交些钥匙给鲍勃，否则他

---

① 《第22条军规》(*Catch-22*) 是美国小说及剧作家约瑟夫·海勒 (Joseph Heller) 于1961年所出版的经典讽刺小说 (1970年被改编为同名电影)，描写第二次世界大战的美国空军飞行员的故事。在故事中，为了"提高飞行员的参与士气"，他们的上司定了一项条例：执行45次 (后来又被提高为70次，乃至80次) 轰炸德国的任务后，就可以卸甲返乡。此外，这项条例的第22段条文说：如果你心智不正常，就不用再做任何战斗飞行，但你得先跟上司提出停飞的要求；而任何想退出战场的人的心智都很正常。换句话说，这些艰困的飞行任务把你逼疯时，你不用再继续飞行，你只需提出停飞要求；可是你一旦提出这样的要求，就证明你没疯，而得执行更多趟的战斗飞行。这一段条文就被称为"catch-22"。从此，catch-22就被引喻为进退维谷、没有解决办法的处境。

没办法解译这些讯息。有一个解决方法是，爱丽丝和鲍勃每个星期见一次面，递交够用一星期的加密钥匙。亲自递交钥匙当然很安全，但也很不方便，而且只要其中一个人病了，这个系统就会中断。另一种方法是爱丽丝和鲍勃雇请专人跑腿，这个方法没那么安全，而且比较贵，但他们至少卸下了一些负担。不管用哪个方法，钥匙就是一定得发送，这个动作怎么样都省却不了。两千年来，这被视为密码学的公理——一个无从争议的真理。可是，迪菲和黑尔曼想到一个有趣的小故事，似乎打破了这个公理。

假设爱丽丝和鲍勃住在一个邮政系统非常不道德的国家，邮局职员会阅读任何没有保护的通讯信件。有一天，爱丽丝想送一则极私密的信息给鲍勃。她把这则信息放进一个铁盒子，阖起来，加上一道挂锁，用钥匙锁好。她把上锁的盒子交给邮局递送，钥匙则留在身边。鲍勃收到盒子时，却无法开启，因为他没有钥匙。爱丽丝或许会考虑把这只钥匙放进另一个盒子，用挂锁锁好，寄送给鲍勃。可是，没有第二个盒子的钥匙，鲍勃没办法开启第二个盒子，也就拿不出可以开启第一个盒子的钥匙。要解决这个问题的唯一方法似乎是：爱丽丝事先多打一把钥匙，碰面喝咖啡时，预先交给鲍勃。到目前为止，我不过是换了个脚本重述老问题。根据逻辑，要省却钥匙的发送，显然是不可能的——当然啰，如果爱丽丝要把东西锁在一个只有鲍勃可以开启的盒子里，她一定得给他钥匙。或以密码学的角度来讲，如果爱丽丝要加密一则只有鲍勃可以解译的信息，她一定得给他加密钥匙。钥匙的发送是加密过程无法省却的一部分。可是，真的不能省却吗？

图63：马丁·黑尔曼

现在，想象一下下面这个情景。跟刚才一样，爱丽丝要送一则极私密的信息给鲍勃。再一次，她把这则信息放进一个铁盒子，加上一道挂锁，锁好后寄给鲍勃。鲍勃收到盒子后，加上他自己的挂锁，然后把盒子寄回给爱丽丝。爱丽丝收到盒子时，它有两道挂锁在上面。爱丽丝用自己的钥匙除掉她上的锁，只留下鲍勃的挂锁仍锁住这个盒子。最后她再把盒子寄给鲍勃。关键差异就在这里：现在，鲍勃可以打开这个盒子了，因为锁它的是他自己所上的挂锁，只有他有开锁的钥匙。

　　这个小故事的启示可不小。它证明，要安全交换秘密信息，不一定得交换加密钥匙。我们首次瞥见一线曙光：钥匙的发送不见得是加密过程无法省却的手续。我们可以以密码学的角度重述这个故事。爱丽丝用她自己的钥匙加密一则信息给鲍勃，鲍勃用自己的钥匙再加密一次后，又送回去。爱丽丝收到这则双重加密的信息时，先解开自己的加密，再送回给鲍勃。鲍勃收到后解开自己的加密，即可阅读这则信息了。

　　看来，钥匙发送的问题已经解决了，因为这个双重加密的策略不需要交换钥匙。然而，这种系统——爱丽丝加密，鲍勃加密，爱丽丝解密，鲍勃解密——有一个基本的实施障碍。问题出在于加密和解密的执行顺序。一般而言，加密和解密的顺序关系重大，而且应该遵循"后上，先下"的格言。换句话说，最后一道加密应该第一个被解开。在上面的故事中，鲍勃执行了最后一道加密，所以应该先被解开，可是在他这么做之前，爱丽丝先解开自己的了。想一想我们每天做的一件事，就更能了解顺序的重要性了：早上出门前，我们穿上袜子，然后再穿鞋子；晚上回到家，我们先脱鞋子，才能脱袜子——鞋子没脱下来之前，是不可能脱袜子的。我们必须遵循"后上，先下"的格言。

　　有一些非常初级的密码系统，例如恺撒密码法，由于非常简单，先后顺序也就没什么关系。然而，在20世纪70年代，似乎任何牢固的加密形式都必须遵守"后上，先下"的原则。先用爱丽丝的钥匙然后再用鲍勃的钥匙加密的信息，在用爱丽丝的钥匙解密之前，一定必须先用鲍勃的钥匙解密。即使是使用单套字母替代法，这个顺序也颠倒不得。如下例，假设爱丽丝和鲍勃各自拥有自己的钥匙，我们且看看加密与解密顺序不对时，结果会怎样。爱丽丝用她的钥匙加密一则信息给鲍勃，鲍勃用他自己的钥匙再次改写爱丽丝所加密的密码文；爱丽丝用她的钥匙执行部分的解密，最后鲍勃尝试用他自己的钥匙完成整个解密程序。

爱丽丝的钥匙

```
a b c d e f g h i j k l m n o p q r s t u v w x y z
H F S U G T A K V D E O Y J B P N X W C Q R I M Z L
```

鲍勃的钥匙

```
a b c d e f g h i j k l m n o p q r s t u v w x y z
C P M G A T N O J E F W I Q B U R Y H X S D Z K L V
```

讯息	m e e t	m e	a t	n o o n
用爱丽丝的钥匙加密	Y G G C	Y G	H C	J B B J
用鲍勃的钥匙加密	L N N M	L N	O M	E P P E
用爱丽丝的钥匙解密	Z Q Q X	Z Q	L X	K P P K
用鲍勃的钥匙解密	w n n t	w n	y t	x b b x

最后的解译结果没有意义。但是，你可以自己试试看，若颠倒解密的顺序，鲍勃先解密后，爱丽丝才解密，亦即遵循"后上，先下"的法则，解译结果就会是原始信息了。如果顺序那么重要，为什么那个锁盒子故事所用的挂锁系统就行得通呢？答案是顺序对挂锁一点儿也不重要。我可以在一个盒子上加上20道挂锁，然后以任何一种顺序解锁，最后一定都能打开盒子。可惜，加密系统对顺序敏感多了。

尽管给盒子上两道锁的方法不能套用在真实世界的密码应用上，迪菲和黑尔曼仍旧从中得到灵感，寻找实际可行的方法来规避钥匙发送的问题。他们花了一个月又一个月的时间寻找解决方法。尽管每个构想最后都证实行不通，他们就像十足的傻瓜，不肯放弃。他们的研究重心是检验各种数学函数。任何会把某个数字变成另一个数字的数学表达式都是函数。例如，"乘以二"就是一种函数，因为它会把3变成6，或把9变成18。事实上，我们也可以把所有计算机加密形式视为函数，因为它们把一个数字(明文)变成另一个数字(密码文)。

大部分的数学函数可归类为双向函数，我们可以从它们运算出来的结果，很快推算回原来的数值。例如，"乘以二"属于双向函数，因为它把某个数值乘以二，产生一个新的数值后，我们可以很快从这个新的数值推算出原来的数值。例如，我们知道某个值的二倍乘积是26时，很快就能算出原来的值是13。有一个日常动作最能解释双向函数的概念：按电灯开关就像一道函数，因为它把没亮的灯泡变成发亮的灯泡。这个函数是双向的，因为开关按在开的位置时，我们很容易就可以把它按到关的位置，使灯泡回复原来没亮的状态。

不过，迪菲和黑尔曼对双向函数没有兴趣。他们的焦点是单向函数。顾名思义，单向函数很难推算回原来的数值。换句话说，双向函数可以逆向运算，单向函数不行。再一次，日常生活的动作最能解释单向函数的概念：把黄色颜料和蓝色颜料混在一起成为绿色颜料，这是单向函数，因为我们没办法再分出原来的两种颜料。另外一个单向函数的例子是敲破蛋——蛋被敲破后，我们再也没有办法使它回复原状。因此，单向函数有时候也被称为"破镜难圆"函数。

模算术(modular arithmetic)，在学校有时候也称为时钟算术，是一个充满单向函数的数学领域。在这个领域，数学家的研究对象是一组排放在圆圈里的有限数字，就像时钟上的数字般。图64就是一个代表模数7(或简称mod 7)的钟，它只有0到6，七个数字在上面。求2+3的结果，就从2开始走3格，得到5，跟一般数学运算法的答案一样。求2+6的结果，我们从2开始走6格，这一次，我们绕超过一圈走而走到1，跟一般数学运算法的答案不一样。这些结果的写法如下：

2+3=5 (mod 7) 以及 2+6=1 (mod 7)

模算术并不难，而且事实上我们每天都在做这种运算，当我们谈论时间的时候就是。假设现在是9点钟，我们8个小时后要开会，我们会说这个会议5点钟开始，而不说17点钟。我们等于心算了9+8(mod 12)这个式子。若看着钟面，从数字9开始顺时针移8格，我们就会得到5：

9+8=5 (mod 12)

数学家在做模数的运算时，他们不看钟面，他们有如下的捷径：先用一般算术的方法运算，再来，想知道它(mod x)的答案，就把一般算术的答案除以x，余数就是这道运算(mod x)的答案了。例如，求 11×9 (mod 13)的结果，我们进行如下的运算：

$11 \times 9 = 99$

$99 \div 13 = 7$，余 8

$11 \times 9 = 8$ (mod 13)。

在模算术环境运算的函数有不按牌理出牌的倾向，有些就因此成为单向函数。比较一个简单的函数在一般算术与在模算术的结果，最能体认模算术的奇特行为。在下面的例子，你会看到，同一个函数在一般算术环境是双向的，可以很容易推算出原来的数值，但是在模算术环境就变成单向的，很难推算出原来的数值了。我们以 3^X 这个函数为例。这个函数的意思是，取一个数字 x，让 3 自乘 x 次，得出一个新的数值。例如，假设 x ＝ 2，这个函数的运算如下：

$$3^X = 3^2 = 3 \times 3 = 9$$

换句话说，x 值是 2 的时候，这个函数值就是 9。在一般的算术中，x 值增加，这个函数值也会跟着增加。因此从函数值反求 x 值，是相当容易的事。例如，如果这个函数值是 81，我们可以推算出 x 是 4，因为 $3^4 = 81$。如果我们猜错了，以为 x 是 5，我们算出 $3^5 = 243$，就会知道我们所猜的 x 值太大，再改猜小一点的数值 4，也就得到正确答案了。简言之，即使猜错了，我们还是得到了指引，知道往哪个方向可以找出正确的 x 值。

可是，在模算术环境，这同一个函数的表现却变得难以预测。假设有人告诉我们 $3^X(\bmod\ 7) = 1$，要我们求出 x 值。这次，我们的脑袋没再马上迸出什么数值来，因为我们对模算术没那么熟。我们猜 x=5，然后运算 $3^5(\bmod\ 7)$ 的结果。结果是 5，太大，因为我们要的结果是 1。我们很可能会倾向于猜选更小一点的 x 值，再试一次。如果这样，我们就走错方向了，因为正确答案是 x=6。

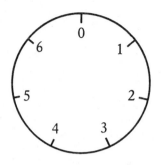

图64: 模算术是指用到有限数量的数字所做的运算，你可以把这些数字想象成是写在时钟盘面上。在此例中，如果要计算模数为7时，6+5的值可以从6开始，向前移动5格，即可得4。

在一般的算术环境，我们可以试验数字，以得知我们正接近或远离答案。模算术的环境却不给我们线索，很难推算出原来的数值。在模算术的环境要推算出原来的数值，唯一的方法通常是：画一张表，列出各种x值，求出它们的对应函数值，直到正确答案出现。表25列出几个3^x函数在一般算术和模算术的运算结果。你可以从这张表格清楚地看到这个函数在模算术里不按牌理出牌的结果。处理相当小的数字时，画这样一张表倒无所谓，可是若得处理像$453^x(\bmod 21,997)$这一类的函数，这种表画起来就很痛苦了。这就是单向函数的典型例子；我可以随意挑一个x值，计算出函数结果，可是如果我告诉你函数值是5,787，要你反推出我的x值是什么，你会很头痛。我只花几秒钟的时间就算出5,787这个函数值，你却得花好几个小时画表格才能找出我所用的x值。

x	1	2	3	4	5	6
3^x	3	9	27	81	243	729
$3^x(\bmod 7)$	3	2	6	4	5	1

表25: 函数3^x在一般算术（第二行）和模算术（第三行）的计算结果。函数值在一般算术时会持续增加，但在模算术则跳动不定，毫无轨迹可循。

花了两年时间在模算术和单向函数后，黑尔曼的傻劲终于开始有回报。1976 年春天，他想到一个解决钥匙交换问题的方法。狂乱涂写半个小时后，他证明爱丽丝和鲍勃不需要碰面就可以协议出加密钥匙，推翻了一个流传好几世纪的公理。黑尔曼的构想建立在一个 $Y^x(\bmod\ P)$ 的单向函数上。首先，爱丽丝和鲍勃要协议好 Y 和 P 的值。除了一些条件外，例如 Y 必须比 P 小，几乎什么值都可以。这两个值不需要保密，所以爱丽丝可以直接打电话给鲍勃，告诉他 Y=7、P=11。即使电话线并不安全，讨厌的伊芙偷听到这段对话也没关系；待会儿你就知道为什么了。现在，爱丽丝和鲍勃协议好一个 $7^X(\bmod\ 11)$ 的单向函数了。他们可以开始尝试建立一把秘密钥匙，但不用碰面。因为他们是平行作业的，所以我在表 26 分两栏说明这些程序。

循着表 26 的说明——看下来，你会看到，爱丽丝和鲍勃没有碰面就协议出一把同样的钥匙，可用来加密信息。例如，数字 9，就可以用作 DES 加密法的钥匙。（在真实情况，DES 所使用的钥匙数字大多了，而表 26 所说明的交换过程也会使用大很多的数字，以便得出大小适合的 DES 钥匙。）使用黑尔曼的方法，爱丽丝和鲍勃不用碰面，悄悄告诉对方他们的钥匙，就能协议出一把钥匙。最特别的是，这把秘密钥匙是利用一般电话线交换信息、间接协议出来的。即使伊芙偷搭这条电话线，窃听到所有相关信息的交换，她也无法找出钥匙。为什么？

我们且以伊芙的角度来检测黑尔曼的方法。如果她偷搭电话线窃听，她会知道：这个函数是 $7^X(\bmod\ 11)$，爱丽丝发出 α=2 的信息，鲍勃发出 β=4 的信息。要找出这把钥匙，她必须学鲍勃利用 B 把 α 转换成钥匙，或学爱丽丝利用 A 把 β 转换成钥匙。可是，她不知道 A 或 B 的值，因为爱丽丝和鲍勃并没有交换这两个秘密数字。她只有一个希望：理论上，她可以从 α 求出 A，因为 α 是一个以 A 为变量的函数值，而伊芙知道这个函数是什么。或者从 β 求出 B，因为 β 是一个以 B 为变量的函数值，而再一次，伊芙知道这个函数是什么。不幸对伊芙而言，这个函数是单向的，所以爱丽丝很容易就从 A 求出 α，鲍勃很容易就从 B 求出 β，伊芙却很难逆向执行这道演算式，特别是如果这些数字都非常大，她几乎没有机会。

	爱丽丝	鲍勃
步骤 1	爱丽丝挑选一个秘密数字，例如 3，我们把她的数字标示为 A。	鲍勃挑选一个秘密数字，例如 6，我们把他的数字标示为 B。
步骤 2	爱丽丝把 3 套进这个单向函数，演算 $7^A \pmod{11}$ 的结果：$7^3 \pmod{11} = 343 \pmod{11} = 2$	鲍勃把 6 套进这个单向函数，演算 $7^B \pmod{11}$ 的结果：$7^6 \pmod{11} = 117,649 \pmod{11} = 4$
步骤 3	爱丽丝把这个函数值称为 α，她把这个值——2，传送给鲍勃。	鲍勃把这个函数值称为 β，他把这个值——4，传送给爱丽丝。
交换	在一般情况下，这是关键性的一刻，因为爱丽丝和巴鲍勃正在交换信息，伊芙可能窃听到这些信息细节。然而，你会发现，伊芙的窃听并不会影响这个系统的安全性。爱丽丝和鲍勃大可使用他们当初协议 Y 值和 P 值时所用的电话线交换这个信息，让伊芙偷听到这两个数字 2 和 4 也没关系，因为这两个数字根本不是加密钥匙。	
步骤 4	爱丽丝用鲍勃所求出的函数值来演算 $\beta^A \pmod{11}$ 的结果：$4^3 \pmod{11} = 64 \pmod{11} = 9$	鲍勃用爱丽丝所求出的函数值来演算 $\alpha^B \pmod{11}$ 的结果：$2^6 \pmod{11} = 64 \pmod{11} = 9$
钥匙	奇迹似的，爱丽丝和鲍勃得出同样的数字：9。这就是钥匙！	

表 26：通用的单向函数是 $Y^X \pmod{P}$。爱丽丝和鲍勃已经选好了 Y 和 P 的值，协议出一个 $7^X \pmod{11}$ 的单向函数。

鲍勃和爱丽丝交换了足够的信息来建立钥匙，这些信息却不够伊芙推算出钥匙。我再举一个跟黑尔曼的方法异曲同工的例子。假设有一种密码是用颜色当钥匙。首先，假设爱丽丝、鲍勃和伊芙，每个人都有一个三升的调色桶，里面有一升黄色颜料。如果爱丽丝和鲍勃想协议出一只秘密钥匙，他们俩就各自给调色桶加进一升自己的秘密颜料。爱丽丝可能加进了特别的紫色系颜料，鲍勃可能加进了深红色颜料。他们把自己混过色的调色桶送给对方。最后，爱丽丝再加进一升她的秘密颜料到鲍勃混出来的颜料里去，而鲍勃也再加进一升他自己的秘密颜料到爱丽丝混出来的颜料里去。这两调色桶都有相同的颜色了，因为它们都含有一升黄色颜料、一升紫色系颜料、一升深红色颜料。这两桶掺混了两次颜料的颜色就是他们的钥匙。爱丽丝不知道鲍勃掺了什么颜色，鲍勃也不知道爱丽丝掺了什么颜色，但他们两人最后都得出同样的颜色。在这同时，伊芙气坏了。她即使拦截到中途的调色桶，也没办法弄出最后当钥匙的颜色。她可能看到那桶混着黄色以及爱丽丝秘密颜色的颜料颜色，也可能看到那桶混着黄色与鲍勃秘密颜色的颜料颜色，但是要混出当钥匙的颜色，她一定得知道爱丽丝和鲍勃的秘密颜色到底是什么。问题是，看着混过的颜色，并没有办法辨识出丽丝和鲍勃的秘密颜色。即使得到其中一桶颜料的样本，她也无法分开混在一起的颜料找出秘密颜色，因为混颜料犹如单向函数。

黑尔曼的突破是深夜在家里工作时得出灵感的，他完成他的演算时，已经太晚，不能打电话给迪菲和墨克了。他必须等到隔天早上才能跟他的两位伙伴分享他的发现，这世界大概就只有他们两位也相信钥匙发送问题能有解决方法。"缪斯最终对我耳语，"黑尔曼道："但先前的基础则是我们一起奠定出来的。"迪菲马上看出黑尔曼这项突破的威力,他说:"马丁解释他这套非常简易的钥匙交换系统。我听着听着,发觉这个构想曾在我的思考边缘徘徊了一些时候,却从没有真的突破出来。"

迪菲-黑尔曼-墨克钥匙交换方案(Diffie-Hellman-Merkle key exchange scheme)让爱丽丝和鲍勃可以透过公开的讨论,建立秘密通讯。它是科学史上最反直觉的发现,它迫使所有密码组织重写加密规则。迪菲、黑尔曼和墨克在1976年6月于全国计算机研讨会公开示范他们的发现,让现场的密码专家目瞪口呆。他们在来年申请专利。从此,爱丽丝和鲍勃再也不需要特地为交换密码钥匙而碰面了。爱丽丝可以直接打电话给鲍勃,跟他交换几个数字,共同建立一把秘密钥匙,再开始加密他们的私密信息。

迪菲-黑尔曼-墨克钥匙交换方案虽然向前迈出了一大步,但这个系统并不完美,因为它先天上有些不便。假设爱丽丝住在夏威夷,她想寄一封电子邮件给住在伊斯坦布尔的鲍勃。鲍勃可能正在睡觉,不过电子邮件的好处就是,爱丽丝可以随时发送信息,等鲍勃醒来时,这封信已经在他的计算机里等他了。然而,如果爱丽丝想加密她的信息,她必须先跟鲍勃协议一把钥匙,而为了交换建立钥匙所需的信息,爱丽丝和鲍勃应该同时上网比较好。这表示,爱丽丝必须等到鲍勃起床。再不然,爱丽丝先把她自己那部分的钥匙数据传送出来,等12个小时,鲍勃起床回复后,钥匙就建立好了。这时,如果爱丽丝自己还没睡着的话,就可以开始加密、传送信息了。不管怎样,黑尔曼的钥匙交换系统都妨碍了电子邮件的使用弹性。

黑尔曼已经粉碎了一则密码学的信条,证明密码用户不需要特地为交换密码钥匙而碰面。接下来，就看谁能想出更有效率的方法来克服钥匙发送的问题了。

公开钥匙加密系统的诞生

玛丽·费雪(Mary Fisher)永远记得她跟卫德费·迪菲的第一次约会："他知道我是太空迷，所以他邀我去看一艘宇宙飞船的发射。卫德费说，他当天晚上准备去看太空实验站升空，于是我们开了一整晚的车，大约凌晨三点左右到达那里。用当年的说法，那只鸟已经在跑道上了。卫德费有记者通行证，我没有。当他们跟我要身份证，问我是谁的时候，卫德费说：'我太太。'那天是1973年11月16日。"他们后来真的结婚了。头几年，卫德费沉浸在他的密码学冥思时，支撑家庭的是玛丽。迪菲仍是研究生，只有非常微薄的薪酬。本业是考古学家的玛丽，为了维持收支平衡，在英国石油公司(British Petroleum)工作。

当马丁·黑尔曼正在研发他的钥匙交换方法时，卫德费·迪菲正在思虑一套完全不一样的系统来解决钥匙发送问题。他常陷在肠思枯竭的时期，在1975年间，有一次他极度沮丧地告诉玛丽，他是个没有用的科学家，一辈子一事无成。他甚至叫她另寻良人。玛丽安慰他说，她对他有绝对的信心。两周后，迪菲想出一个真正伟大的主意。

他还记得这个主意如何闪进他的脑海，然后又差点消逝："我下楼去拿罐可乐时，几乎忘了这个构想。我记得我刚刚还在想着什么很有意思的东西，却想不太起来是什么。然后，它忽然随着一股肾上腺素冲回来。这是我在密码学的工作里，第一次感到自己想出了真正有价值的东西。

我觉得我在这之前所想出的任何相关主意都只是些技术性的东西。"那时候是正午，还得等几个小时，玛丽才回来。"卫德费在门外等着我，"她回忆道："他说有事情要告诉我。他的表情很滑稽。我走进去，他说：'坐下，我有话要跟你说。我相信我有一个伟大的发现——我知道我是第一个想出它的人。'那一刻，世界静止了，我觉得犹如活在好莱坞影片里。"

迪菲想出一种新的密码形态，一种牵涉到所谓的非对称钥匙的加密系统。本书到目前为止所讨论的加密技术都是对称的，也就是说，译码过程等于是逆向执行编码过程。例如，"奇谜"机用某把钥匙加密信息后，收信人必须使用相同的机器和相同的钥匙设定来解译信息。同样地，DES加密法也是用一把钥匙做16回合的编码，解译信息时，则使用同一把钥匙逆向执行16回合的编码。实质上，发信人和收信人握有相同的密码信息，他们用同一把钥匙加密、解密——他们的关系是对称的。相对地，在非对称钥匙系统，顾名思义，加密钥匙和解密钥匙就不一样了。使用非对称密码时，如果爱丽丝有加密钥匙，她可以加密信息，但不能解密。想要解密的话，爱丽丝必须拿到解密钥匙。加密钥匙和解密钥匙不同，就是非对称密码法的特别之处。

在此，值得注意的是，迪菲虽然想出了非对称密码法的一般概念，他并没有一个特定实例。然而，非对称密码法这个概念本身就很具有革命性了。如果密码学家能找到一个真正的非对称密码法，一套符合迪菲的条件的系统，他们为爱丽丝和鲍勃所带来的好处将不可限量。爱丽丝可以自己造一对钥匙：一把加密钥匙和一把解密钥匙。假使这个非对称密码系统是用计算机执行的，爱丽丝的加密钥匙就是一个数字，解密钥匙则是另一个不同的数字。解密钥匙是爱丽丝的秘密，所以它通常被称为爱丽丝的"私人钥匙";加密钥匙则公开于世,每个人都能用,所以它被称为"爱丽丝的"公开钥匙。鲍勃想发送信息给爱丽丝时,就去一本类似电话簿的公开钥匙簿查看爱丽丝的公开钥匙,用这把公开钥匙加密他的信息。收到加密信息的爱丽丝就用她的私人钥匙解开这则信息。同样地,如果查理、唐恩或爱德华想发送秘密信息给爱丽丝,他们也可以查用爱丽丝的公开钥匙。不管怎样,只有爱丽丝有私人钥匙可以解开这些信息。

这个系统的优点是,它不会像迪菲–黑尔曼–墨克钥匙交换系统那样耽搁时间。鲍勃要加密、发送信息给爱丽丝时,不用等她给予协议钥匙所需的信息。此外,非对称密码也克服了钥匙发送的问题。爱丽丝不需要秘密传送公开钥匙给鲍勃。相反地,她可以尽可能地公开她的公开钥匙给大众。她希望全世界都知道她的公开钥匙,每个人都可以发送加密的信息给她。另一方面,即使全世界都知道她的公开钥匙,他们,包括伊芙在内,都不能破解任何用这把公开钥匙所加密的信息,因为公开钥匙并不能用来解密。事实上,鲍勃用爱丽丝的公开钥匙加密好一则信息后,连他自己也无法解开这则信息的密码。只有拥有私人钥匙的爱丽丝,才能解开它。

传统的对称密码法刚好相反:爱丽丝必须尽其所能,秘密地把加密钥匙传送给鲍勃。在对称密码法中,加密钥匙和解密钥匙是一样的,所以爱丽丝和鲍勃必须采取万全的措施,避免钥匙落入伊芙的手里。这就是钥匙发送问题的根源。

回到挂锁的比喻,我们可以把非对称密码法想成:每个人都可以随手喀嗒一声关上一道挂锁,但是只有手握那把钥匙的人才能打开它。上锁(加密)很容易,每个人都会做,可是开锁(解密)就只有持有钥匙的人才办得到了。如何上锁的简易常识并没有告诉我们如何开锁。我们继续延伸这个比喻，假设爱丽丝设计了一道挂锁和钥匙。她保管着钥匙，但复制了数千道挂锁，发送给全世界的邮局。想寄私密信函给她的鲍勃把信放在盒子里，去邮局要一道"爱丽丝的挂锁"，锁住这个盒子。一旦上锁后，他自己也打不开了。收到这个盒子的爱丽丝却可用她独有的钥匙打开它。挂锁和上锁的动作相当于公开的加密钥匙，每个人都可以拿到这道挂锁，每个人都知道如何用挂锁把信息锁在盒子里。挂锁的钥匙则相当于私人的解密钥匙，只有爱丽丝持有它，只有她可以打开这道挂锁，也只有她可以拿出盒子里的信息。

用挂锁的比喻解释起来，这个系统似乎非常简易，然而一个能有同样的功效、能编成一套可行的加密系统的数学函数，却不是唾手可得的。要把非对称密码法从伟大的想法转换成实际的发明，得先找出一个适当的数学函数。迪菲想象，有一种特别的单向函数只能在独特的情况下求出原值。在迪菲的非对称密码系统里，鲍勃使用公开钥匙加密好信息后，他没有办法再解开它——这是一种单向函数。可是，爱丽丝能够解开它，因为她有私人钥匙———一项能让她求出原值的特别信息。再一次，挂锁是很好的比喻——关上挂锁是一种单向函数，因为一般而言你很难再打开它，可是一旦有钥匙，你又可以轻而易举地把这个函数倒转回原始状态了。

迪菲在1975年夏天发表他的构想大纲，很多科学家马上加入寻找适宜的单向函数的行列。一开始，大家都颇乐观，然而到了年底仍没有任何人找出适当的候选函数。也许，这种特殊的单向函数根本不存在。1976年年底，迪菲、黑尔曼和墨克这个三人小组在密码世界引发一场革命。他们说服了密码界相信，钥匙发送问题有解决方法，他们创造了迪菲－黑尔曼－墨克钥匙交换系统———一个可行但还不够完美的方法。他们也提出非对称密码法的概念——一个完美但还不可行的系统。他们在斯坦福大学继续他们的研究，努力寻找可以实现非对称密码法的特殊单向函数。不过在这方面，他们没有成功。赢得这场搜寻竞赛的是另一个三人研究小组，远在五千公里外的美国东岸。

最高质数秘密

"我走进隆·瑞维斯特(Ronald Rivest，昵称Ron)的办公室，"莱昂纳德·艾多曼(Leonard Adleman)回忆道，"隆手上正拿着那篇论文。他开始说道：'斯坦福这些家伙真的……'。我记得我当时的念头是：'听起来不错，隆。可是我有其他事要谈。'我对密码学的历史一点儿也没概念。他所讲的，我完全不感兴趣。"那篇使隆·瑞维斯特那么兴奋的论文是迪菲和黑尔曼所写的，谈的正是非对称密码法的概念。最后，瑞维斯特终于说服艾多曼，这个问题牵涉到很有趣的数学。于是，他们决定一起寻找符合非对称密码法条件的单向函数。后来，艾迪·薛米尔(Adi Shamir)也加入他们。他们三人都是麻省理工学院计算机科学实验室八楼的研究员。

瑞维斯特、薛米尔和艾多曼是绝妙的搭档。瑞维斯特是计算机科学家，对新构想有惊人的吸收力，而且常把它们应用在意想不到的地方。最新科学论文是他的必读物，他常常从中得到灵感，为非对称密码法想出一大堆怪异、奇妙的单向函数。可惜，每个候选函数都有一些漏洞。薛米尔也是计算机科学家，有闪电般的敏捷智能，可以看透外层杂乱的废屑，直视问题的核心。他也是不时冒出一些建构非对称密码法的点子，可惜他的点子也总是有缺陷。艾多曼是数学家，有惊人的精力、活力与耐心，他几乎专门负责挑出瑞维斯特和薛米尔的构想的缺点，以免他们在错误的方向浪费时间。瑞维斯特和薛米尔花了一年的时间不断提出新点子，艾多曼则花了一年的时间——否决它们。这个三人小组有些泄气了。然而，他们没意识到，这个持续失败的过程其实是这项研究必要的一部分，它渐渐地把他们从贫瘠的数学区域带到较丰饶的领域。他们的努力终将获得回报。

1977年4月，瑞维斯特、薛米尔和艾多曼在一位学生家里庆祝逾越节[①]，喝掉大量的曼尼酒(Manischewitz wine)后，半夜才各自回家。瑞维斯特睡不着，躺在睡椅上读一本数学教科书。他开始思索困扰了他好几个星期的问题——到底有没有可能编造出非对称密码法？到底可不可能找到一个只有特殊信息才能求出原值的单向函数？忽然之间，迷雾开始消散，灵机乍现。他当下提笔把他的构想形式化，在天亮前就写好一篇完整的科学论文了。这项突破诞生于瑞维斯特的脑袋，但孕育自他跟薛米尔与艾多曼这一年的合作，没有他们，不会有这项突破。因此，写好论文后，他依字母顺序列上作者的名字：艾多曼、瑞维斯特、薛米尔。

图65：瑞维斯特、薛米尔和艾多曼。

① 犹太人在犹太历一月十四日纪念其祖先脱离埃及压制，复归巴勒斯坦的节日。

第二天早上，瑞维斯特把论文交给艾多曼。艾多曼正准备一如往常地撕掉它，可是，这一次他没找出任何缺点，他唯一有意见的地方是作者的名字。"我叫隆拿掉我的名字，"艾多曼回忆道，"我告诉他这是他的发明，不是我的。可是隆拒绝。我们讨论一阵后，同意让我回家考虑一个晚上再说。第二天我回来，建议隆让我排名第三个。我想，这篇论文会是我参与过最有意思的论文。"艾多曼想的没错。这个被称为RSA(Rivest, Shamir, Adleman)而不是ARS的系统变成现代密码学中最强的密码。

探讨瑞维斯特的构想以前，容我再度简短重述科学家在寻找什么，以建立非对称密码法：

(1)爱丽丝必须造一把公开钥匙，并对外公开，以便鲍勃（乃至其他人）用它来加密写给她的信息。这把公开钥匙有单向函数的功效，因此几乎没有人能够逆向求出函数的原值，解译出给爱丽丝的信息。

(2)然而，爱丽丝自己必须能够解译她收到的信息。因此她必须持有一把私人钥匙，一项可以逆转公开钥匙效用的特别信息，爱丽丝（而且只有爱丽丝一人）才有办法解开任何传送给她的加密信息。

瑞维斯特的非对称密码法所根据的是一种如前所述的模函数类型的单向函数。瑞维斯特的单向函数可以用来加密信息——信息本身会被转化成一个数字，放进这个函数里，求出的函数值，亦即另一个数字，就是这个信息的密码文。我把瑞维斯特的单向函数的详细说明放在附录J。在这儿，我想解释的是系统中仅简单称为N的一样东西，它是这套密码最特别之处，因为是它使得这个单向函数在特殊条件下，可以逆向求出原值，因而极适合用于非对称密码法。

　　N之所以重要，是因为它在这个单向函数里是一个可变量，每个人都可以选用一个自己喜欢的N值，把这个单向函数个人化。要挑选自己的N值时，爱丽丝先挑出两个质数p和q，再取它们相乘的结果即得N值。所谓质数，就是只能被1和它自己整除的数。例如，7是质数，因为只有1和7可以整除它，而没有余数。同样地，13也是质数，因为只有1和13可以整除它。而8就不是质数了，因为它不仅可以被1和8整除，也可以被2和4整除。

　　假设爱丽丝所选用的质数是P=17,159、q=10,247，这两个数相乘就是17,159×10,247=175,828,273=N。爱丽丝所选的N值就是她将公开的加密钥匙；她可以把它印在名片上、放到互联网上，或跟其他人的N值一起列在公开钥匙名录上。鲍勃想传送加密信息给爱丽丝时，就先查得爱丽丝的N值(175,828,273)，把这个值套入也公开于世的非对称密码单向函数的通式里，就会得出以爱丽丝的公开钥匙定型的单向函数式，可称为爱丽丝的单向函数。要传秘密信息给爱丽丝时，他就把信息套入爱丽丝的单向函数，再把求出的结果寄送给爱丽丝。

　　这则加密信息非常安全，因为没有人能够解开它。信息是用单向函数加密的，所以要逆向求出这个单向函数的原值，解出原始信息，当然非常困难。问题是，爱丽丝要怎么解开这则信息呢？为了读取收到的加密信息，她必须逆向求出这个单向函数的原值。她必须持有能让她解译信息的特殊信息。瑞维斯特所设计的单向函数，就是利用那两个产生N值的质数P和q求出原值。尽管爱丽丝已经公告全世界，她的N值是175,828,273,她并没有透露P值和q值,因此只有知道这项特殊信息的她,才可以解开寄给她的信息。

我们可以把N想成公开钥匙——每个人都拿得到的信息，要加密信息给爱丽丝所需的信息。相对地，P和q则是私人钥匙——只有爱丽丝拿得到的信息，解译这些信息所需的信息。

附录J详细说明了P和q如何求出这个单向函数的原值。在这儿则有一个问题必须马上讨论。既然大家都知道N值，亦即公开钥匙，大家不也能推算出P和q的值，亦即私人钥匙，解译要给爱丽丝的信息？N毕竟是P和q的乘积罢了。事实却是，如果N够大的话，几乎没有人能从N推算出P和q，这正是RSA非对称密码法最漂亮、简洁的一面。

爱丽丝挑选P和q，以它们的乘积为N。这个过程本身就是一个单向函数了。我们且以9,419和1,933这两个质数来示范质数相乘的单向特质。拿个计算器，按几下，这两个质数的乘积不消几秒钟就出来了：18,206,927。然而，反过来，如果人家给我们18,206,927这个数，要我们求出它的质因数（亦即乘积是18,206,927的两个数），可就没这么快了。如果你对寻找质因数的困难度有所怀疑，不妨试试下面这个数：1,709,023。求出这个数值只花了我十秒钟，可是要反向求出它的质因数，势必会让你和计算器忙一整个下午。

RSA这套非对称密码系统，被称为公开钥匙加密系统。要知道RSA有多安全，我们且以伊芙的角度来检视这套系统，尝试破解爱丽丝写给鲍勃的信息。开始加密给鲍勃的信息以前，爱丽丝必须先查看鲍勃的公开钥匙。鲍勃选了两个质数p_B和q_B，这两数相乘就得出N_B。他不让任何人知道p_B和q_B，因为这两个数字是他的私人钥匙，但他公开了N_B：408,508,091。爱丽丝就把N_B套进这个单向加密函数的通式，再加密要给他的信息。鲍勃收到这则加密信息时，就用p_B和q_B，也就是他的私人钥匙，求出这个函数的原值，解译出信息。在这同时，伊芙半路拦截到这则信息。要解译这则信息，就必须求出这个单向函数的原值，所以她也必须知道：p_B 和 q_B 是什么。p_B 和 q_B 是鲍勃的秘密，可是伊芙跟其他人一样，知道 N_B 是 408,508,091。伊芙就开始尝试推算出 p_B 和 q_B 的值，也就是要解出 408,508,091 是哪两个数的乘积，这个过程叫作因数分解。

因数分解是非常费时的工作。那么伊芙到底得花多久的时间才能分解出 408,508,091 的因数呢？分解 N_B 的因数有很多种方法。尽管有些方法比其他方法快一些，基本上它们都是一一检查每个质数，看它能不能整除 N_B。例如，3 是质数，可是它并不是 408,508,091 的因数，因为它不能整除 408,508,091。所以，伊芙改试下一个质数 5。同样地，5 不是 N_B 的因数。伊芙就继续试下一个质数……。最后，她来到 18,313 这个数字——第两千个质数——它是 408,508,091 的因数。一旦找出一个质因数，另一个也会随之现身：22,307。如果伊芙有计算器，每分钟可以检查四个质数，500 分钟，亦即八个多小时，就可以找出 p_B 和 q_B。换句话说，伊芙可以在一天之内解出鲍勃的私人钥匙，在一天之内就解译出她拦截到的信息。

这样的安全度并不高。可是，鲍勃可以选用非常大的质数，提高他的私人钥匙安全度。例如，他可以选用大到 10^{65} 的质数（10^{65} 也就是 1 后面跟着 65 个零，相当于十万兆兆兆兆兆大的数字）。这样的两个质数的乘积可得出约为 130 位数的 N_B 值，因为 $10^{65} \times 10^{65} = 10^{130}$。计算机只花一秒钟的时间就可计算出 N，可是想逆向求出 p_B 和 q_B 的伊芙可没办法这么快。到底得花多久的时间，则视伊芙的计算机速度而定。计算机安全专家辛森·葛芬科(Simson Garfinkel)估计，一台 100MHz Intel Pentium，备有 8　MB 内存的计算机，大约需要 50 年的时间才能分解出 130 位数数字的质因数。密码专家都有一点儿偏执狂的倾向，总会设想出最糟的情境，像是全世界合作起来破解他们的密码之类的。所以，葛芬科已经考虑到，假使有一亿台个人计算机（这是 1995 年的个人计算机销售量）联合起来会怎样？答案是，15 秒内就可以分解出 130 位数数字的质因数。因此，大家都赞同，为了确保安全，必须使用更大的质数。用在重要的银行业务时，N 通常至少要有 308 位数，等于比 130 位数大了一百亿兆兆兆兆兆兆兆兆兆兆兆兆兆倍。一亿台个人计算机联合起来，需要 1000 年的时间，才能破解这种密码。p 和 q 值够大时，RSA 是攻不破的。

　　RSA 公开钥匙加密系统安全性的唯一警讯是，未来可能有人会找出分解 N 因数的捷径。十年后，或甚至是明天，可能有人会发现一种快速分解因数的方法，届时 RSA 就一点儿也不安全了。不过，分解因数的捷径，数学家已经找了两千多年，一直没有成功，分解因数仍是非常费时的计算工作。大多数的数学家相信，分解因数原本就是一个困难的工作，可能有某个数学法则使得捷径不可能存在。如果他们是对的，RSA 在可预见的未来仍是安全的。

　　RSA 公开钥匙加密系统的最大优点是，它排除了一直伴随着传统密码法与钥匙交换的问题。爱丽丝再也不用担心如何才能安全地递送钥匙给鲍勃，不用担心伊芙会拦截钥匙。事实上，爱丽丝一点儿也不在意谁会看到她的公开钥匙——愈多愈好，反正公开钥匙只能用来加密，不能解密。唯一不能泄露出去的是解密用的私人钥匙，而爱丽丝可以永远把它随身带着。

　　1977 年 8 月，马丁·加德纳（Martin Gardner）为他《科学美国人》

(*Scientific American*) 杂志的"数学游戏"专栏写了一篇文章,标题为"数百万年才解得开的新式密码",揭示了RSA系统。解释完公开钥匙加密系统的作业方式后,加德纳对读者提出一项挑战。他刊出一个密码文,以及它的加密公开钥匙:

N = 114,381,625,757,888,867,669,235,779,976,146,612,010,218,2
96,721,242,362,562,561,842,935,706,935,245,733,897,830,597,123,56
3 ,958,705,058,989,075,147, 599,290,026,879,543,541.

这项挑战就是解出N的质因数p和q,再用这两个数字解译这则信息。奖金是100美元。卡德纳的专栏空间不容许他详细说明RSA,他建议读者写信到麻省理工学院计算机科学实验室,索取一份他们刚准备好的技术要点简介。瑞维斯特、薛米尔和艾多曼被三千多封索取函给吓到了。不过,他们没有马上回复,因为他们担心,大肆公开他们的构想可能会妨碍到他们的专利申请。专利问题终于解决后,这个三人小组开了一个庆祝会,与会的教授和学生一边吃披萨、喝啤酒,一边把技术要点简介塞进信封里,准备寄给《科学美国人》的读者。

至于加德纳的挑战,他的密码在17年后被破解。1994年4月26日,一个由600位自告奋勇的人士所组成的团体宣布,N的因数是:

q=3,490,529,510,847,650,949,147,849,619,903,898,133,417,764,6
38,493,387,843,990,820,577

p=32,769,132,993,266,709,549,961,988,190,834,461,413,177,642,

96 7,992,942,539,798,288,533.

以这两个数字为私人钥匙，他们就解出信息了。那则信息是一串文字，转换回文字后，内容是："the magic words are squeamish ossifrage"。600个人分摊了这项分解因数的工作，这些志愿者分别住在澳大利亚、英国、美国和委内瑞拉。他们利用闲余时间在他们的工作站、计算机主机和超级计算机，分别解决一部分的问题，几乎可说是把来自世界各地的计算机联合成一个网络，同时作业，以克服加德纳的挑战。有些读者，虽然注意到这是大规模同步的努力结果，可能仍觉得很惊讶，RSA 的密码竟这么快就被破解了。值得注意的是，加德纳的挑战用了一个相当小的 N 值，只有129位数。今日的 RSA 使用者都会选用一个比这个大得多的数值，以确保重要信息的安全。事实上，RSA 现在的使用惯例是，公开钥匙的 N 值必须大到全球计算机联合起来都需要比宇宙寿命还长的时间才能破解。

公开钥匙加密系统故事另一章

过去二十多年来，迪菲、黑尔曼和墨克一直以发明公开钥匙加密系统概念的密码学家闻名于世，瑞维斯特、薛米尔和艾多曼则以研发 RSA 系统——公开钥匙加密概念最漂亮的实际应用系统——受到赞扬。然而，最近的一项宣告却显示，这段历史必须重新改写。根据英国政府的公告，位于查腾翰、前身是布莱切利园的最高机密组织政府通讯总部(GCHQ)首先发明了公开钥匙加密系统。这是一段有关卓越的原创力与无名英雄的故事，被政府隐瞒了二十多年。

这段故事始于20世纪60年代末期，英国军方开始担忧钥匙发送的问题。高阶军官展望20世纪70年代时，预期无线电设备的小型化与成本的缩减，将使每个士兵都能利用无线电设备持续跟他的长官保持联系。通讯网广布的优点当然很多，可是这些通讯势必得加密，钥匙发送问题也就会更加困难，甚至可能无法克服。在那个时代，只有对称式的加密系统，所以每只钥匙都得秘密传送给通讯网的每名成员。最后，钥匙发送的负担很可能遏阻通讯网的扩张。在1969年初，军方要求詹姆斯·艾利斯(James Ellis)，英国最重要的一位政府密码学家，寻找发送钥匙的方法。

艾利斯是一位求知欲很强、有一点儿反常的怪人。他很自豪地宣称，在出生以前，他就环游世界半周了——他母亲在英国怀了他，却在澳大利亚生下他。然后，还是婴儿时，他回到伦敦，20世纪20年代就在东区长大的。在学校他的主要兴趣是科学，到了帝国学院(Imperial College)他攻读物理，随后加入了位于达里斯丘的邮政研究站，汤米·弗洛尔兹就是在这儿造出第一台破解密码的计算机"巨像"。达里斯丘的密码研究部门后来被收编到GCHQ里，所以在1965年4月1日，艾利斯搬到查腾翰，加入GCHQ新成立的通讯电子安全组(Communications-Electronics Security Group, 简称CESG)，一个专门负责英国通讯安全的特别部门。既牵涉到国家安全问题，艾利斯宣誓保守他的职业秘密。他的妻子与家属知道他在GCHQ工作，对他的成就却毫不知情，不晓得他是英国最杰出的解码专家之一。

虽有熟练的密码破解技巧，艾利斯从未受派负责任何重要的GCHQ研究小组。他才气焕发，但也是不按牌理出牌、很内向、不怎么能协同作业的人。他的同事理查德·沃顿(Richard Walton)回忆道：

> 他的工作态度相当任性，他并不适合GCHQ的日常业务。可是，讲到新点子的构思，他却相当优异。有时候你得剔掉一些馊主意，但他真的很有原创力，而且非常愿意挑战正统学说。如果GCHQ的人全都像他，我们的麻烦就大了。不过跟大部分的组织比起来，我们算是蛮能忍受这一类人物的。我们这儿有一堆像他一样的人。

艾利斯最显著的特质之一是他吸取知识的能力。任何他拿得到的科学期刊，他都会读过一遍，而且从不丢弃。为了安全理由，GCHQ的职员每天晚上必须清理他们的办公桌，每样东西都要锁进柜子里。艾利斯的柜子就塞满了你想得出来的最晦涩的刊物。他得到"密码宗师"(cryptoguru)的名号，其他研究员碰到无法解决的问题时，都会来敲他的门，希望他惊人的知识与原创力能提供解答。也许就是这个名号使得军方决定请他检视钥匙发送问题。

发送钥匙的成本已经非常高，甚至可能变成扩张密码应用范围的阻碍因素。只要降低10%的钥匙发送成本，就能大幅节省军方的安全预算了。然而，艾利斯的反应，不是慢慢细嚼这个问题，而是马上开始寻找革命性的、彻底的解决方法。"他探究问题时，总爱问：'这真的是我们想做的吗？'"沃顿说道，"詹姆斯就是詹姆斯，他最先的反应之一，就是挑战分享秘密数据，我是指钥匙的必要性。没有任何定理说，你一定得有一个共同的秘密。所以这一点是可以挑战的。"

图66: 詹姆斯·艾利斯

　　艾利斯对付这个问题的头一步是: 钻进他堆满科学论文的宝库。多年后, 他记录下他如何发现钥匙的发送并非密码系统不可或缺的元素:

　　　　改变这个观点的是贝尔电话公司在战争时期的一份报道。某位不知名的作者叙述一个独创的安全通话构想。这个构想是叫收信人在电话在线加入噪音, 以遮掩发信人所说的话。事后他可以消除这些噪音, 因为这些噪音是他加上去的, 他可以分辨得出来。这个方法有明显的实际应用缺点，而未被采用，可是它有一些很有意思的特点。这个方法和传统加密系统的差别是，前者的接收方参与了加密的过程……。这个构想就诞生了。

在此，噪音是一个技术性名词，指的是任何侵扰通讯的讯号。噪音通常是自然产生的，而它最扰人的特质是它完全没有规律性，要从一则信息除掉噪音也就因此非常困难。设计良好的无线电系统噪音度会非常低，信息也就会很清晰，如果噪音度很高，它会淹没信息，而且这些信息无法复原。艾利斯想象：收信人爱丽丝刻意制造一些噪音，仔细测量过后，再加入她与鲍勃的通讯频道。这时，鲍勃送信息给爱丽丝时，不用担心伊芙偷搭这条通讯频道，因为这些噪音会淹没这则信息，伊芙根本没有办法阅读。伊芙也没有办法分离这些噪音和信息。唯一能除去这些噪音、阅读这则信息的是爱丽丝，因为只有她知道这些噪音的确切性质，毕竟一开始就是她放进这些噪音的。艾利斯意识到，这样的方法不需要交换任何钥匙就可以达到安全通讯的目的。噪音就是钥匙，而且只有爱丽丝需要知道这些噪音的细节。

在他的备忘录里，艾利斯详述了他的思考过程："下一个问题自然是：这可以用于一般的加密形式吗？我们可以造出一则安全的加密信息，让原收信人在没有事先秘密交换钥匙的情况下仍可以阅读吗？有一个晚上，我开始真正思考这个问题。几分钟后，它理论上可行的证据就出来了。我们有一个存在定理。无法想象的事，其实是可能的。"（存在定理只显示特定的概念是可能的，但不关涉概念的细节。）换句话说，在这之前，寻找钥匙发送问题的解决方法，犹如在稻草堆中寻针，而且那根针有可能根本不在草堆。现在，这个存在定理让艾利斯知道，那根针的确在里面的某个地方。

艾利斯的想法跟迪非、黑尔曼和墨克的非常相似，唯一的差异是，他比他们早了几年。可是，没有人知道艾利斯的研究，因为他是英国政府的职员，宣誓守密。1969年年底，艾利斯遇到了日后斯坦福三人小组在1975年抵达的困境。他已经向自己证明公开钥匙加密法（刚开始，他把它称为非秘密加密法）是可行的，并发展出公开钥匙和私人钥匙的概念了。他也知道他需要一个特别的单向函数，一个只有握有特殊信息的收信人才能求出原值的函数。可惜，艾利斯不是数学家。他实验过几个数学函数，可是他很快就意识到，光靠他自己一个人不会有所进展。

在这种情况下，艾利斯跟他的上司透露他的突破。他们的反应至今仍列为机密文件，不过在某次访谈中，理查德·沃顿同意简述记载在许多备忘录里的交换意见。他把公文包放在膝上，用公事包的盖子遮住稿子不让我看见，轻轻翻过那些文件：

> 我不能让你看这些文件，因为它们仍盖满调皮的字眼，如"最高机密"之类的。要点是，詹姆斯的构想传到了顶头上司那儿，他以顶头上司固有的方式把它寄送出去，让专家们瞧一瞧。他们表示詹姆斯所说的千真万确。换句话说，他们不能说他是怪胎、不理他。可是他们又想不出任何实际应用他的构想的法子。所以，他们既对詹姆斯的发明才能印象深刻，但又不确定该如何利用它。

接下来的三年，GCHQ的顶尖头脑努力寻找可以满足艾利斯要求的单向函数，却没有任何斩获。然后在1973年9月，一位新的数学家加入这个小组。克里佛·考克斯(Clifford Cocks)刚从剑桥大学毕业，他主攻数论，是最纯粹的数学领域之一。他加入GCHQ时，对密码学以及军事与外交通讯的隐晦世界没多少概念，因此他们指派尼克·帕特森(Nick Patterson)辅导他，在他进入GCHQ的头几个星期给他一些指引。

大约六个星期后，帕特森跟他讲起那个"实在很古怪的点子"。他简介了艾利斯的公开钥匙加密系统理论，并解释说还没有人找出完全符合条件的数学函数。帕特森告诉考克斯这一些，是因为它是这儿最逗人的密码应用点子，并没期待他会尝试解决它。然而，考克斯后来解释道，那天他坐下来工作时，"没有什么特别的事。我就想，我不如来思索一下这个点子。我的研究领域一直是数论，自然会想到单向函数，只能演算出来，不能推算回去的东西。质数和分解因数是理所当然的候选人，于是就成了我的起点。"考克斯开始写出后来被称为RSA非对称密码法的公式。瑞维斯特、薛米尔和艾多曼在1977年发现他们用作公开钥匙加密系统的公式，可是这位年轻的剑桥毕业生比他们早四年经历同样的思索过程。考克斯回忆道："从开始到完成，只花了我半小时的时间。我对自己相当满意。我想：'嗯，不错哦。人家给我一个问题，我把它解决了。'"

考克斯有些低估他的发现的重要性。他不知道GCHQ的顶尖头脑已经跟这个问题奋战三年了，不晓得自己的成就是20世纪最重要的密码学突破之一。考克斯的天真或许是他成功的部分缘由；他信心十足地直攻这个问题，不是怯然地刺戳它。考克斯告诉帕特森他的发现，帕特森随即转告上司。考克斯跟大家不太一样，他还是个新手，帕特森则非常清楚这个问题的意义，较能处理它后继的技术性问题。很快就有一群完全陌

生的人物过来向考克斯这个神童道贺。其中一位陌生人是詹姆斯·艾利斯，
渴望认识这位使他的梦想成真的先生。考克斯还未了解他的成就有多惊
人，因而对这次的会面没有多大印象，过了二十多年，如今他已回想不
起艾利斯当时的反应了。

图67：克里佛·考克斯

考克斯终于了解那项发现的意义时，他想到，名列20世纪前半叶最
伟大的英国数学家哈迪很可能会为他的发现极度失望。哈迪在1940年写
了一本书《数学家的告白》，很自豪地说道："真正的数学跟战争没有任何
关系。还没有人发现数论有任何战争用途。"他所谓真正的数学指的是纯
数学，例如数论，也就是考克斯的研究重心。考克斯证明哈迪错了。现在，

数论的复杂性也可以用来协助军事将领秘密地规划他们的战役。正由于他的研究跟军方通讯有关联，考克斯跟艾利斯一样，不准对 GCHQ 以外的人透露他的工作。在最高机密政府机构工作，意味着他不能跟他的父母或是剑桥大学的老同事谈论他的发现。他只能告诉他的妻子吉尔(Gill)，因为她也任职于 GCHQ。

考克斯的构想虽是 GCHQ 最有应用潜力的秘密之一，却是生不逢时。考克斯发现了可以建立公开钥匙加密系统的数学函数，当时的状况却很难实施这套系统。公开钥匙加密系统所需要的电脑功能，跟对称式密码法如 DES 相较，高很多。在 20 世纪 70 年代初期，计算机还相当初级，无法在合理的时间内执行完公开钥匙加密的程序。因此，GCHQ 无法开发公开钥匙加密系统。考克斯和艾利斯证实了这个看似不可能的构想是可能的，却没有人能使这个可能的构想变成实际可行。

在第二年初，1974 年，考克斯跟新近加入 GCHQ 的密码学家马尔科姆·威廉森(Malcolm Williamson)说明他的公开钥匙加密系统。他们是老朋友。他们都是曼彻斯特大学预科学校的学生，该校校训是 Sapere aude "勇于成为智者"。1968 年，还在学校时，他们俩代表英国前往苏联参加数学奥林匹克竞赛。一起上剑桥大学后，他们走了不同的路，如今却在 GCHQ 重聚。从 17 岁开始，他们就常交换一些数学想法，考克斯的公开钥匙加密系统构想却是威廉森所听过最令人震惊的想法。"克里佛跟我解释他的构想时，"威廉森回忆道，"我真的不相信。我非常怀疑，因为这实在太奇异了。"

结束谈话后，威廉森开始尝试证明考克斯犯了错，想要证明公开钥匙加密系统并不存在。他试验那道公式，寻找藏匿在底下的漏洞。威廉森觉得，公开钥匙加密系统听起来太好，好得不可能成真，他一心一意要找出错误，于是把这个问题带回家。GCHQ的员工不该把工作带回家的，因为他们的每件工作都是机密，而住家环境有可能会被间谍渗透。可是这个问题深陷在威廉森的脑袋里，他没有办法不去想它，所以他违反命令，把它带回家去了。他花了5个小时，尝试找出缺陷。"我没有达到目的，"威廉森说，"反倒想出另一个解决钥匙发送问题的方法。"威廉森也想出了迪菲－黑尔曼－墨克钥匙交换法，大约是跟马丁·黑尔曼同时候发现的。威廉森最初的想法反映了他爱嘲讽的性情："我告诉自己，这看起来很棒，不知道能不能在这一个想法找出漏洞。我想，我那天的心情大概是看什么都不顺眼。"

图68：马尔科姆·威廉森

1975年，詹姆斯·艾利斯、克利佛·考克斯和马尔科姆·威廉森建立了公开钥匙加密系统的所有基础，却都必须保持沉默。这三位英国人必须坐视自己的发现被迪菲、黑尔曼、墨克、瑞维斯特、薛米尔和艾多曼在接下来那三年陆续发现。说起来也很奇妙，GCHQ先发现了RSA，再发现迪菲－黑尔曼－墨克钥匙交换法，在外界则是迪菲－黑尔曼－墨克钥匙交换法先诞生。科学刊物报道了斯坦福和麻省理工学院所做的突破，这些可以在科学期刊发表成果的研究员在密码学界变得非常有名。透过搜索引擎你可以在互联网找到15页提到克利佛·考克斯的网页，提到卫德费·迪菲的却有1,382页。考克斯的态度非常内敛："想公开获得赞扬，就不会来做这份工作。"威廉森显得同样冷静："我的反应是'好的，人生就是如此。'基本上，我还是继续过我的生活罢了。"

唯一叫威廉森觉得可惜的是GCHQ没有申请公开钥匙加密系统的专利。考克斯和威廉森研发出他们的突破时，GCHQ认为申请专利是不可能的，因为专利的申请牵涉到研究细节的揭露，有违GCHQ的宗旨。再来，在20世纪70年代初，数学演算式能否列为专利还是个问题。然而1976年，迪菲和黑尔曼尝试申请专利时，数学演算式显然可以列为专利了。这时候，威廉森很想公开他的研究，阻止迪菲和黑尔曼的申请，可是他的长官不准他这么做。他们的眼光不够远，未能预见数字革命和公开钥匙加密系统的潜力。1980年初，计算机的发展以及刚萌芽的互联网显示，RSA和迪菲－黑尔曼－墨克钥匙交换系统有惊人的商机，威廉森的上司不禁开始为他们的决定后悔。1996年，负责销售RSA产品的RSA数据安全公司(RSA Data Security Inc.)被其他公司以两亿美金的价格买下。

　　GCHQ的研究工作虽是机密，有一个组织却知道英国所做的突破。在1980年初，美国的NSA知道艾利斯、考克斯和威廉森的研究成果。卫德费·迪菲可能就是透过NSA听到英国这些发明的传闻。1982年9月，迪菲决定探究这个传闻的真相。他和他妻子前往查腾翰，想跟艾利斯当面谈一谈。他们在当地的酒吧碰面。艾利斯突出的性格很快就令玛丽大为赞仰：

　　　　我们围坐在一起聊着聊着，我忽然意识到这是一位你想象得到最美妙的人。关于他的数学知识深广，我是没有评论的资格，但他是一位真正的绅士，谦虚至极，一位气度宽宏、非常有教养的人。我说很有教养，不是指那种老派、陈腐的作风。这位先生是一位真正的"骑士"。他是个好人，真正的好人。他是一位温柔和善的人。

图69：威廉森（左起2）及考克斯（最右）参加1968年的奥林匹克数学竞赛。

迪菲和艾利斯什么都聊，从考古学一直到木桶里的老鼠如何改进苹果汁的味道，可是每当他们的对话慢慢漂向密码学时，艾利斯就会和缓地改变话题。就在迪菲必须结束这趟拜访，准备离开时，他再也忍不住而直接对艾利斯提出藏在他心里的问题："告诉我，你们是怎么发明公开钥匙加密系统的？"踌躇很久后，艾利斯低声说道："呃，我不知道我能谈多少。且允许我这么说吧，在这方面你们做的比我们多多了。"

尽管公开钥匙加密系统是 GCHQ 先行发明的，我们不该因此贬低那些稍后发明出同一套系统的学术界人士的成就。最先察觉公开钥匙加密系统潜力的，是这些学术界人士，这套系统的实际应用是他们促成的。此外，GCHQ 很可能永远不会公开他们的研究成果，因而封锁了一套使数字革命得以完全发挥其潜力的加密形式。再者，这些学术界人士的发明跟 GCHQ 的发明完全没有关联，他们所展现的智慧是同等的。学术界跟最高机密研究领域完全绝缘，他们不得利用藏在机密世界里的工具和知识。政府的研究员却能随时阅读学术界的文献。这样的信息流向也可以视为单向函数——信息可以顺畅地单向流通，反向传送信息则有阻碍。

迪菲把艾利斯、考克斯和威廉森的事告诉黑尔曼时，他的想法是，学术界的这些发现应该列为机密研究历史的脚注，GCHQ 的发现则应列为学术研究历史的脚注。然而，在这个时候，除了 GCHQ、NSA、迪菲和黑尔曼外，没有人知道这项列为机密的研究成果。提都不能提了，遑论将它列为脚注。

到了 20 世纪 80 年代中期，GCHQ 的态度开始转变，管理阶层开始考虑公告艾利斯、考克和威廉森的研究。公开钥匙加密系统所使用的数学公式已经是公之于世的普遍知识，他们也看不太出来还有什么理由再对这件事那么神秘兮兮的。事实上，公开他们在公开钥匙加密系统的创始成果，反而对他们自己较好。理查德·沃顿回忆道：

1984年，供出所有实情的念头已经在我们脑子里好一阵子了。我们看出GCHQ被公开赞扬的好处。政府的安全技术市场正开始扩张它的客户圈，开始接触非军方与外交界的客户，我们必须赢取那些以往没有跟我们打过交道的客户的信心。我们处在撒切尔主义(Thatcherism)当中，我们正设法阻遏某种"坏政府，好人民"的思潮。我们打算发表论文时，那个写《猎捕间谍》(Spy catcher)的讨厌鬼彼得·莱特(Peter Wright)突袭击溃了这个念头。我们正在游说上面的管理阶层核准发表时，《猎捕间谍》引起一阵大惊小怪的骚动。结果，当天的命令是"头低下来，帽子戴上。"

彼得·莱特是退休的英国情报军官，他的回忆录《猎捕间谍》，让英国政府困窘不已。又过了13年后，GCHQ才公开实情——距艾利斯最初的突破28年了。1997年，克里佛·考克斯完成了一些有关RSA、未被列为机密的重要研究，外界势必对这项研究成果很有兴趣，而公开它也不至于有什么安全风险。因此，他接受邀请前往数学研究院以及它在赛伦塞斯特(Cirencester)举行的应用研讨会发表他的论文。届时，听众席势必会坐满密码学专家，其中几位一定知道，将对RSA系统其中某个层面发表演说的考克斯其实是这整套系统尚未被赞颂的发明人，而可能会有人提出令他尴尬的问题，像是"你有发明RSA吗？"这类问题出现时，考克斯该怎么回答？依照GCHQ固有的政策，他必须否认他在RSA的发展过程中所扮演的角色，等于要他为一个完全无害的问题撒谎。GCHQ 也意识到这会显得很荒谬，于是决定改变政策。考克斯获准在开始演讲前，先简短介绍 GCHQ 对公开钥匙加密系统的贡献。

1997 年 12 月 18 日，考克斯发表他的演说。守密了将近 30 年后，艾利斯、考克斯和威廉森终于获得他们应得的赞赏。可叹的是，詹姆斯·艾利斯在 1997 年 11 月 25 日早了一个月去世，享年 73 岁。艾利斯也进了那些在有生之年未能公开他们的贡献接受赞扬的英国密码专家名单。查尔斯·巴贝奇破解维吉尼亚密码的成就未能在有生之年公开，因为这项突破对参加克里米亚战争的英国军队而言非常珍贵。结果，弗德烈·卡西斯基赢得这项突破的荣誉。同样地，阿兰·图灵对第二次世界大战的贡献也是无可比拟的，政府的保密政策却不允许他这些破解"奇谜"的工作曝光。

1987，艾利斯写了一份列为机密的文件，记录了他对公开钥匙加密系统的贡献。对于常环绕着密码研究工作的保密主义，他也略述了他的感想：

　　密码学是一门最不寻常的科学。大多数的专业科学家都争相发表他们的研究成果，因为透过传播宣扬，这些成果才有实际价值。相反地，密码学界尽量让潜在对手对它几乎一无所知，研究成果才能得到它最高的应用价值。因此，专业的密码学家通常都在一个密闭的圈子里工作，一方面有足够的专业交互作用来确保质量，另一方面对外保密。通常只有为了确保历史纪录的正确性，而且继续保守秘密实在没有任何利益后，这些秘密才会被揭开。

第 7 章

极佳隐私

如迪菲在20世纪70年代早期所预料的，我们跨入了信息时代，一个后工业时代——信息成为最有价值的商品。数字信息的交换成为我们社会不可或缺的一部分。每天都有数千万的电子邮件传来送去，电子邮件很快将比传统邮件普遍。仍在襁褓时期的互联网已经提供了数字市场的基础架构，电子商务正在兴盛中。货币开始流经网络空间，每天估计有半数的全球国内生产总值透过"国际财务远传协会"的网络(Society of Worldwide International Financial Telecommunication,简称SWIFT)流通。未来，实行公民投票的民主国家将开始实施在线投票，政府将利用互联网治理国家，提供在线报税等便利措施。

信息时代的发展趋势跟我们能否保护流通世界的信息息息相关，而这又取决于密码的力量。加密等于提供了信息时代的锁与钥匙。在过去的两千年，加密只在政府和军事之间扮演了非常重要的角色，今日它也成为商界处理业务的利器了，明日一般民众也将会依赖密码来保护他们的隐私。幸好，信息时代刚起步时，我们就有超强的加密系统可以使用。公开钥匙加密系统的发展，尤其是RSA密码法，让今日的编码者在他们和译码者持续的争战中，占了明显的优势。N值够大时，伊芙得花无法想象的时间才能找出p和q值，因此RSA几乎是无法破解的。而且最重要的是，公开钥匙加密系统不会被钥匙发送问题削弱力量。简而言之，RSA为我们最重要的信息提供了几乎无法破坏的锁。

　　然而，就如所有技术一样，加密技术也有负面的影响力。好的加密系统不仅保护守法公民的通讯，也保护了歹徒和恐怖分子的通讯。目前警察仍使用拦截信息的方法，搜集重大案例的证据。然而歹徒若使用无法破解的密码，这一招就无效了。我们进入21世纪后，密码学的主要难题是，如何让公众和商业人士透过加密系统享受信息时代的益处，但又不让歹徒借以规避法律的制裁。关于今后的走向，目前正有着非常激烈的辩论，而这些讨论有很多是菲尔·齐玛曼(Phil Zimmerman)的故事引发出来的。齐玛曼尝试推广安全加密系统的使用，这会威胁到NSA数十亿经费所建立出来的功效，遂使得美国政府的安全专家非常惊惶，并让他自己成为美国联邦调查局(FBI)盘问、大陪审团调查的对象。

图70：菲尔·齐玛曼

20世纪70年代中期，菲尔·齐玛曼在佛罗里达大西洋大学(Atlantic University)研习物理和计算机科学。毕业后，他大可在蓬勃成长的计算机业界发展事业，20世纪80年代早期的政治事件却改变了他的一生。他对芯片技术不再那么有兴趣，反而愈来愈担忧核战争的威胁。苏联进军阿富汗，罗纳德·里根(Ronald Reagon)当选总统，年迈的勃列日涅夫所引发的动荡，以及冷战愈来愈紧张的趋势，使他非常不安。他甚至考虑带着他的家属迁到新西兰去，因为他相信那里是地球经历核冲突后少数还能居住的地方。然而，就在他拿到护照和必要的移民证件后，他和他的妻子参加了一场"冻结核武器运动"(Nuclear Weapons Freeze Campaign)人士所举行的会议。结果，他们没有逃，他们决定留下来作战，甚至成为站在最前线的反核行动分子。他们教育有意从政的候选人军事政策的课题，跟卡尔·萨根(Carl Sagan①)等四百多名抗议者在内华达核试验场示威被捕。

几年后，1988年，戈尔巴乔夫成为苏联的领导人，实施名为"重建"(perestroika)和"开放"(glasnost)的政经改革，减缓了东西阵营的紧张状态。齐玛曼的恐惧开始平息，但他仍旧奉行政治行动主义，只是换了个方向。他的焦点转向数字革命和加密的必要性：

　　密码学一向是隐身幕后的科学，跟日常生活没什么关联。在历史上，它一直在军事和外交通讯中扮演了特殊的角色。可是在信息时代，密码学牵涉到政治权力，牵涉到特别是政府和人民之间的权

---

① 卡尔·萨根是美国非常著名的天文学家，对太空研究有显著的贡献，也是多产的科学作家。他的电视影集《宇宙》及同名书籍是全球流传最广的天文学教材。

力关系。它关系到隐私权、言论自由、政治结社自由、新闻自由、免于不合理的搜查与围捕的自由，不受干扰的自由。

这些观点听起来或像是偏执狂的言论，可是齐玛曼认为，传统通讯和数字通讯有一个根本性的差异，这项差异对安全有非常重大的影响：

> 以往，政府若想侵犯一般公民的隐私，它必须费很多工夫去拦截、用蒸汽开启、阅读纸张信件，或是窃听并可能抄录电话上的对话。这就像用鱼钩和线来钓鱼一样，一次钓一尾。所幸对自由和民主而言，这种需要密集劳力的监视法无法大规模地实施。今日，电子邮件正逐渐取代传统纸张信件，它很快就会变成大家写信的标准模式，不再是什么新奇的事。电子邮件跟纸张信件不一样，很容易拦截，扫描有兴趣的关键词。这种工作非常简易，可以变成自动化且大规模的例行作业。这就像用流刺网捕鱼一样——不管是质或量，都更近似侵蚀民主体制的奥威尔式监控[1]。

下面的例子可以说明一般信件与数字信件的差异。假设爱丽丝想寄发邀请函给朋友，请他们参加她的生日宴会，而不在邀请名单之列的伊芙则想知道这个宴会的时间与地点。爱丽丝若用传统方法寄信，伊芙很

---

[1] 英国作家乔治·奥威尔(George Orwell)本名埃里克·布莱尔(Eric Arthur Blair)，他于1949年问世的小说《1984》描述政府如何利用科技监控人民的言行举止乃至思想。故事一开始就描述了一张无所不在的海报，不管你走到哪儿，都会觉得海报上的人在盯着你；海报的标题即是"Big Brother Is Watching You"(老大哥正看着你)。老大哥即是此故事的独裁政权领袖。骇人的是，先进的科技让老大哥得以真正无所不在地监控每个人的一举一动、一言一行。

难拦截任何一封邀请函。第一个问题是，伊芙不知道爱丽丝的邀请函会从哪里进入邮政系统，爱丽丝可以把信投到城里的任何一个邮筒。她唯一的希望是，找出爱丽丝其中一位朋友的住址，再潜入当地的邮件拣选室，一一动手检视每封信件。果真找到爱丽丝寄出的信，她还必须用蒸汽开启它，阅读她想要的信息，再使它回复原有的状态，以免收信人起疑。

相较之下，爱丽丝若利用电子邮件系统传送她的邀请函，伊芙的工作会轻松多了。这些信息离开爱丽丝的计算机后，会到一个区域服务器，一个进入互联网的大门。伊芙够精明的话，不用迈出家门就可潜入这个区域服务器。这些信息都载有爱丽丝的电子邮件地址，而电子筛检含有爱丽丝电子邮件地址的信件是易如反掌的小事。找出邀请函后，也不用费事开启信封，就可以阅读了。而且她可让邀请函重新上路，不致留下任何拦截的痕迹。爱丽丝不会知道发生了什么事。只有一个办法可以预防伊芙偷读她的电子邮件，那就是：加密。

每天有上亿的电子邮件在世界各地传送，它们都很容易拦截。数字科技不仅使我们的通讯更加便利，也使我们的通讯更容易被监控。齐玛曼认为，密码学家有义务鼓励大众使用密码来保护个人的隐私：

　　未来的政府将继承一套最便于监视的科技基础设施，它们可以用来监视政治反对团体的行动、每一笔商务交易、每一则通讯、每一封电子邮件、每一通电话。什么都可以过滤、扫描，再透过语音识别科技自动辨认并誊写下来。现在是密码学从间谍与军事阴影走出来，走到阳光底下，接受我们一般民众拥抱的时候了。

理论上，1977 年发明的 RSA 就已提供了应付"老大哥"(Big Brother) 情境的对策，因为每个人都可以编造自己的公开钥匙与私人钥匙，绝对安全地收发信息。实际执行上却有困难，因为 RSA 加密程序，比起如 DES 的对称式加密法，需要非常强的运算能力。在 20 世纪 80 年代，只有政府、军方和大型企业才会有效能够强的计算机来执行 RSA。企图从 RSA 系统营利的 RSA 数据安全公司只瞄准这些市场来发展他们的加密产品，也就不足为奇了。

相对地，齐玛曼认为每个人都有权享受 RSA 所提供的隐私。他把原来的政治热忱转投注于研发适合大众使用的 RSA 加密产品。他打算引用他计算机科学的背景，设计出一个又经济、又有效率、不会过度负荷一般个人计算机运算能力的产品。他也要使他的 RSA 版本有特别友善的用户界面，让没有太多密码知识的使用者也能自在地操作它。他把他的产品称为 Pretty Good Privacy(极佳隐私)，或简称 PGP。这个名字的灵感来源是"瑞氏极佳杂货店"(Ralph's Pretty Good Grocery)，加里森·凯勒 (Garrison Keillor) 的"绿草家园伙伴"(Prairie Home Companion) 广播节目的虚构赞助者；这是齐玛曼最喜欢的广播节目之一。

在 20 世纪 80 年代后期，在科罗拉多州玻德市 (Boulder, Colorado) 家中工作的齐玛曼渐渐拼凑出他的套装加密软件。他的主要目标是提高 RSA 的加密速度。在一般情况，爱丽丝想使用 RSA 加密信息给鲍勃时，就去查看他的公开钥匙，再套入 RSA 的单向函数，加密信息。收到信的鲍勃再使用他的私人钥匙解出明文。这两种程序都要用到大量的数学运算，如果信息较长的话，个人电脑得花好几分钟的时间才能完成加密或解密的工作。如果爱丽丝一天要发一百则信息，她可没有这么多时间加密每一则信息。齐玛曼用了一个灵巧的手法提高加密和解密的速度：他让非对称 RSA 加密法与传统的对称加密法协力运作。传统的对称加密法可以跟非对称加密法一样安全，而且执行起来较快，它只是有钥匙发送的问题，发信人必须安全地传送钥匙给收信人。这时候就用得上 RSA 了，我们可以用 RSA 加密这把对称加密法的钥匙。

　　齐玛曼想象了如下的情境：爱丽丝要传送加密的信息给鲍勃时，她会先用对称密码法来加密信息。齐玛曼建议使用一个跟 DES 很像的密码法，IDEA。用 IDEA 加密信息时，爱丽丝必须选用一把钥匙。另一方面，为了让鲍勃解译信息，她必须把这把钥匙交给他。为了解决这个问题，爱丽丝查看鲍勃的 RSA 公开钥匙，再用它加密 IDEA 钥匙。最后，爱丽丝传送两样东西给鲍勃：用对称 IDEA 密码法加密的信息，以及用非对称 RSA 密码法加密的 IDEA 钥匙。在另一端的鲍勃则用他 RSA 的私人钥匙解译出 IDEA 钥匙，再用 IDEA 钥匙解译这则信息。这或显得有些错综复杂，但它的确有好处：可能含有大量信息的信息用比较快速的对称密码法加密，含有少量信息的 IDEA 钥匙才用较慢的非对称密码法加密。齐玛曼计划把 RSA 和 IDEA 整合进他的 PGP 产品里，并设计出友善的用户接口，用户不需担心程序内部的复杂运作过程。

　　解决了速度问题后，齐玛曼也为 PGP 加进一些便利的特点。例如在使用 PGP 的 RSA 部分时，爱丽丝必须先造出她自己的私人钥匙与公开钥匙。钥匙的制造并非微不足道的琐事，因为它得先挑出两个非常大的质数。然而，使用 PGP 时，爱丽丝只需随意摇晃几下鼠标，这个程序就会自行帮她造出私人钥匙与公开钥匙了——这样的鼠标动作会带出一个随机因素，PGP 以此确保每位使用者都有互异的质数对，以确保能有自己独特的私人钥匙和公开钥匙。之后，爱丽丝只需公开她的公开钥匙就行了。

PGP另一个有用的功能是，为电子邮件加上数字签名。电子邮件通常没有签名，收信人也就无法验证这些信件是否真的出自署名的发信人。例如，爱丽丝用电子邮件寄了一封情书给鲍勃，信息本身是用他的公开钥匙加密的。鲍勃收到后，用自己的私人钥匙解开信息。可是，鲍勃为信的内容飘飘然之际，如何确定这封信真的是爱丽丝写的？搞不好是坏心眼的伊芙所写，在信末打上爱丽丝的名字呢。没有手写的签名，如何确认信件来源？或者，假设有一家银行收到客户的电子邮件，要银行把他的所有存款转汇到一个位于开曼群岛(Cayman Islands)的私人账号。再一次，没有手写的签名，这家银行如何确认这封电子邮件真的是他们的客户所写的？也许是某个歹徒冒名所写，想把这笔钱转移到他自己在开曼群岛的账号？要在互联网建立互信，确有必要使用某种可靠的数字签名形式。

PGP的数字签名是以卫德费·迪菲和马丁·黑尔曼所研发出来的原理为基础。两人在提出公开钥匙和私人钥匙的构想时，同时也注意到，除了解决钥匙发送的问题外，他们的发明也提供了一个产生电子邮件签名的方法。在第6章我们看到公开钥匙是用来加密的，私人钥匙是用来解密的。事实上，这个程序也可以反过来：用私人钥匙加密，用公开钥匙解密。这种加密方式通常会被置之不理，因为它一点儿也不安全。如果爱丽丝用她的私人钥匙加密信息给鲍勃，大家都可以解译它，因为每个人都可以拿得到爱丽丝的公开钥匙。然而，这种作业方式却可用来验证信件来源，因为如果鲍勃可以用爱丽丝的公开钥匙解开信息，那它必定是用爱丽丝的私人钥匙加密的——只有爱丽丝拿得到她自己的私人钥匙，所以这则信息一定是她发出来的。

原则上，爱丽丝要送情书给鲍勃时，有两种选择：用鲍勃的公开钥匙加密信息以确保隐私，或用她自己的私人钥匙加密信息以确认发信人身份。而事实上，她大可并用这两个选择，兼顾隐私的保障和发信人身份的确认。有许多更快的方法可以达到这个目的，不过爱丽丝也许会用下面这个方法传送她的情书。她先用自己的私人钥匙加密信息，再用鲍勃的公开钥匙加密一次信息的密码文。我们可以想象，这则信息先包了一层易碎的壳，亦即用爱丽丝私人钥匙所作的加密，外面再加上一层坚硬的壳，亦即用鲍勃公开钥匙所作的加密。最后的密码文只有鲍勃解得开，因为只有他拿得到能敲开这层坚硬外壳的私人钥匙。敲开外壳后，鲍勃再用爱丽丝的公开钥匙来解开信息——这层内壳的用意不在于保护信息，而是要证明这则信息的确来自爱丽丝，不是冒充的人。

到这一步，要传送PGP加密的信息变成相当复杂了：IDEA密码法被用来加密信息，RSA被用来加密IDEA钥匙，而若需要一个数字签名，又得加入另一个加密步骤。然而，齐玛曼的设计叫爱丽丝和鲍勃根本不用管这些数学运算程序，他的产品会自动处理好每个步骤。要发送信息给鲍勃时，爱丽丝写好电子邮件后，从她的计算机屏幕开启PGP程序，再打进鲍勃的名字，PGP就会找出鲍勃的公开钥匙并自动执行完所有加密程序。在这同时，PGP会做那些电子签名所需的秘密动作。收到这封加密信息时，鲍勃会开启PGP，PGP就会解译出信息，并证实信件来源。PGP没有任何部分是自创的——迪菲和黑尔曼先想到数字签名，而其他密码专家也利用过对称密码法和非对称密码法的结合来提高加密速度——可是，齐玛曼首度把所有东西放在一起，变成一个使用简易的加密产品，而且效率高到可以在中产阶级的个人计算机执行。

1991年夏天，齐玛曼顺利地把PGP变成一个精良的产品，只剩两个问题还没解决，两者都不是技术性的问题。较长期的问题是，RSA是PGP的核心，是一个专利品，而依据专利法，齐玛曼必须先取得RSA资料安全公司的许可，才可以推出PGP。不过齐玛曼决定先把这个问题搁到一边儿去。PGP无意成为商务产品，它的主要对象是一般个人，他觉得他不会成为RSA数据安全公司的直接竞争对手，所以希望这家公司届时会给他免费的使用授权。

比较严重且迫切的问题是，美国参议院在1991年提出包含多项的犯罪防治法案，其中一条条款是"国会决议，提供电子通讯服务的组织以及电子通讯服务器材的制造商，都必须确保其通讯系统能让政府在得到适当法律授权的条件下获取语音、资料以及其他通讯的明文内容。"美国参议院担心数字科技的发展，如移动电话，会阻碍执法人员进行窃听。然而，在强迫研发公司确保窃听的可行性时，这个法案也对所有安全的加密形式造成威胁。

RSA数据安全公司、通讯工业以及民权团体合力促使国会删除这项条款，可是大家都相信这项威胁并没有完全解除。齐玛曼担心，政府迟早会再度尝试立法，使PGP之类的加密软件成为非法的产品。原本打算销售PGP的齐玛曼开始重新衡量这项产品的出路。与其坐等政府查禁他的PGP，不如趁早公开给大众。1991年6月，他孤注一掷地把PGP交给一位朋友，请他放在Usenet的电子布告栏。PGP是一件软件,而不是硬件，所以每个人都可以从电子布告栏免费下载到他们的计算机上。PGP就这样被释放到互联网上了。

最初，PGP只在密码迷之间引起一阵耳语，不久就有更多网际网络迷争相通报下载这个软件。随后，计算机杂志也相继刊出简短的报道，乃至长篇探讨 PGP 现象的文章。PGP 逐渐散布到数位小区最偏远的角落。例如，世界各地的人权团体开始使用 PGP 来加密他们的文件，以防止那些有侵犯人权之嫌的政权窃取他们的信息。齐玛曼开始收到赞扬他的电子邮件。"缅甸有一些反抗团体在丛林训练营中使用它，"齐玛曼说，"他们说它振奋了成员的士气，因为在引入 PGP 之前，被拦截到的文件会导致整个家庭被逮捕、刑求、处决。"

齐玛曼在世界各地赢得赞誉之际，却在自家美国本土成为批判的对象。RSA 数据安全公司不愿意给齐玛曼免费的用户许可证，也无法忍受他们的专利权受到侵害。PGP 本身虽是免费软件，但包含着 RSA 的公开钥匙加密系统，所以 RSA 数据安全公司气愤地称 PGP 为"强盗软件"（banditware）。齐玛曼把别人的东西赠送出去。这场专利权所引起的纠纷持续了好几年，在这期间齐玛曼遭逢了更大的问题。

1993 年 2 月，两位政府调查员造访齐玛曼。他们问了一些侵害专利权的问题后，开始为一项更严重的控诉质问他——非法外销武器。美国政府所定义的军火武器，除了导弹、榴弹炮、机关枪以外，也包括加密软件。没有国务院的许可，PGP 不准出口。换句话说，由于齐玛曼透过互联网出口 PGP，所以被指控为军火贩子。接下来的三年，齐玛曼成为大陪审团调查的对象，FBI 也不让他喘息。

让大众加密，还是不要？

对菲尔·齐玛曼和 PGP 所做的司法调查，引发了一场关于信息时代数据加密的正面与负面功效的辩论。PGP的散布促使密码学家、政客、民权人士和执法人员思索加密系统普及化的后果。有的人就像齐玛曼一样，相信安全的加密系统普及化是社会大众的福音，因为它能保障个人数字通讯的隐私权。反对他们的那一方则相信加密系统会对社会大众造成威胁，因为歹徒和恐怖分子可以秘密通讯，规避警察的窃听。

这场辩论延续了整个20世纪90年代，到现在仍是相持不下。最根本的问题是，政府该不该立法约束密码学的应用。密码应用的自由让每个人，包括歹徒在内，都能确信他们的电子邮件安全无虞。另一方面，限制密码技术能让警察侦察歹徒，但也能让警察和其他任何人窥探一般公民的言行。我们，透过我们所选出的政府，终将决定密码技术的未来角色。本节的主旨是简介这场辩论的双方论点。所介绍的讨论内容大都源自美国的政策和决策者的意见，一方面是因为PGP诞生于美国，这场辩论大多以它为中心，另一方面，不管美国决策如何，终将会影响全球的相关政策。

反对加密技术普及化的一方，例如执法人员，主要是为了想维持现状。数十年来，世界各地的警察都进行合法的窃听以逮捕罪犯。例如，1918年，窃听系统被利用来消灭战时的间谍；20世纪20年代禁酒期间，偷运、贩卖或酿造私酒的人更常被以此搜集而来的证据定罪。在20世纪60年代末期，FBI意识到有组织的犯罪手法对国家造成愈来愈大的威胁时，窃听更被视为执法者的必备工具。执法人员很难证明嫌犯有罪，因为任何考虑为他们的罪行作证的人都会受到这些暴徒的威胁，而且他们还有保持缄默的行规。警察觉得，他们唯一的希望是透过窃听的方式来搜集罪证，最高法院同意这个论点，而于1967年裁决，在事先获得法院许可的条件下，警方可以进行窃听。

20年后，FBI仍然坚持"法院许可的窃听是执法人员对付非法毒品、恐怖主义、暴力犯罪、颠覆以及有组织犯罪，唯一最有绩效的调查技术"。只是，歹徒若使用加密系统，警察的窃听就派不上用场了。传输在数字线路上的通话不过是一系列数字，也可以用加密电子邮件的同样技巧来加密。PGPfone就是可以加密互联网上的语音通讯的软件之一。

执法人员辩解道，为了执法、为了维持社会秩序，窃听是必要的，也因此加密技术的用途必须有所限制，他们才能继续从事他们的信息拦截。警察已经碰过歹徒使用很强的加密系统来保护自己的例子。一位德国法律专家说道："非法交易，如武器、毒品的买卖，不再透过电话进行，而是在全球的数据网络上以加密的形式来达成交易。"一位白宫官员表示，美国也有类似令人忧心的趋势，他说："犯罪组织成员是计算机系统和安全加密系统最先进的使用者。"例如，卡利贩毒集团(Cali cartel①)就透过加密的通讯来安排他们的毒品交易。执法人员担心，互联网加上密码系统会成为歹徒通讯、协调行动的利器。他们尤其担忧，所谓的"信息时代的四名骑士"(Four Horsemen of the Infocalypse)②——毒贩、犯罪组织、恐怖分子和恋童色情犯——将是加密系统的最大受益者。

---

① Cartel或译为"卡特尔"，是指为控制产量、销售及价格等所组成的同业联盟。Cali则是位于哥伦比亚的一座城镇，亦即此一毒贩组织的发源地。这个组织在哥伦比亚、巴哈马群岛及迈阿密的势力庞大。他们从秘鲁运送古柯叶到哥伦比亚，做成可卡因，再以各种方式销往美国及欧洲。

② "Four Horsemen of the Infocalypse"这个词语改造自圣经里的一段陈述。圣经最后一卷《启示录》提到四名分别骑着白马、红马、黑马和灰马的骑士，要用战争、饥荒、瘟疫，和地上的野兽杀人。这四名骑士即被称为"Four Horsemen of the Apocalypse"。后人把Apocalypse(启示、天启)这个字改为Infocalypse(info意为"信息")，而把毒贩、犯罪组织、恐怖分子和恋童色情犯称为"Four Horsemen of the Infocalypse"。

　　除了加密通讯外，歹徒和恐怖分子也可以将他们的计划和纪录加密，防止它们成为罪证。1995年在东京地铁施放沙林(sarin)毒气的奥姆真理教就用RSA加密了一些文件。涉及纽约世界贸易中心爆炸案的恐怖分子瑞西·尤瑟夫(Ramsey Yousef)则把预谋的恐怖行动计划加密储存在他的笔记本电脑里。除了国际性的恐怖组织外，很多普通歹徒也受益于加密系统。例如，美国一个非法赌博组织加密了它四年的账目。在国家策略信息中心(National Strategy Information Center)的美国工作小组(U.S.Working Group)于1997年所委托的有组织犯罪行为研究里，研究员朵勒丝·丹宁(Dorothy Denning)和威廉·鲍(William Baugh)估计全世界有500件罪案运用了加密系统，并预言这个数字每年会加倍升高。

　　除了国内治安外，还有国际安全问题。美国的国家安全局(NSA)负责搜集敌对国家的情报，包括对各国通讯的解译。NSA与英国、澳大利亚、加拿大和新西兰合作建立了一个涵盖全球的监听网，共同搜集和分享信息。这个监听网包括位在约克郡的曼威斯丘通讯情报基地(Menwith Hill Signals Intelligence Base)，全世界最大的间谍基地。曼威斯丘的工作内容涉及一个称为"梯队"(Echelon)的系统，它可以扫描电子邮件、传真、电传数据和电话，寻找某些特定单词。"梯队"里有一本列出可疑单词［如"圣战组织"(Hezbollah)、"刺客"(assassin)、"克林顿"等］的词典，这套系统聪明到可以实时辨认出这些词。"梯队"会标出需要进一步检查的可疑信息，而能监视发自特定政治团体或恐怖组织的信息。当然如果所有信息都使用了无法破解的密码法，"梯队"系统就无用武之地了。所有参与"梯队"作业的国家都会失去有关政治阴谋与恐怖行动的珍贵情报。

　　站在此辩论另一边的是民权人士，包括民主与科技中心(Center for

Democracy and Technology)、电子疆界基金会(Electronic Frontier Foundation)之类的团体。赞成加密的这一方坚持保有隐私是基本人权之一,《世界人权宣言》(*Universal Declaration of Human Rights*[①])第12条即是:"任何人的隐私、家庭、住宅或通讯都不允许任意干涉,荣誉与名誉都不允许受到攻击。人人有权享受法律保护,免受此类干涉或攻击。"

民权人士论辩道,普遍使用加密系统才能保障隐私权,否则他们担心,数字科技会简化监视工作,开启一个新的窃听时代,而且窃听功能必然会被滥用。历史证明,政府常滥用他们的权力,窃听无辜公民的通讯。约翰逊总统(Lyndon Johnson)和尼克松总统(Richard Nixon)都犯了非法窃听罪,肯尼迪总统(John F. Kennedy)上任的头几个月也指使了可能违法的窃听行动。在筹备有关从多米尼加共和国进口糖的议案时,肯尼迪要求窃听几位国会议员的通讯。他的理由是他相信他们收受贿赂,一个表面上合法的国家安全理由。可是他们从未找到任何贿赂证据,这些窃听行动不过提供了肯尼迪一些宝贵的政治消息,让他的政府如愿通过这项议案。

美国黑人民权运动领袖马丁·路德·金(Martin Luther King Jr.)是最有名的长期非法窃听受害者之一,他的电话通讯被监听了好几年。例如,1963年FBI把他们从金那儿所窃听到的信息送给参议员詹姆斯·伊斯特兰(James Eastland),帮他为一项有关公民权的议案辩论做准备。FBI更常搜集金的私生活细节来破坏他的名誉。他们把他讲淫秽笑话的录音寄给他太太,并播放给约翰逊总统听。后来,金获得1964年的诺贝尔和平奖

---

① 1948年12月10日,联合国大会通过《世界人权宣言》,请求它的会员国公布该宣言,并在"无政治的考虑下,在各级学校及教育机构里,传播、张贴、研读及解说其内容"。

之后，任何考虑也颁授荣誉头衔给他的组织都收到一些羞辱他的生活隐私数据。

其他政府也滥用过窃听技术。法国国家情报拦截监控委员会（Commission nationale de contrôle des interceptions de securité）估计，法国每年进行大约100,000次非法窃听。侵害众人隐私权最严重的大概是国际性"梯队"计划。"梯队"不需要为它的信息拦截行动提出合法理由，而且它的对象并不限于特定人士，而是一视同仁地收集信息，它的接收器会侦测从卫星反射出来的电讯。爱丽丝传送一则无害的越洋信息给鲍勃时，这则信息一定会被"梯队"拦截下来，若它刚好含有几个也出现在"梯队"字典里的字眼，它就会被挑出来，跟激进政治团体与恐怖分子集团所发出的信息一起接受进一步的检视。执法人员争辩，必须查禁加密系统，否则"梯队"会失去功效；民权人士则争辩说，正是该使用加密系统，好让"梯队"失去功效。

执法人员争论道，太强的加密系统会导致难以将罪犯绳之以法，民权人士则反驳，隐私权更重要。不管怎样，民权人士坚持，加密技术不会造成多大的执法障碍，因为大多数的案子并非借由窃听破案的。以1994年为例，美国全国约有25万件联邦诉讼案，而法院批准的窃听行动则只有1,000件左右。

你可以料想得到，鼓吹自由运用密码技术的拥护者也包括一些公开钥匙加密系统的发明人。卫德费·迪菲表示，以前的人曾享有完全的隐私：

在18世纪90年代，《人权法案》(*Bill of Rights*)通过时，任何人都可以非常放心地——以今日现代人享受不到的放心程度——跟另一个人私语，因为他们只需走几步路，看看有没有人躲在灌木丛里偷听就行了。那时候没有录音器材、碟形天线麦克风或是从眼镜反射出来的激光干涉仪(interferometer)。而你瞧，文明并未因此毁灭。我们很多人都视那段时期为美国政治文化的黄金时期。

RSA 的发明者之一隆·瑞维斯特认为，限制密码技术是很鲁莽的：

只因为有些歹徒可能从中得利，就全面严格限制某项技术，是很迂陋的政策。每一位美国公民都可以随心所欲地买手套，即使窃贼可能戴着手套洗劫一栋房子而未留下指纹。密码技术是一项保护数据的技术，就如手套是保护手的技术产品。密码保护资料免受黑客[1]、商业间谍和诈欺高手的侵扰，正如手套保护手免受割、刮、冷、热、感染的威胁。前者可以破坏FBI的窃听功效，后者可以阻扰FBI的指纹分析。密码技术和手套都非常便宜，也都很容易拿得到。事实上，

---

[1] Hacker普遍音译为"黑客"，其实Hack的英文原意是指拿斧头粗暴或快速地砍削。在计算机领域里Hack演变成：因情况紧急，而不择手段地迅速写完或修改程序，以便让工作仍能持续进行；或者直接指撰写程序，但通常指较低阶或困难的程序。譬如，发信给某个正为程序忙得焦头烂额的朋友时，你可以在信末说"Happy Hacking!"，祝他工作顺利。不管是上述哪一种意思，Hack都得是非常专精的人方能为之，因此被人称为Hacker是一种赞美。当然Hacker也难免会做些在网络上玩笑的勾当。接着，有些恶意的网络入侵者也自称（自认）为Hacker，因此大众媒体便开始沿用这种称谓，逐渐给这个字带来坏的意义。原始意义下的Hacker当然不愿意他们一向自豪的封号遭到污染，于是将别有意图的网络入侵者称为Cracker(破门而入者) 以资区别。根据他们的观点，Hacker必须具备精熟的专业知识及敏锐的创造力和幽默感，他们的玩笑也没有不法企图。Cracker则是以侵犯他人的领域为乐，有时甚至涉及商业或政治目的，他们不一定有足够的知识，有时只是照着小抄或现成的工具来操作，就像按照食谱烹饪一样（所以称为Cookbook Cracker）。

不过，大众似乎不怎么理睬Hacker的抗辩，而仍一律把计算机网络入侵者称之为Hacker，此处仍依惯例将之译成"黑客"。

你可以从互联网下载很好的密码应用软件，费用比一双好手套的价格还低。

民权人士最有力的盟友大概是那些大型企业。网络商务才刚起步，销售额的成长速度却很惊人。书籍、音乐 CD 和计算机软件的零售商率先投入这个领域，超级市场、旅行社和其他商业也纷纷跟进。1998 年有 100 万名英国人透过互联网购买了总值 4 亿英镑的商品，1999 年甚至可能会成长 4 倍。网络商务很可能在几年内成为市场主流，先决条件是：业者能够解决安全和信任的问题。网络上的公司必须要能担保客户的隐私与财务安全，而唯一的方法就是使用强加密系统。

目前，在互联网购买东西可以用公开钥匙加密系统来保障交易的安全。爱丽丝来到一家公司的网站，挑选了一件商品，填写了一份包括她的姓名、地址和信用卡信息的订单之后，可以用这家公司的公开钥匙将订单加密，再传送回公司。只有这家公司能够解译这张订单，因为只有他们拥有解密所需的私人钥匙。爱丽丝的浏览器(例如 Netscape 或 Internet Explorer)以及该公司的电脑会自动处理所有加密、解密程序。

加密系统的安全度取决于钥匙长度的原理没有变。美国国内没有限定钥匙的长度，可是美国软件公司不准出口提供强加密系统的网络通讯产品。因此，美国输出到世界各国的浏览器都只能处理长度较短的钥匙，于是只能提供中等程度的安全。结果就是，住在伦敦的爱丽丝若向芝加哥的公司买书，她的互联网交易安全度比住在纽约跟同一家公司买书的鲍勃低了一亿亿亿倍。鲍勃能享受绝对安全的交易，因为他的浏览器支持较大的钥匙，爱丽丝的事务数据却可能被歹徒解密窃取。幸好，要解译爱丽丝信用卡详细信息所需的设备成本比一般信用卡的限额高出很多很多，所以这类破解尝试并不划算。不过在网络上流通的金额不断在增高，解密偷取信用卡详细信息终将成为有利可图的勾当。简言之，要让网络商务真正兴盛起来，就必须让世界各地的消费者享有足够的安全，他们不能容忍瘸腿的加密系统。

企业界之所以想要拥有强加密系统，还另有原因。现在的公司都把大量信息储存在计算机数据库里，包括产品说明、客户详细数据和财务数据。公司当然都想防止黑客潜入他们的计算机偷取这些信息。最好的保护措施就是加密这些信息，只有持有解密钥匙的公司职员才能读取它们。

总之，这项辩论的两个阵营是：主张自由使用强加密系统的民权人士与商业人士，以及主张严格限制加密系统的执法人员。一般而言，大众的意见似乎比较偏向支持加密的阵营。媒体的态度还有几部好莱坞影片都为这个阵营拉了不少票。1998年初，《终极密码战》(*Mercury Rising*)这部影片的故事叙述一个自闭但非常聪慧的九岁儿童如何不经心地解开了一个新的、被认定破解不了的密码。NSA认为这名男孩威胁到国家安全，便派情报人员艾利克·鲍德温(Alec Baldwin)去暗杀他。还好，他有布鲁斯·威利斯(Bruce Willis)的保护。好莱坞在1998年还推出《全民公敌》(*Enemy of the State*)，描述一位政客因为支持使用强加密系统，而成为NSA的暗杀对象。这位政客是被杀了，不过威尔·史密斯(Will Smith)所扮演的律师以及金·哈克曼(Gene Hackman)所扮演的NSA叛徒，终于将NSA的刺客绳之以法。这两部影片都把NSA描述得比冷战时期人人畏惧的CIA(中央情报局)还邪恶，NSA显然继任了对人民最具威胁性的政府机关的角色。

就在赞成加密的团体疾言要求密码应用自由，而反加密团体不断游说政府限制密码用途之际，有一种折衷意见出现了。过去这十年，编码专家和决策者一直在研究一个能满足正反双方的方案，称为"钥匙托管"（key escrow）。托管通常是指某人交给第三者一笔钱让他在特定情况下把这笔钱交给第二者。例如，房客可能被要求存放一笔钱在一位事务律师那儿，万一有侵害房东财产的情形发生，律师就会把这笔钱交给房东。套用到密码学就是：爱丽丝把她的私人钥匙复本交给一位托管代理人，一位独立、可靠的中间人，一旦有足够的证据显示爱丽丝涉及犯罪事件，这位中间人就有权把这把私人钥匙交给警察。

最有名的密码钥匙托管试验是美国托管加密标准（American Escrowed Encryption Standard），在1994年开始采用。它鼓励大众使用两套称为"剪刀"（clipper）和"顶石"（capstone）的加密系统，分别适用于电话通讯和计算机通讯的加密。爱丽丝想使用"剪刀"加密系统时，要先买一只特别的电话；那只电话在出厂前就装设有包含秘密私人钥匙信息的芯片。就在她买下"剪刀"电话之际，私人钥匙的内容会被分成两半，分送给两个联邦机构保管。美国政府表示，爱丽丝可以享有安全的加密系统，唯有执法人员说服这两处联邦机构他们有权拿取她托管的私人钥匙时，她才会失去隐私。

美国政府自己的通讯使用了"剪刀"和"顶石"，并强制跟政府有商务往来的公司采用美国托管加密标准。其他公司与个人可以使用其他的加密形式，但美国政府期望"剪刀"和"顶石"会渐渐成为本国最普遍的加密系统。结果，这个策略行不通。除了政府外，没有多少人支持这个钥匙托管的主意。民权人士一想到要让联邦机构持有每个人的钥匙就皱眉头：试想假如这是真的钥匙，政府有钥匙可以随意进入我们每个人的房子，你感觉如何？密码专家也指出，只要出现一个心术不正的职员，偷偷贩卖这些托管钥匙给出价最高的人，就可以毁掉整套系统了。业界人士也对这套办法的可信赖性有所疑忌。例如，位于美国的欧洲公司就担心美国贸易官员会拦截它的信息，尝试窃取它的秘密，协助它的美国对手取得竞争优势。

　　"剪刀"和"顶石"虽没成功，很多政府机构仍相信，只要他们能有效防止歹徒碰取这些钥匙，并采取必要的保障措施向民众担保政府不会滥用这套系统，钥匙托管构想很有可行性。1996年，FBI主管刘易斯·弗瑞(Louis J.Freeh)说："执法单位完全支持平衡的加密政策……钥匙托管不仅是唯一的解决方案，而且真的是非常好的解决方案，因为它能有效地平衡社会所关切的主要课题，包括隐私、信息安全、电子商务、公众安全和国家安全。"尽管美国政府已撤回它的钥匙托管提案，很多人相信它改天又会再尝试推出另一种钥匙托管形式。而且，看到选择性托管方案推行不起来的政府可能甚至考虑来个强制性的。专门采访科技新闻的记者肯尼斯·库吉尔(Kenneth Neil Cukier)写道："参与密码辩论的人都很有智慧、有正直的情操、赞成钥匙托管，但不会同时具有其中两项以上的特质。"

　　其实，政府还有许多其他平衡双方要求的方案可以选择。只是，目前的密码政策不断在改变，实在看不出哪一个方案会脱颖而出。世界各地不断发生为这场加密辩论带来新冲击的事件。1998年11月，英国女王宣告，英国即将制定关于数字市场的的法律。1998年12月，33个国家签署《瓦森纳协定》(*Wassenaar Arrangement*①)，限制武器的出口，包括强加密技术。1999年1月，法国废除它原本是西欧境内管制最严的反密码法令，有可能是出于商界施压的结果。1999年3月，英国政府发布一篇关于电子商务法案的咨询文件。

你读到这些讨论的时候，这场密码政策辩论势必已添入更多曲折了。不过在尚未决议出来的加密政策中，有一点大概已经确定了，那就是认证机构(certification authorities)的必要性。如果爱丽丝想送一封安全的电子邮件给新朋友扎克(Zak)，她必须先取得扎克的公开钥匙。她可能会直接请扎克邮寄他的公开钥匙给她。然而，这有一个风险：伊芙可能拦截扎克寄给爱丽丝的信，毁掉它，假造一封附上她自己的公开钥匙的信给爱丽丝。爱丽丝可能不知情地用伊芙的公开钥匙加密一封有敏感内容的电子邮件寄给扎克，拦截到电子邮件的伊芙就可以轻易地阅读邮件内容了。换句话说，公开钥匙加密系统的问题之一是，你要如何确定拿到的钥匙确实是来自于你的通讯对象？认证机构就是证明某把钥匙确实属于某人的组织。认证机构可能会要求见扎克一面，以确认它所归档的公开钥匙确实是他的。如果爱丽丝信任这家认证机构，她就可以直接从它那儿取得扎克的公开钥匙，可以相信自己拿到了正确的钥匙。

前面解释过，爱丽丝要在互联网上购物时，可以安全地利用商家的公开钥匙加密她的订单。事实上，那把公开钥匙必须经过认证机构确认真实性，她才能真正安全地购物。1998年，在认证市场拔头筹的是Verisign公司，它在短短四年的时间内成长为年营收3,000万美金的公司。

---

① Wassenaar位于荷兰。关于此协约的详细内容可参阅http://wassenaar.org。

除了认证公开钥匙外，认证机构也可以担保数字签名的真实性。1998年，爱尔兰的巴尔的摩科技公司(Baltimore Technologies)认证了美国克林顿总统和爱尔兰内阁总理贝提·亚亨(Bertie Ahem)的数字签名。这表示，这两位政治领袖可以在都柏林以数字签名来签署公报。

认证机构不会衍生新的安全风险。它们不过是要求扎克揭示他的公开钥匙，以便它们跟有意写信给他的人确认这只钥匙的真实性。可是，有另一种公司，称为"受托的第三者"(trusted third party，简称TTP)，则提供一种较具争议性的服务："寻回钥匙"(key recovery)。假想有一家律师事务所用它自己的公开钥匙加密它所有重要文件，只有用它自己的私人钥匙才可以解译，以防止黑客或任何人偷取这些资料。但是，万一负责保管私人钥匙的职员忘了它的内容，或带走它潜逃、或出了车祸，可怎么办？政府鼓励成立TTP来保管所有钥匙的复本，有哪家公司弄丢了私人钥匙，就可以去它的TTP那儿寻回钥匙。

TTP很具争议性，因为它们持有人们的私人钥匙，有办法窃读它们的客户的信息。它们必须真正值得信赖，否则这套系统很容易就会被滥用。有的人说，TTP根本是钥匙托管系统的重生，执法人员很可能在办案侦查过程中胁迫TTP交出客户的钥匙。有的则认为TTP是合理的公开钥匙基础架构必要的一部分。

没有人可以预知TTP未来会扮演什么样的角色，也没有人可以很有把握地预见十年后的密码政策的轮廓。然而，我相信在不久的将来，赞成加密的团体会赢得这场争辩，因为没有一个国家想让加密法令阻扰电子商务的发展。万一这样的政策真的是错误的决定，法令永远可以修改逆转。如果发生一连串的恐怖行动，而执法人员又能证明有效的窃听原本可以阻止它们发生，政府很快就会再度采用钥匙托管政策。所有强加密系统用户都会被迫把他们的钥匙交给钥匙托管代理机构，使用没有托管的钥匙加密的人就算是犯法。处罚够重的话，执法单位就能再度掌控大局。如果政府随后滥用钥匙托管系统，大众势必会要求归还密码自由，情势也就会再度转向。简言之，我们没有理由不改变我们的政策来适应政治、经济和社会的状况。决定要素在于：民众最怕谁——歹徒还是政府？

齐玛曼的平反

1993年，菲尔·齐玛曼成为大陪审团的调查对象。FBI说他出口武器，因为他提供敌对国家和恐怖分子闪避美国政府管辖权所需的工具。这项调查缓慢进行之际，愈来愈多密码专家和民权人士纷纷支持齐玛曼，在世界各地为他筹募基金，支助他的辩护开销。在这同时，成为FBI调查对象的声誉使PGP的名气大涨，齐玛曼的产品在互联网上散布得更快。大家的心态是：会让FBI感到惊慌的加密软件，必定非常安全。

Pretty Good Privacy（最佳隐私）还未改良到最佳状态就仓促发行，因此要求修订PGP的呼声很快就甚嚣尘上。这时候，齐玛曼当然没有办法继续研发这项产品。位在欧洲的程序设计师便开始重造PGP。一般而言，欧洲对加密技术的态度一向比较开放（至今仍是如此），并无法令限制欧洲版的PGP出口到世界各地。此外，RSA专利权的纠纷在欧洲也不成问题，因为RSA的专利不适用于美国境外。

大陪审团调查了三年，仍旧无法把齐玛曼送上法庭。PGP的散布方式使得这个案子更为复杂。如果齐玛曼把PGP储存在计算机里，再把计算机运送到敌对国家去，等于出口一套完整加密操作系统，就会是明显的犯法行为，这个案子也就很容易处理。同样地，如果他出口了一张含有PGP程序的磁盘，这个实物就会被视为密码应用器材，案子也就有成立的依据。然而，如果他把程序打印出来，以书的形式出口，这个案子就很难理得清了，因为他出口的是知识，不是密码应用器材。可是这些印刷内容又很容易在扫描以后输入计算机，也就是说，一本书跟一张磁盘同样危险。而实际情况是，齐玛曼把一份PGP拷贝交给一位"朋友"，后者把它安装在一台位于美国的计算机，这台计算机碰巧链接到互联网上。之后，敌对国家可能有，也可能没有下载它。齐玛曼这样算是犯了出口PGP的罪吗？即使在今日，所有跟因特网有关的法律问题都牵涉到诠释的角度、都得经历一番争论。20世纪90年代初期的情况更是显得极为模糊。

1996年，经过3年的调查，美国检察总长办公室撤销对齐玛曼的控诉。FBI则意识到，一切都已太迟——PGP已经流窜到互联网，告发齐玛曼也于事无补。而且有个额外的问题出现了：许多大型学术单位都支持齐玛曼，例如麻省理工学院出版社(Massachuesetts Institute of Technology Press)就为PGP出版了一本600页的书。这本书销售到全世界，若要起诉齐玛曼，就也得起诉MIT出版社。再者，FBI明知齐玛曼被定罪的机会很小，坚持起诉他，只会引发一场关于隐私权的宪法条文论战，而激发大众更加赞成加密系统普及化。

齐玛曼另一个大问题也消失了。他终于和RSA达成协议，取得用户许可证，解决了专利权的问题。PGP终于成为合法产品，齐玛曼也恢复自由身。这场调查把齐玛曼塑造成密码学界的圣战战士，全世界的营销经理必然都非常羡慕PGP从这个案子所获得的名声与免费的宣传。1997年年底，齐玛曼把PGP卖给网络联合公司(Network Associates)，并成为公司的资深合伙人。虽然PGP已经成为销售给公司的商品，不打算用在商务上的一般个人仍旧可以免费取得PGP，但限用于非商业性的用途。换句话说，不过是想行使自己的隐私权的一般个人，仍旧可以免费从互联网下载PGP。

提供PGP程序的网站很多，并不难找。不过最可靠的来源大概是http://www.pgpi.com，国际PGP的首页。你可以在那儿下载美国版和国际版的PGP。请注意，如果你真的要安装PGP，你必须先确认你的计算机能否执行它，这个软件是否感染病毒等，我不为任何异常状况负任何责任。此外，你应该先确认你的国家是否允许使用强加密系统。最后，下载PGP时，务必要下载适当的版本：住在美国境外的一般个人不该下载美国版的PGP，因为这会违反美国的出口法令。国际版的PGP则不受出口限制。

我还记得我第一次从互联网下载PGP的那个星期天下午。从此我可以保护我自己的电子邮件免受窃读，我可以加密敏感资料给爱丽丝、鲍勃和其他有PGP软件的人。我的笔记本电脑和安装在上面的PGP软件提供给我一个全世界的密码破解机构结合起来也无法威胁的安全。

第 8 章

跃进量子世界

两千多年来，编码者努力隐藏秘密，译码者则尽其所能地揭露它们。这场竞赛一直是不分上下、并驾齐驱。编码者似乎掌控了局势之际，译码者随即加以反击。先前的方法遭到威胁时，编码者就会致力发明新的、更强的加密形式。我们随着公开钥匙加密系统的发明，以及绕着牢固密码系统应用的问题打转的政治辩论一起成长。今日，很明显地，编码者赢了这场信息战。照菲尔·齐玛曼的说法，我们正活在密码技术的黄金时代："现代密码学可以造出超越所有已知密码分析术的能力的密码。而且我相信，这个局势不会改变。"美国国家安全局(NSA)的副主管威廉·克洛威(William Crowell)同意齐玛曼的观点："把全世界的个人计算机大约2亿6,000万台结合起来分析PGP加密的信息，平均得花宇宙寿命1,200万倍的时间才能破解一则信息。"

　　然而，以往的经验告诉我们，每一个所谓无法破解的密码迟早都会屈服于密码分析学。维吉尼亚密码曾被称为"le chiffre indéhiffrable"(无法破解的密码)，巴贝奇破解了它；"奇谜"被视为无懈可击，波兰人找出了它的弱点。那么，密码分析家是否正在另一项突破的边缘？抑或齐玛曼说的对？预测任何一门技术的未来发展，都是挺冒险的，密码学尤是。我们不仅得猜测未来会有什么新发现，还得猜测目前到底有什么发现。詹姆斯·艾利斯和GCHQ的故事警告我们，政府的秘密帘幕之后可能已经藏有一些惊人的突破。

　　本章将检视一些可能在21世纪加强或破坏隐私权的新奇构想。接下来这一节要展望密码分析学的未来，并说明一个可能会促使密码分析家破解今日所有密码形式的构想。相对地，本书最后一节将介绍最令人兴奋的密码应用展望，一个可望保证绝对隐私的系统。

密码分析学的未来

　　尽管RSA和其他现代密码有惊人的力量，密码分析家仍旧在情报收集工作里担任着很有价值的角色。不减反增的密码分析家需求量证实了他们的成功，NSA仍旧是全球雇用数学家最多的单位。

　　在世界各地流通的信息，只有很小部分加密得很安全，剩下的都加密得很差，或根本没有加密。这是因为互联网的使用者增加得非常快，却很少有人采取适当措施来保护隐私。反过来说，这也意味着，国家安全组织、执法人员和任何其他想窥探的人都能获取多到他们消化不了的信息量。

　　即使妥善使用RSA密码法，译码者仍旧能透过很多方法，从拦截到的信息搜集出一些信息。密码分析家继续使用老式的技术，例如"通讯路线分析"。借由此种方法，密码分析家即使无法透视信息的内容，至少可以探查出是谁发的信？要发给谁？可能是要谈什么？所谓的暴风雨攻击(Tempest attack)则是较新的技术，它会侦测计算机每输入一个字母就会发出的独特电磁信号。例如，伊芙可以开一辆小货车停到爱丽丝家门外，用一套非常灵敏的"暴风雨"设备来辨识爱丽丝在她的计算机键盘上所打的每一个键。如此，那些信息还没输入计算机、还没加密前，伊芙就已经拦截到可读的信息了。已经有厂商提供防范"暴风雨"袭击的屏蔽材质，可以设置在房间的四面墙壁上，防止电磁信号外泄。在美国，要购买这种屏蔽材质，必须先取得政府的许可。这暗示了，FBI 之类的组织常利用"暴风雨"进行监控。

其他袭击包括病毒和特洛伊木马的使用。伊芙可以设计一种专门感染 PGP 软件的病毒，叫它静静地待在爱丽丝的计算机里。当爱丽丝使用她的私人钥匙解译一则信息时，这种病毒就会醒来，记录下这把私人钥匙的内容。爱丽丝联机上网时，病毒就会暗中将私人钥匙送给伊芙，她以后就可以随心所欲地解译所有寄给爱丽丝的信息。伊芙也可以设计一个程序，让它执行起来很像原版的加密产品，实际上却等着出卖它的用户，这种软件诡计就被称为特洛伊木马。例如，爱丽丝可能以为她下载了正版的 PGP 程式，事实上却是一个特洛伊木马版本。这个动过手脚的版本看起来跟正版的 PGP 程序一模一样，里面却含有一些指令，会把爱丽丝的所有通讯明文送出去给伊芙。如菲尔·齐玛曼所指出的："每个人都可以修改原始程序，而造出一个没有脑子、僵尸式的 PGP 赝品，看起来像是真的，却是听命于它恶魔般的主人。特洛伊木马版本的 PGP 就会四处传布，宣称是从我这儿来的。多阴险啊！无论如何，你们一定得尽可能地从可靠的来源取得 PGP 程序。"

变种的特洛伊木马则是一份全新的加密软件，表面上很安全，实际上却留有"后门"，让它的设计者可以解译使用者的信息。维恩·麦德森（Wayne Madsen）在 1998 年的报道揭示，瑞士密码科技公司 Crypto AG 在它的部分产品装设了后门，并提供美国政府如何利用这些后门的细节。

美国因此可以偷读许多国家的通讯。1991年，他们拦截了用Crypto AG产品所加密的伊朗信息，利用这个后门解译信息后，逮捕刺杀被放逐的伊朗前总理沙普尔·巴克蒂亚尔(Shahpour Bakhtiar)的凶手。

尽管通讯路线分析、暴风雨攻击、病毒和特洛伊木马都是很有用的情报收集技术，密码分析家真正的目标是破解现代加密系统的基石——RSA密码法。RSA密码法被用来保护最重要的军事、外交、商业以及与犯罪有关的通讯，这些正是情报收集组织最想解译的信息。要挑战牢固的RSA加密系统，密码分析家必须先有重大的理论性或技术性突破。

理论性突破是指一个全新的私人钥匙搜寻办法。爱丽丝的私人钥匙是p和q，分解公开钥匙N的因数就可以找出来。标准方法是一一检查每一个质数，看它能不能整除N可是我们知道，人类没有足够的时间可以完成这个任务。密码分析家一直在寻找分解因数的捷径，一个可以大幅减少p和q的寻找步骤的办法，但是到目前为止，所有的努力都宣告失败。数学家研究因数分解已经好几世纪了，现代的因数分解技巧并没有比古老的技巧高明到哪里。也许数学法则真的不允许因数分解有一个明显方便许多的捷径存在。

理论性突破的希望太小，密码分析家被迫寻找技术性革新。如果没有什么方法可以明显减少因数分解的步骤，密码分析家就需要一项可以更快执行这些步骤的技术。芯片的速度不断在提升，平均每18个月运行速度就会加倍，但仍不足以对因数分解速度造成真正的冲击——密码分析家需要一项比现今计算机快数十亿倍的技术。因此，密码分析家把希望寄托于一种彻底改头换面的新型计算机——量子计算机。假使真能建造成功，量子计算机的计算速度会使现代超级计算机相形见绌，犹如老旧的算盘。

接下来就是要讨论量子计算机的概念，因而会介绍到量子物理（亦称量子力学）的法则。在继续之前，请留意量子力学奠基者之一尼尔斯·玻尔（Niels Bohr[①]）所提出的警告："任何在思考量子力学时不会感到晕眩的人，都还没有了解它。"所以，准备面对一些相当诡异的想法吧。

为了解释量子计算的原理，我们最好先回去看一下 18 世纪末首位在解译古埃及象形文字的工作有突破发现的英国博学家托马斯·杨的研究。在剑桥伊曼纽尔学院做研究的杨时常在学院的一座池塘旁午休。故事是这么说的：有一天，他注意到两只鸭子相依相偎、快乐游水之际，在身后留下两组波纹，这两组波纹碰在一起而形成一些特定形态的高低起伏的片段水波。这两组波纹从这两只鸭子身后展开成扇形，当其中一只鸭子的波纹波峰碰到另一只鸭子的波纹波谷时，就会出现一小段平静的水面——波峰和波谷互相抵消掉了。另一种情况是，两个波峰碰在一起时，就会产生更高的波峰；两个波谷碰在一起时，就产生更深的波谷。这些现象特别吸引他的注意，因为这两只鸭子让他想起 1799 年他针对光的特性所做的实验。

杨先前做过一个光的实验，让光照射到一块有两道垂直狭缝的隔板，如图 71(a)。隔板下方有一片屏幕，杨预期会在这片屏幕上看到两条从狭缝投射出来的明亮条纹。结果，他却看到光从这两道狭缝展开成扇形，而在屏幕上形成一个好几道明亮、深暗条纹所组成的图案。这个实验结果让杨非常困惑，可是现在，他相信他在鸭池所看到的现象可以用来解

[①] Niels Henrik David Bohr，丹麦人，1922 年的诺贝尔物理奖得主。

释屏幕上那个条纹图案的形成原因。

杨开始假设光是一种波。如果从那两道狭缝发散出来的光有波的特性，那它们的作用势必像那两只鸭子身后的波纹。使水波形成高峰、深谷和片段平静水面的交互作用就是屏幕上的明亮、深暗条纹的形成原因。杨想象，波谷和波峰在屏幕上相遇时，会互相抵消而形成暗色条纹，两个波峰（或波谷）在屏幕相遇时，则会增强而形成明亮条纹，如图71(b)所示。杨从那两只鸭子得到灵感，洞察了光的本质，随之发表了"光的波动论"（The Undulatory Theory of Light），是物理学界空前的经典论文①。

现在，我们知道光有时候行为像是波，有时候像粒子；至于究竟会感受到波的性质或是粒子的性质，则视所在的环境而定。光线这种模棱两可的性质被称为波粒二象性。我们无须进一步讨论二象性，只需知道现代物理学认为一道光束包含无限多的粒子，这些被称为光子(photon)的粒子，会显示像波一样的性质。以这种眼光来看，杨的实验可以诠释成数不尽的光子流通过狭缝，而在隔板的另一边产生交互作用。

至此，杨的实验没有什么特别奇异之处。然而，现代科技允许物理学家用一种能一粒、一粒释放光子的微渺细丝来重做杨的实验。他们以特定的速率，例如每分钟一粒，来释放出光子，让单粒光子独自走向隔板。有时候，它会穿透其中一道狭缝，碰到屏幕。我们无法肉眼观察一粒粒的光子，但可以借助特殊的侦测器来观察它们。实验进行几个小时后，

① 杨并不是第一位提出光波动论的学者。荷兰的克里斯丁·惠更斯(Christian Huygens)在1678年首先提出光的波动理论，他把波阵面上的每一点都视为一个次级子波的波源，而所有子波前进时的包络面又形成新的波前。应用这个原理可以解释光的直线前进、光的反射与折射。

我们可以得出这些光子与屏幕的接触点全貌。既然一次只有一粒光子通过狭缝，我们预期，杨所看到的条纹图案不会在此出现，因为他所观察到的现象显然是两个光子同时穿过不同的狭缝而在隔板的另一边产生交互作用而形成的。相对地，我们预期结果会是两道明亮的条纹，亦即这两道隔板狭缝的投射结果。然而出乎意料地，一粒、一粒投射光子到屏幕上，仍旧会出现数道明亮与深暗条纹的图案，犹如那些粒子进行过交互作用似的。

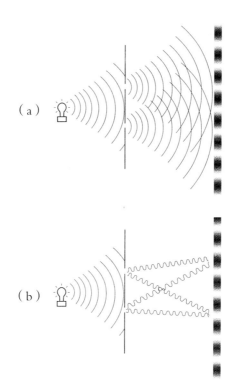

图71：杨的隔板实验俯视图。图（a）显示光从隔板的两道狭缝扩散开来，相互交错后在屏幕上形成明暗相间的条纹。图（b）显示个别的波如何互动。如果波谷在屏幕上遇到波峰，结果是暗色条纹；如果两个波谷（或两个波峰）相遇，结果是明亮条纹。

　　这个诡异的结果违反我们的常识。古典的物理法则无法解释这种现象（古典法则是指用来解释日常物体行为而发展出来的传统法则）。古典物理可以解释行星轨道或炮弹的弹道，却无法完全解释微小物体的世界，例如光子的行进轨迹。为了解释光子的这种现象，物理学家诉诸量子论，一个解释物体微观层次行为的理论。但是，对于这个实验结果，连量子论专家也有分歧的诠释。他们大致分成两个阵营，各有各的诠释。

　　第一个阵营提出一个叫作叠加(superposition)的概念。叠加派说，对于这个实验的光子，我们只知道两件明确的事实：它离开细丝，它碰到屏幕。其余都是谜，包括它是从左边的狭缝或是从右边的狭缝穿过隔板的问题。既然它的确切路线未知，叠加派就提出如下非常特别的观点：它同时穿过这两道狭缝，在隔板另一边干扰自己，而在屏幕上产生条纹图案。可是，一颗光子要怎么穿过两道狭缝？

　　叠加派的解释是：如果我们不知道粒子在做什么，它就可以同时做任何可能的事。以这个光子的例子来说，我们不知道它穿越左边的狭缝还是右边的狭缝，所以我们假定它同时穿过这两道狭缝。每一个可能性都称为一种状态，这个光子实现了两个可能性，我们就说它处于状态的叠加(superposition of states)。我们知道一颗光子离开了细丝，我们知道一颗光子碰到位于隔板另一边的屏幕，在这两者之间，不知怎么地，它分裂成两个"幽灵光子"而同时穿越两道狭缝。叠加理论听起来或很蠢，但它至少解释了何以一颗颗光子所做的杨实验会产生条纹图案。相对地，传统古典观点是：光子一定是穿越了其中一道狭缝，只是不清楚是哪一道。这听起来比量子观点合理，不幸却无法解释实验结果。

　　1933年诺贝尔物理奖得主埃尔文·薛定谔(Erwin Schrödinger)想出

一个被称为"薛定谔的猫"（Schrödinger's cat）的比喻，常被用来解释叠加的概念。假设有一只猫被放在盒子里。这只猫有两种可能状态，死的或是活的。刚开始，我们确切知道这只猫处于其中一种状态，因为我们可以看到，它是活的。此刻，这只猫并未处于状态的叠加。接下来，我们放进一瓶剧毒的氰化物，关上盒盖，我们便进入无知期，因为我们不能看见或测定这只猫的状态。它还活着吗？还是舔了氰化物死了？通常我们会说，它不是死的，就是活的，我们只是不知道到底是哪一个。量子论却说，这只猫处在状态的叠加——既是死的，也是活的，它实现所有可能性。状态叠加只发生在我们看不到那个物体的时刻，是一种描述处于模棱两可时期的物体的方法。我们若打开盒盖，就可以看到这只猫活着还是死了。看猫一眼，会使它只能处于一种状态，状态叠加也就在这一刻消失。

对这个叠加概念觉得不太自在的读者，想必急着听听另一个量子阵营所提出的诠释。不幸的是，他们的观点也是同样诡异。多重世界诠释派（many worlds interpretation）声明，光子一离开细丝，就面临两个选择——穿越左边的狭缝还是右边的狭缝——就在这一刻，这个世界分裂成两个世界，光子在其中一个世界穿越左边的狭缝，在另一个世界则穿越右边的狭缝。不知怎么地，这两个世界互相干扰，而产生了这个条纹图案。采纳多重世界诠释的人相信，每当物体有进入数种可能状态的潜力时，这个世界就会分裂成数个世界，让所有可能性各自在不同的世界实现。这种充满了多个世界的概念被称为多重宇宙（multiverse，相对于universe）。

不管是采纳叠加概念还是多重世界的诠释，量子论实在是一套令人眩惑的理论。但是它却被证明为有史以来最成功、最实用的科学理论。除了解释杨实验结果外，量子论也成功解释了很多其他现象。只有量子论能让物理学家计算出核反应的结果，只有量子论能解释DNA的奇迹，只有量子论能解释太阳如何发出光芒，只有透过量子论才能设计出可以读取CD唱片的激光。所以，不管你喜不喜欢，我们正活在一个量子世界。

量子论在科技方面所带来的最重要影响很可能会是量子电脑。量子计算机不仅会摧毁所有现代密码的安全性，也会开启一个新的计算能力时代。英国物理学家大卫·多伊奇(David Deutsch)是量子计算的先锋之一。1984年，参加一场计算理论研讨会的时候，他开始思考这个概念。在聆听演讲时，多伊奇发觉有个东西被忽视了。大家都不约而同地假定所有计算机都依古典物理的法则运作，然而他相信计算机应该遵循量子物理的法则，因为它们是更基本的法则。

一般的计算机是在相当巨观的层面运作，在这个层面，量子法则与古典法则几乎没什么差异，因此科学家用古典物理的观点来看待计算机也无所谓。但是在微观层面，这两套法则分道扬镳，而且在这个层面，只有量子法则才有效。在微观层面，量子法则揭示了它们最诡异的一面，利用这些法则所造出来的计算机势必会以全新的方式运作。会议结束后，多伊奇回家开始依据量子物理重新铸造计算机理论。他在1985年所发表的论文描述了他所想象的量子计算机，如何依循量子物理法则运作。他特别解释了他的量子计算机与一般计算机的差异。

假设你有某个问题的两种版本。要利用一般计算机回答这两个问题时，你必须先输入第一个问题版本，等它回答，然后再输入第二个版本，再等它回答。换句话说，一般计算机一次只能处理一个问题，如果你有数个问题，它只能一个接一个地处理。若使用量子计算机，你就可以把这两个问题结合成两种状态的叠加，同时输入进去——机器本身就会进入两种状态(一个问题一个状态)的叠加。或者，按照多重世界的说法，这台计算机会进入两个不同的世界，分别在一个世界处理一个问题版本。总之，不管怎么诠释，量子计算机可以利用量子物理法则同时处理两个问题。

量子计算机的能力到底有多强？我们且来比较一下它处理下面这个问题的方式与传统计算机的处理方式。假设我们想找出一个符合下列条件的数字：它的平方值与立方值一共使用了0至9十个数字，且一个数字只使用一次。我们可测试一下19这个数字，我们发现$19^2=361$，$19^3=6,859$。19这个数字显然不符合我们的条件，因为它的平方和立方只包含1、3、5、6、6、8、9这几个数字，没有用到0、2、4、7，而且6重复了一次。

图72：大卫·多伊奇

要让传统计算机回答这个问题，我们必须采用如下的步骤：输入数字1，让计算机测试。计算机执行完必要的计算后，会告诉我们这个数字是否符合条件。数字1不合条件，我们就输入数字2，让计算机执行另一次测试，如此不断做下去，直到符合条件的数字出现。结果，答案是69，因为 $69^2=4,761$，$69^3=328,509$，这两个乘积用了0至9所有数字，而且每个数字都只用一次。事实上，69是唯一符合这个条件的数字。这个求解过程显然很费时，因为传统计算机一次只能测试一个数字。如果它每秒可以测试一个数字，它要花69秒，才能找到答案。相对地，量子计算机只要一秒就能找到答案。

要运用量子计算机的力量，必须先采用一套特殊的数字表示方法。有一种表示方法是利用旋转粒子——很多基本粒子都有自旋(spin)的性质，它们不是往东旋转就是往西旋转，就像在指尖上旋转的球。粒子往东旋转时，它就代表1，往西旋转就代表0。如此，一系列自旋的粒子就代表了一系列的1和0，也就是一个二进位数字。例如，七颗分别向东、东、西、东、西、西、西旋转的粒子就代表二进制数1101000，相当于十进制数的104。七颗粒子，依它们的旋转方向而定，可以组合代表0至127任一个数字。

若使用传统计算机，我们会输入一特定系列的旋转方向，例如西、西、西、西、西、西、东，代表0000001，也就是十进制数字1。然后，我们得等计算机测试这个数字，看它符不符合前面所述的条件。接下来，我们会输入0000010，亦即代表数字2的一系列旋转粒子……。跟刚才一样，我们一次只能输入一个数字，很费时。可是，如果我们用的是量子计算机，输入数字的方式就会快多了。因为每颗粒子都是基本粒子，它会遵守量子物理的法则：没有人观察它的时候，它就可以进入状态的叠加，也就是说，它会同时往两个方向旋转，因而同时代表 0 和 1。或者，我们可以想象这颗粒子会进入两个不同的世界：在其中一个世界它往东转，而代表 1；在另一个世界它则往西转，代表 0。

那么，怎样才能达到叠加呢？假设我们可以观察其中一颗粒子，而它正向西旋转。为了改变它的旋转方向，我们发射一道足以促使这颗粒子往东旋转的能量脉冲。如果我们发射弱一点儿的脉冲，运气不错时，这颗粒子会改变它的旋转方向，运气不好时，这颗粒子则继续向西旋转。到目前为止，我们很清楚这颗粒子的状态，因为我们一直在观察它的动向。如果这颗粒子正往西旋转时，被放进一个盒子，我们在看不到它的情况下，对它发射一道微弱的能量脉冲后，我们不知道它的旋转方向有没有因此改变。这颗粒子进入了既向东又向西旋转的状态叠加，就像那只进入既是死的也是活的状态叠加的猫。把七颗向西旋转的粒子放进盒子里，分别对它们发射七道微弱的能量脉冲，那么，所有七颗粒子都会进入状态的叠加。

七颗粒子都在叠加状态时，等于代表了所有东、西旋转的组合可能性，等于同时代表 128 种不同的状态，亦即 128 个不同的数字。在这些粒子处于状态叠加时，把它们输入量子计算机，这台计算机就会执行它的计算，犹如同时测试所有 128 个数字。一秒钟后，这台计算机就会输出符合条件的数字：69。我们等于以求得一个计算的结果得到 128 个计算。

量子计算机违背所有常识。暂且不管它的细节，你可以依你偏好的量子诠释法来看待量子计算机。有些物理学家把量子计算机视为单一的实体，同时针对 128 个数字执行同样的计算。其他人则把它视为 128 个实体，分别处在不同的世界，分别执行一项计算。量子计算是一项位于"阴阳两界"的科技。

传统计算机的处理对象是1和0，这些1和0被称为bits(位)，binary digits的简称。量子计算机所处理的1和0都处于量子的叠加，所以它们被称为quantum bits(量子位)，或简称qubits(念成cubits)。我们若加入更多粒子，量子位的优点会更加明显。我们若使用250颗粒子，亦即250个量子位，它们就能代表大约10^{75}种组合，这个数目比整个宇宙的原子数目还大。如果能以250颗粒子达到适当的状态叠加，量子计算机就能同时执行10^{75}次计算，一秒钟就统统解决。

开发量子效应也许能造出能力高得无法想象的量子计算机。可惜，多伊奇在20世纪80年代中期提出他的量子计算机概念时，没有人想象得出来，要如何创造一台真实可行的量子计算机。例如，科学家无法真的造出利用状态叠加的旋转粒子来执行计算的东西。最大的障碍之一是：如何在整个计算过程中维持状态的叠加？没有受到观察时，叠加才会存在。可是，广义的观察包括所有与不属于叠加的任何事物所进行的交互作用。一颗游离的原子与其中一颗自旋粒子产生交互作用时，就会使叠加瓦解成单一状态，使量子计算报销。

另一个问题是，科学家想不出要如何设计量子计算机的程序，不知道它能够做什么样的计算。直到1994年，新泽西AT&T贝尔实验室的彼得·休尔(Peter Shor)成功地定义出一个可以让量子计算机执行的程序。令密码分析家竖起耳朵的是，休尔的程序定义了一系列可交由量子计算机执行的因数分解步骤——正是破解RSA所需的利器。马丁·加德纳在《科学美国人》杂志提出一项RSA挑战时，600台计算机花了好几个月的时间才分解出一个129位数数字的因数。与之相较，休尔的程序只需要百万分之一的时间，即可分解出大一百万倍的数字的因数。可惜，休尔无法示范它的因数分解程序，因为量子计算机这种东西还不存在。

接着，在1996年，也是在贝尔实验室，洛夫·格鲁夫(Lov Grover)研发出另一个高功效的程序。格鲁夫的程序是以不可思议的速度搜查列表，这听起来好像没什么，事实上它正是破解DES密码所需要的程序。要破解DES密码，就必须彻底搜查一份包含所有可用钥匙的清单，找出正确的钥匙。即使传统计算机每秒钟可以搜查100万把钥匙，也需要1,000年的时间才能破解一个DES密码。相对地，使用格鲁夫程序的量子计算机花不到4分钟的时间就可以找到钥匙。

这两个量子计算机程序正好都是密码分析家最梦寐以求的东西，其实是纯属巧合。休尔和格鲁夫的程序在译码专家的圈子里唤起极大的希望，却又教他们遗憾万分，因为他们还没有像量子计算机这类的东西可以执行这些程序。这种解码技术的终极武器潜力引起了美国的国防高等研究项目署(DARPA)和洛斯阿拉莫斯国家实验室(Los Alamos National Laboratory)这类组织的高度兴趣。他们努力尝试建造能够处理量子位的装置，就像芯片处理位那样。最近虽然有一些突破，振奋了研究员的士气，可是凭良心说，这项技术仍旧处在最初级的阶段。1998年，巴黎第六大学(University of Paris VI)的塞尔日·阿罗什(Serge Haroche)洞视了以这些突破为题的吹嘘宣传，驳斥了真实量子计算机将在几年内诞生的说法。他说，这就像千辛万苦地排出纸牌屋的第一层后，大肆宣称接下来的15,000层只是形式上的工作。

只有时间会知道量子计算机的建造问题是否能够，以及何时能够克服。目前，我们只能推测它可能给密码学界带来什么样的冲击。自20世纪70年代起，DES和RSA这类密码让编码者明显领先译码者。这类密码是宝贵的工具，因为我们需要它们来加密我们的电子邮件，保护我们的隐私。同样地，我们进入21世纪后，愈来愈多商务会在因特网上进行，这个电子商场也仰赖牢固的密码来保护或确认金融交易。当信息成为世界最有价值的商品时，每个国家的经济、政治和军事命运都取决于密码的力量。

因此，如果真的开发出可以完全运作的量子计算机将会危及我们的个人隐私，破坏电子商务，摧毁国家安全。量子计算机会使世界动荡不安。任何先拿下这项锦标的国家将有能力监控它的人民的通讯、读取它的商业对手的心思、窃听它的敌人的计谋。量子运算，虽然尚在襁褓期，对个人、国际商务和全球安全而言，已是潜在的威胁。

量子密码

当译码者仍在期待量子计算机的来临之际，编码者正在研发他们自己的科技奇迹———一套即使面临量子计算机的威力也能确保隐私的加密系统。这个新的加密形式跟我们先前所碰到任何加密形式完全不一样，因为它将提供完美的隐私。换句话说，这套系统将会是无懈可击的，而且保证永远绝对安全。此外，它的构建基础是量子论，正是量子计算机的基础理论。量子论不仅激发可以破解所有现今密码的计算机构想，也是一套新的无法破解的加密系统——量子密码(quantum cryptography)的核心。

量子密码的故事要追溯到史蒂芬·威斯纳(Stephen Wiesner)在20世纪60年代所兴起的奇异念头。可惜，当时身为哥伦比亚大学(Columbia University)研究生的威斯纳太早发明这个构想——没有人把它当一回事。他还记得师长的反应："我得不到论文指导教授的支持，他对这个构想一点儿也没有兴趣。我跟其他人谈，他们都作出奇怪的表情，随即继续做他们自己的事。"威斯纳的奇异构想是：绝对无法伪造的量子货币。

威斯纳量子货币的主要基础是光子的物理特性。光子在前进时会振动。如图73(a)所示，这4颗光子往同一个方向前进，它们的振动角度却都不一样。光子振动角度被称为光子偏振或偏极(polarisation)。电灯泡会发出所有偏振方向的光子，也就是说，有些光子会上下振动，有些会左右振动，其他光子则有介于其间的所有振动角度。为了简化说明，我们且假设光子只有四种偏振方向：↕、↔、↘、↗。

在光子的前进路线插放一块人造偏振板(Polaroid)当作过滤板，就可以得出一道有特定振动方向的光子光束，也就是说，这些光子都会有同样的偏振方向。我们可以，在某个程度内，把人造偏振过滤板想象成栅栏，把光子想象成往栅栏撒下去的火柴棒。角度正确的火柴棒才能穿过栅栏。偏振方向跟偏振过滤板方向一样的光子都可以自由地不受影响地通过，偏振方向跟过滤板方向呈垂直的光子则会被挡下来。

可惜，火柴棒的比喻不适用于斜向偏振的光子走近纵向偏振过滤板时的情形。偏斜的火柴棒会被纵向格口的栅栏挡下来，斜向偏振的光子走近纵向的偏振过滤板时，却不一定有同样的结果。事实上，斜向偏振的光子碰到纵向的偏振过滤板时，会进入所谓的量子困境(quantum quandary)。结果是，它们半数会随机被挡下来，半数则会穿越过去，而

且那些穿越过去的光子会改成纵向偏振。图73(b)显示8颗光子走近一个
垂直的偏振过滤板，图73(c)则显示，只有4颗成功通越过滤板。所有纵
向偏振的光子都通过了，所有横向偏振的光子都被挡下来，有半数的斜
向偏振光子也通过了。

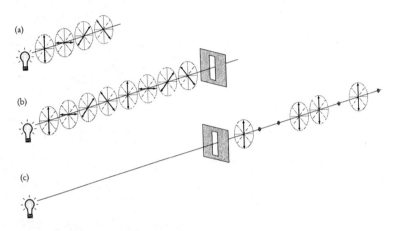

图73：(a)在真实情况中，一道光束包含所有振动方向的光子，为了简化说明，我
们假设光子的振动方向只有4种。(b)这个灯泡发出八颗有各种振动方向的光子。
每一颗光子都有一个偏振方向。这些光子往一块纵向偏振过滤板前进。(c)在过滤
板的另一边，只剩半数的光子。所有纵向偏振的光子都通过了，所有横向偏振的
光子都没有通过。有半数的斜向偏振光子通过，而且随即改成纵向偏振。

　　其实，偏光太阳眼镜(Polaroid sunglasses)的作用原理正是挡下某
些偏振光子。所以，你可以拿一副偏光太阳眼镜来验证偏振过滤板的功
效。先拿掉一块镜片，闭上一只眼，睁开还有镜片的那只眼。你看到一
个暗暗的世界，因为镜片把许多原本会抵达你的眼睛的光子挡下来了。
此际，所有抵达你的眼睛的光子都有同样的偏振方向。接下来，把另一
块镜片放到你睁着眼的镜片前面，慢慢转动它。转动到某一点时，外面
这块镜片对抵达你的眼睛的光子数量没有影响，因为它的过滤方向跟眼

前固定镜片的方向一样——所有通过外层镜片的光子也会通过眼前固定的镜片。再从这一点转动90度，你眼前的世界就会变成全黑，因为外层镜片的偏振方向跟固定镜片的偏振方向成垂直，任何通过外层镜片的光子都会被眼前的固定镜片挡下来。如果再继续转动45度，就会有介于中间的情况：这两片镜片没有完全对齐，通过外层镜片的光子有半数会通过固定的镜片。

威斯纳提议利用光子的偏振特性来制造绝对不可能伪造的美钞。他的构想是，在每张钞票装设20个捕光器，亦即可以捕捉并保存一个光子的细小装置。他建议银行利用4块4个方向（↕、↔、↘、↗）的偏振过滤板，在20个捕光器里一一装入偏振光子，每张钞票的光子偏振方向顺序都不一样。例如，图74的钞票有如下的偏振方向顺序：（↘ ↕ ↗ ↗ ↔ ↕ ↕ ↘ ↕ ↘ ↔ ↔ ↗ ↔ ↘ ↗ ↔ ↗ ↕ ↕）。在真实情况中，这些偏振方向不会像图74那么清楚显示出来，而是隐秘看不到的。通常每张钞票都有一个编号，图74这一张的编号是B2801695E。发行钞票的银行就以偏振方向顺序和传统编号来确认钞票的身份，造出一份编号与对应偏振方向顺序的管理列表。

想制造伪钞的人会面临一项难题，他不能就随意挑选一个编号，随意选一个偏振方向顺序来制造伪钞，因为这样随意配对的组合不会出现在银行的管理清单上，银行也就会认出这张钞票是伪钞。要制造不会露出马脚的伪钞，他必须拿一张真钞当样本，想办法测定它上面的光子偏振方向，好制造一张跟样本有同样的编号以及光子偏振方向顺序的钞票。可是，测定光子的偏振方向是一项非常棘手的工作，没测准，就没办法造出和真钞一模一样的伪钞。

　　光子偏振方向的测定到底有多困难呢？要知道光子的偏振方向只有一个办法：使用偏振过滤板。为了测定某个捕光器里的光子偏振方向，制造伪钞的人会拿一块偏振过滤板，摆出某个特定的方向，例如垂直纵向：$\updownarrow$。如果从捕光器跑出来的光子碰巧是垂直纵向偏振的，它会穿过这个垂直纵向的过滤板，他就能正确猜出这是一个垂直纵向偏振的光子。如果这个光子碰巧是水平横向偏振的，它不会穿过这个垂直纵向的过滤板，他也能正确猜出它是一个水平横向偏振的光子。可是，万一这个光子碰巧是斜向偏振的，（$\nwarrow$ 或 $\nearrow$），它就可能会，也可能不会，穿过这个过滤器，而且不管它有没有通过，他都会误判它的偏振方向。一个 $\nwarrow$ 的光子可能会通过垂直纵向的偏振过滤板，这时候，他会以为它是垂直纵向偏振的光子；或者，它也可能不会通过这个过滤板，而他就会因此以为它是水平横向偏振的光子。同样地，如果他测定第二个补光器的光子时，把过滤板的方向设定成斜向的，例如 $\nwarrow$，他会有机会正确辨识出碰巧是斜向偏振的光子，却很可能误判其实是纵向或横向偏振的光子。

　　伪钞制造者的困扰是，只有使用方向正确的偏振过滤板才能正确判定光子的偏振方向，可是他并不知道该如何设定过滤板的方向，因为他根本不知道那颗光子的偏振方向。这个互相悖逆的处境是光子固有的物理特性之一。假使他用一个 $\nwarrow$ 的过滤板来测定第二个补光器的光子时，这颗光子没有穿越过滤板，他可以确定这颗光子偏振方向不是 $\nwarrow$，因为 $\nwarrow$ 向偏振的光子应该会穿越过滤板。但他无法确定它的偏振方向是 $\nearrow$（这个方向的光子绝对不会通过过滤板），还是 $\updownarrow$ 或 $\leftrightarrow$ （这两种方向的光子有一半的概率会被挡下来）。

　　测定光子的困难是测不准原理(uncertainty principle)的例子之一。

测不准原理是德国物理学家维纳·海森堡(Werner Heisenberg)于20世纪20年代提出的。他把这个非常技术性的定律陈述简化成一句话："依据定律，我们无法知道眼前事物的所有细节。"这并非意味着，我们无法知道每件事，是因为我们没有足够的测定器材，或因为我们的测定器材不够好。相反地，海森堡表示，理论上就根本不可能完全准确地测定某特定物体的每个细节。在我们的例子，我们无法完全准确地测定捕光器里的光子的每个细节。测不准原理是量子论另一个怪异的产物。

威斯纳的量子货币之所以无法伪造，是因为伪钞的制造有两个程序：首先，制造伪钞的人必须非常准确地测定真钞，然后，他必须准确地复制它。把光子放进纸钞的设计，让尝试制造伪钞的人无法准确地测定纸钞，也就无法进行伪造。

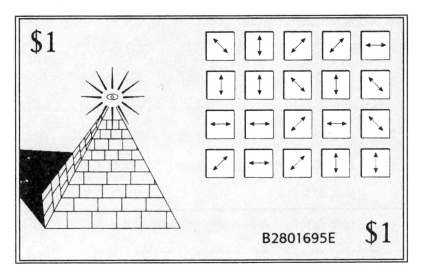

图74：威斯纳的量子货币

　　天真的伪钞制造者可能会想，如果他没办法测定捕光器里的光子偏振方向，银行当然也不能。他可能因此在捕光器里放进往任何方向偏振的光子。然而，银行确实有办法验证钞票的真伪。银行先看看钞票上的编号，再查看他们的机密管理清单，看看哪一颗光子应该在哪一个补光器里。银行知道每一个捕光器的光子偏振方向应该如何，他们也就可以正确设定偏振过滤板的方向，进行准确的测定。如果他们所测的钞票是伪钞，伪钞制造者随意弄出的偏振方向会产生否定的测定结果，银行就知道它是伪钞了。例如，银行使用一个$\updownarrow$过滤板来测一颗应该是$\updownarrow$向偏振的光子，如果过滤板挡下了这颗光子，银行就知道这是伪钞。如果这张钞票确定是真钞，银行就重新放进适当的光子，让这张钞票继续流通。

　　总之，伪钞制造者无法测定真钞的偏振方向，因为他不知道每个捕光器装着什么样的光子，也就不知道该如何设定过滤板的方向，也就无法做出正确的测定结果。另一方面，银行可以检查真钞的光子偏振方向，因为那些方向是他们选的，他们也就知道如何设定偏振过滤板方向来检查每一颗光子。

　　量子货币是一个高明的点子，却也是完全不实际的构想。首先，工程师尚未发展出使光子持久处于特定偏振状态的捕捉技术。即使有这样的技术，实施成本也会太高。保护每一张纸钞的成本大概会要一百万美金左右。尽管很不实际，量子货币以一种很有意思、很富想象力的方式应用了量子论。所以，得不到论文指导教授鼓励的威斯纳将他的论文投寄到一家科学期刊。它被退回了。接着再投寄到另外三家期刊，三次都被退回。威斯纳说，他们根本不懂物理。

似乎只有一个人懂得分享威斯纳对他的量子货币构想的兴奋之情。他的老朋友查尔斯·本内特(Charles Bennett)是他之前在布兰迪斯大学(Brandeis University)的大学同学。本内特对每个科学层面的好奇心是他最显著的性格特征之一。他还记得，他三岁时就立志当科学家，而且他妈妈懂他对这门科目的狂热。有一天，她回家发现一个浅锅里有古怪的、冒着泡的汤汁。幸好她没有尝一口的冲动，因为那是一只乌龟的遗体——小本内特把乌龟放进碱性液体里烧煮，好把它的肉跟骨头分离，弄出一个完美的乌龟骨架标本。在青少年时期，本内特的好奇心从生物转移到生物化学，上布兰迪斯大学时，则决定主修化学。在研究所，他专攻物理化学，然后又继续研究物理、数学、逻辑，最后则是计算机科学。

图 75：查尔斯·本内特

知道本内特兴趣广泛的威斯纳希望他会欣赏这个量子货币的构想，于是拿了一份被退回的稿子给他。本内特马上被这个构想迷住了，这是他看过最棒的点子之一。接下来的十年中，他不时重读这篇论文，思考是否有办法把这么巧妙的想法转化成有用的东西。甚至在20世纪80年代成为IBM沃森实验室的研究员时，本内特仍旧无法停止思考威斯纳的主意。科学期刊不愿发表它，本内特却对它执迷不已。

有一天，本内特对吉尔·布拉萨德(Gilles Brassard)解释量子货币的概念。布拉萨德是蒙特利尔大学(University Montreal)的电脑科学家，跟本内特合作过许多研究方案。他们俩一次又一次地讨论威斯纳的主意。渐渐地他们发现，威斯纳的主意或许可以应用在密码学。伊芙要破解爱丽丝和鲍勃的加密信息时，必须先拦截到信息，也就是说，她必须确切知道这则信息的传输内容。威斯纳的量子货币很安全，因为一般人没有办法确切知道纸钞上的光子偏振方向。本内特和布拉萨德于是想到：若用一系列偏振的光子来代表并传输加密信息呢？理论上，伊芙可能就无法正确阅读加密信息，既不能阅读加密信息，也就没有办法解译它。

本内特和布拉萨德开始编造出一套以下列原理为基础的系统。假设爱丽丝想送一则由一系列1和0组成的加密信息给鲍勃。她送出有特定偏振方向的光子来代替1和0。以光子偏振方向定义1和0的方案有两套。第一套方案称为"直线(rectilinear)方案"或"＋方案"，用↕代表1，↔代表0。另一套方案则称为"斜线(diagonal)方案"或"×方案"，用↗代表1，↖代表0。要送出二进位的信息时，这两套方案可以随意更替着用。例如，一则二进位的信息1101101001的传输内容可能如下：

信 息	1	1	0	1	1	0	1	0	0	1
定义方案	+	×	+	×	×	×	+	+	×	×
传输内容	↕	↗	↔	↗	↗	↘	↕	↔	↘	↗

爱丽丝用＋方案传输第一个1，用×方案传输第二个1，也就是说，1在这两次的传输中，用了不同的偏振光子。

想拦截这则信息的伊芙必须辨识每一颗光子的偏振方向，正如伪钞制造者必须辨识钞票上的光子偏振方向。为了测定每一颗光子的偏振方向，伊芙必须在光子靠近时，决定如何设定她的偏振过滤板的方向。面对每一颗光子，她都得猜测爱丽丝用了哪一套方案，她所抉择的过滤板方向也就有一半的错误概率。因此，她无法知道正确的传输内容。

下面的说明可让你更加了解伊芙的困扰。假设伊芙有两种偏光侦测器可以用。＋侦测器能够准确无误地测定纵向或横向偏振的光子，但不能正确测定斜向偏振的光子，只会把它们误判为纵向或横向偏振的光子。另一方面，×侦测器能够准确无误地测定斜向偏振的光子，却不能正确测定纵向或横向偏振的光子，只会把它们误判为斜向偏振的光子。例如，伊芙若使用×侦测器来测定第一个光子：↕，她会误以为它是↗或↘。如果她断定它是↗，她运气不错，因为↗也代表1；如果她断定它是↘，就不妙了，因为↘代表0。使她的处境更糟的是，每颗光子只能测一次。光子是无法分割的，她不能把它分裂成两个光子，同时用两种侦测器测定它。

这套系统有令人欢悦的特点。伊芙没办法正确拦截加密信息，也就不能解译它。可是,这套系统有一个很严重,而且恐怕无法克服的问题——鲍勃的处境跟伊芙的一样，他也不知道哪一颗光子用了哪一套定义方案，也会误判信息。明显的解决方法是，爱丽丝和鲍勃事先协议好如何更替这两套定义方案。就上面的例子来说，爱丽丝和鲍勃会分享一份清单，亦即钥匙，内容是 ＋ × ＋ ××× ＋＋ ××。但是这样就又会回到钥匙发送的老问题——爱丽丝必须想办法让这份定义方案清单安全抵达鲍勃的手。

爱丽丝当然可以用公开钥匙加密系统，例如RSA，来加密这份清单。然而，假使能力强大的量子计算机发展成功，我们处于RSA已被破解的新时代，怎么办？本内特和布拉萨德的系统必须自给自足，不可以依赖RSA。本内特和布拉萨德绕着发送钥匙的问题想了好几个月。然后，在1984年，他们两人站在克洛顿—哈摩(Croton-Harmon)车站的月台上，就在IBM沃森实验室附近。本内特陪布拉萨德等火车回蒙特利尔，他们消磨时间的谈话内容仍是爱丽丝、鲍勃和伊芙的问题。火车若早来几分钟，他们就会挥手道别,这个钥匙发送问题就不会有进展了。相反地,惊呼"我找到了！ [1]"(eureka!)的时刻忽然降临，他们创造了量子密码，有史以来最安全的加密形式。

他们的量子密码妙方需要三个准备步骤。这些步骤跟加密信息的发送没有关系，但能让爱丽丝和鲍勃安全地交换加密信息所需的钥匙。

步骤一：爱丽丝随意选用直线(纵向和横向)定义方案与斜线定义方案来传输一串随机的1和0(位元)数字符串。图76显示一串光子传向鲍勃的情形。

步骤二：鲍勃必须测定这些光子的偏振方向。他不知道爱丽丝什么时

---

[1] "我找到了！"阿基米德发现测量王冠含金量的方法时所发出的欢呼声。

候用哪一套定义方案，因此他随意更换使用＋侦测器和×侦测器。有时候他拿对了侦测器，有时候拿错了。他若用了错误的侦测器，就会误判爱丽丝的光子。表格27列出了所有可能性。例如，在第一行，爱丽丝用直线方案来发送1，传输内容就是↕；鲍勃使用了正确的侦测器，判断出↕，正确地记下1为这个字符串的第一个位元。下一行，则是假设鲍勃使用了错误的侦测器，而把这个光子判断为↗或↘，他就会正确地记下1或错误地记下0。

步骤三：这时，爱丽丝已经送出一串1和0的数字符串，鲍勃已经正确判断了部分的位，错误判断了部分的位。为了澄清状况，爱丽丝打电话给鲍勃，告诉他她分别使用了哪些定义方案——但没说明每一颗光子的偏振方向。她会说第一个光子使用了直线方案，但不会说她送出的是↕或↔。鲍勃再告诉爱丽丝，测定哪几个光子时，他用对了正确的侦测器、正确地记下1或0。最后，鲍勃用错侦测器的光子都不管，只管那些用正确的侦测器所测出的光子，而产生一段新的更短的位元串。图76下方的表格列出了整个步骤的结果。

这三个步骤让爱丽丝和鲍勃共同建立了一串数字，如图76所协议出的11001001。这个数字符串最重要的特点是，它是随机的，因为它衍生自爱丽丝原先的数字符串，而这个数字符串本身也是随机的。而且，鲍勃使用正确侦测器的机会也是随机的。由此协议出来的数字符串就是一只随机定义出来的钥匙。真正的加密过程就可以开始了。

这串随机数字符串可以用作单次绘匙簿密码法(one-time pad cipher)的钥匙。本书第3章提到，使用一串随机的字母或数字当作钥匙的单次钥匙簿密码法是无法破解的加密系统——不只是实务上无法破解而已，甚至是绝对无法破解。单次钥匙簿密码法原先的唯一问题是很难安全发送钥匙，现在本内特和布拉萨德的设计解决了这个问题。爱丽丝和鲍勃协议了一只单次钥匙簿的钥匙，而且量子物理法则让伊芙没有机会拦截它。我们且来看看为什么伊芙无法拦截这只钥匙。

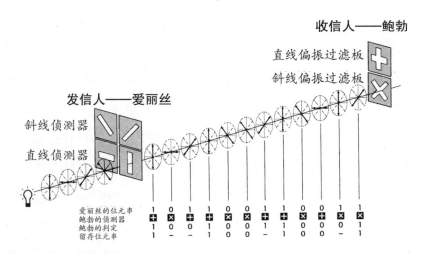

图76：爱丽丝传送一串1和0的数字符串给鲍勃。她依据直线方案(纵向/横向)或斜线方案选用偏振光子代替每个1、每个0。鲍勃用他的直线侦测器或斜线侦测器测定每颗光子。测定第一颗光子时，鲍勃使用了正确的侦测器，正确地判定它是1。第二颗光子过来时，他却用了错误的侦测器。虽然，他碰巧正确地判定它是0，这一个位元稍后仍旧会被舍弃，因为鲍勃无法确定他是否测对了。

爱丽丝送出偏振光子时，伊芙尝试测定它们，但她不知道该用＋侦测器还是×侦测器。她拿错侦测器的概率是50%。这似乎跟鲍勃的处境没两样，因为鲍勃也是有一半的时候使用了错误的侦测器。然而，进行完这段传输后，爱丽丝会告诉鲍勃他原本该使用哪一个侦测器的，接着，确认哪些光子用到正确的侦测器以后，他们再私下以这些光子的代表值(0或1)作为他们的加密钥匙。偷听到这些对话的伊芙仍旧无法正确诠释出这把钥匙，因为测定这些组成钥匙的光子时，她大概有 50% 的概率拿错了侦测器，测定结果也就有误。

爱丽丝选用的方案	爱丽丝的位元	爱丽丝传送出来的光子	鲍勃的侦测器	是否使用了正确的侦测器?	鲍勃判定的光子	鲍勃的位元	鲍勃的位元是否正确?
直线方案	1	↕	+	是	↕	1	是
			×	否	↗	1	是
					↘	0	否
	0	↔	+	是	↔	0	是
			×	否	↗	1	否
					↘	0	是
斜线方案	1	↗	+	否	↕	1	否
					↔	0	否
			×	是	↗	1	是
	0	↘	+	否	↕	1	否
					↔	0	是
			×	是	↘	0	是

表 27：爱丽丝和鲍勃在步骤二交换光子的测定情形可能性

这套量子密码的特性可以扑克牌作为比喻。每一张扑克牌都有一个值与一个图案，例如红心 J 或梅花六。我们看牌时，通常会同时瞄到牌面的值和图案。现在，假设我们只能侦测牌的值或图案，不能同时侦测两者。爱丽丝抽出一张牌，她必须决定要侦测它的值还是图案。假设她决定侦测图案，而这张牌刚好是梅花四，她就会测到"梅花"。她记下这个图案，不知道也不管牌值是多少。接着，就像传送偏振光子般，她传送这张牌给鲍勃。伊芙在传输过程尝试侦测这张牌。同样地，她必须实时决定要侦测牌值还是图案。假设她，不幸，决定侦测牌值，她就会测到"四"。这张牌抵达鲍勃处所时，他可能决定侦测它的图案，而测得"梅花"。之后，爱丽丝打电话给鲍勃，问他有没有测图案。答案是肯定的，爱丽丝和鲍勃就知道他们握有相同的信息——他们两人各自在自己的钥匙簿上记下了"梅花"。伊芙却在她的钥匙簿上写下"四"，一个完全没有用的信息。

再来，爱丽丝又抽出一张牌，假设是方块K，但她仍旧只能侦测牌值或图案。这次她决定侦测牌值，结果是"K"。再一次，她传送这张牌给鲍勃。守候在传输路线的伊芙决定继续侦测牌值，而也测得"K"。鲍勃收到的时候，决定继续侦测图案，而测得"方块"。随后，爱丽丝打电话问鲍勃有没有侦测牌值，他承认他猜错了而测了图案。爱丽丝不会责怪他，他也不需感到愧疚，因为他们可以完全舍弃这张牌，改试另一张随机抽出来的牌。这一次，伊芙猜对了，跟爱丽丝一样测到"K"，可是这张牌变成无效，因为鲍勃测错目标。换句话说，鲍勃发现自己犯错时，只需跟爱丽丝协议舍弃那些测错的牌，伊芙犯错时，却得懊恼地面对她的错误。陆陆续续发送几张牌后，爱丽丝和鲍勃就可以协议出一系列图案和牌值，作为某种钥匙的基础。

透过量子密码，爱丽丝和鲍勃可以协议出钥匙，而且伊芙无法不犯错地拦截这把钥匙。此外，量子密码还另有一项优点：爱丽丝和鲍勃可以知道伊芙是否正在窃听。伊芙尝试测定光子时，很可能改变它的偏振方向，发现这些变化的鲍勃和爱丽丝就知道好事之徒正在半路尝试拦截他们的传输内容。

假设爱丽丝送出一颗 ↘ 光子，而伊芙用＋侦测器来测定。这颗光子一旦穿越伊芙错误的侦测器，它的偏振方向就会从 ↘ 变成↕或↔，因为这是它穿越这个侦测器的唯一方法。如果鲍勃用他的 × 侦测器来测定这颗已经改变偏振方向的光子，测定结果可能使鲍勃认为它是 ↘——正好是那颗光子从爱丽丝那儿出来时原有的偏振方向，但也可能出现另一种测定结果而使鲍勃以为它是↗。换句话说，伊芙使用错误的侦测器时，会改变某些光子的偏振方向，使得鲍勃在测定它们时，即使使用了正确的侦测器，也很可能判定错误。不过，爱丽丝和鲍勃进行一项简短的错误检查后，就可以发现这些错误。爱丽丝和鲍勃做完那三个准备步骤，得出双方应该一致的1和0数字符串后，就会进行这个错误检查工作。假设爱丽丝和鲍勃共同建立的字符串长度是1,075个位元。检查他们的字符串是否相符的方法很多，其中一个是：爱丽丝打电话给鲍勃，把她自己的字串念出来，让鲍勃对照一次。问题是，这会让正在一旁窃听的伊芙拦截到整把钥匙。检查整把钥匙显然不明智，也没必要。爱丽丝只需随意挑出75个位元跟鲍勃对照检查。如果检查结果无误，他们大可相信伊芙没有在他们协议钥匙的过程中窃听；伊芙只有不到一万亿分之一的概率能在进行拦截时完全不干扰鲍勃测定这75个位元的结果。这75个位元被爱丽丝和鲍勃公开讨论过后，就必须舍弃，他们的钥匙长度也就从1,075缩短为1,000。另一方面，如果爱丽丝和鲍勃发现他们这75个位元有差异，就知道伊芙窃听了他们协议钥匙的过程，必须放弃这把钥匙，换另一条通讯线路，重来一次。

总之，量子密码是一套非常安全的信息保护系统，因为它不让伊芙有机会正确读取爱丽丝和鲍勃的通讯内容。而且伊芙尝试窃听时，爱丽丝和鲍勃会发现。爱丽丝和鲍勃可以利用量子密码安全地交换、协议钥匙，再以它加密信息。这整个过程有5个步骤：

(1)爱丽丝传送一串光子给鲍勃，鲍勃测定它们的偏振方向。

(2)爱丽丝协助鲍勃检查他哪几次用对了正确的测定方法。（爱丽丝只确认鲍勃的测定方式对不对，并没说出正确测定结果应该是什么，所以这些对话被窃听了也没关系）。

(3)爱丽丝和鲍勃舍弃鲍勃用了错误方法所测定出来的位元。根据正确方法所测定出来的位元来产生一对完全相同的钥匙。

(4)爱丽丝和鲍勃检验其中几个位元，确认他们的钥匙有没有错误。

(5)确认结果令人满意时，他们就可以使用这把钥匙加密信息；确认结果显现错误时，他们就知道伊芙拦截过这些光子，必须重新再来一次。

威斯纳被科学期刊退回的量子货币论文，在14年后促使一个绝对安全的通讯系统构想诞生。目前住在以色列的威斯纳对他的研究终于受到认同甚感欣慰："回顾当年，我不知道我是不是原本可以使它更受器重的。有人说我半途而废，或说我未尽全力让我的构想公诸于世——我想，在某些方面，他们说得没错——但是，我当时不过是个年轻的研究生，没有那么多自信。无论如何，当初好像根本没有人对量子货币有兴趣。"

密码专家兴奋地为本内特和布拉萨德的量子密码欢呼。然而，很多实验主义人士认为，这是一套理论性的系统，没办法实际应用。他们相信，处理个别光子的难度会使这套系统根本无法施行。面对这些批评，本内特和布拉萨德仍旧确信量子密码实际可行。事实上，他们对这套系统信心十足，却没有为它建造一套仪器的打算。本内特曾说："既然知道北极就在那儿，就没有必要特地跑一趟查证。"

不过，愈来愈高的怀疑声浪终究驱使本内特决心证明这套理论行得通。1988年，他开始积聚建造量子密码系统所需的组件，聘请研究生约翰·斯莫林(John Smolin)帮忙组装这套仪器。费了一年的功夫后，他们准备发送第一则受量子密码保护的信息。在一个深夜，他们回到他们不透光的实验室，一个不会有游离光子跑来干扰实验的漆黑场所。为这个长夜吃了一顿丰盛晚餐的他们要来坑弄一下他们的仪器了。他们开始尝试在这个房间传送偏振光子，用一个＋侦测器和一个×侦测器测定它们。一台叫作爱丽丝的计算机负责光子的传输，一台叫作鲍勃的计算机则决定使用哪一个侦测器测定哪一个光子。

瞎忙好几个小时后，大约凌晨3点左右，班内特见证了破天荒的量子密码交换。爱丽丝和鲍勃成功地发送、接收光子，讨论爱丽丝所使用的定义方案，舍弃鲍勃使用错误侦测器测定的光子，协议了以剩余的光子组成的加密钥匙。"我不曾怀疑过它的可行性，"本内特回忆道："只担心我们的手太笨拙，无法建造它。"本内特的实验证明两台计算机，爱丽丝和鲍勃，可以绝对安全地秘密通讯。这是一项历史性的实验，虽然这两台计算机的距离只有30厘米。

本内特的实验完成后，新的挑战是建造一套能横越有实用意义的距离运作的量子密码系统。这项任务很不简单，因为光子不是很好的旅行家。爱丽丝送出一颗有特定偏振方向的光子后，它若在空气中游走，空气里的分子会跟它产生交互作用，改变它的偏振方向。较有效率的光子传输媒体是光纤管路。有研究员已经成功发展出能够跨越显著距离运作的量子密码系统。1995年，日内瓦大学的研究员在相距23公里的日内瓦和尼昂(Nyon)镇，透过一条光纤管路，成功地执行量子密码。

最近，新墨西哥州洛斯阿拉莫斯国家实验室的科学家再度进行于空气中执行量子密码的实验。他们最终的目标是一套能够透过卫星运作的量子密码系统。这个目标一旦实现，全球通讯的安全就能享有绝对的保障。目前，洛斯阿拉莫斯的科学家已经成功地在空气中，跨越1公里的距离，传输一只量子钥匙。

　　安全专家开始猜测再多久时间量子密码就可以成为实用的技术。现在，使用量子密码并没有太大意义，因为RSA已经是在效用上无法破解的加密系统。然而，量子计算机一旦成真，RSA和所有其他现代密码都会失效，量子密码就会成为必要的系统。所以，竞赛还没结束。最重要的问题是：量子密码能否实时降临，解除量子计算机对我们的威胁？还是，在量子计算机出现后，量子密码来临前，我们的隐私会有裂缝？到目前为止，量子密码是比较成熟的技术。瑞士以光纤所作的实验证明，在一个城市内，各个财务机构之间建立一套安全通讯系统是可行的。现在，在美国白宫和五角大楼之间建立一条量子密码联机，也不是问题；也许他们已经造好一条了。

　　量子密码将为编码者和译码者的战争画上终止符，胜利荣耀归于编码者。量子密码是一套破解不了的加密系统。这则声明听起来或很夸张，尤其是考虑到以前类似的声明。在两千多年的历史中，编码者曾先后相信单套字母密码法，多套字母密码法和机械式密码法如"奇谜"等，都是无法破解的。历史的发展证明在每个例子上，这些编码者都错了，因为那些密码法的复杂性不过是暂时超越了当时的解码者的创造力与技术罢了。以后见之明，我们看到解码者终究会想出破解每个密码的方法，或是发展出可以帮他们破解密码的科技。

　　然而，宣称量子密码非常安全的声明，跟以前所有类似声明有本质上的差异。量子密码不仅是在效用上无法破解，而是绝对无法破解。量子论——物理史上最成功的理论——意味，伊芙不可能正确拦截下爱丽丝和鲍勃所建立的钥匙。伊芙甚至无法在尝试拦截爱丽丝和鲍勃的钥匙时，不被发觉。受量子密码保护的信息果真被破解，等于宣告量子论有误，对物理学家会是毁灭性的意义，他们会被迫重新检视他们对宇宙最基层的运作模式的了解。

如果量子密码系统能够跨越长远距离运作，密码的演化会就此停止，保密法的追求将就此结束。这项科技将保证政府、军事、企业界和大众的通讯安全。唯一的问题是：政府会不会允许我们使用这项科技？政府将如何管制量子密码，使信息时代繁盛，但又不会成为歹徒的遁逃工具？

密码挑战

十阶通达一万英镑

密码挑战(Cipher Challenge)邀您测试自己的密码破解技巧，进而赢得一万英镑的奖金。这项挑战分成十个阶段。第一个阶段是相当简易的单套字母密码法，其他阶段则跟着依序反映密码学的历史。换句话说，第二个阶段的密码文用了一个最早期的密码法，第十个阶段则是当代密码形式的一种。大体而言，每个阶段都比前一个困难。

怎样才能申领奖金？

每一段密码文的解译结果都是一则信息。除了信息本文，还有一个明显标示出来的代号(codeword)。你必须收集所有十个代号，才能申领这个奖金。换句话说，你必须解译所有十个阶段的密码文。你当然可以不照顺序地着手分析这些阶段的密码文，不过我建议你还是照原有的顺序下手比较好。有些阶段的解译结果包含破解下一个阶段的重要信息。

如何申领奖金？

申领奖金时，请先寄来每个代号的头两个字母，以及您的姓名、住址和电话号码。如果字母正确，我们会自收信时间起28天内与你联络，请你寄来所有十个完整的代号。如果你是第一位找出所有十个代号的人，即可获得一万英镑。

奖金申领信件请挂号邮寄到：

The Cipher Challenge, P.O. Box 23064, London Wll 3GX, UK.

奖金得主是最先邮寄出正确答案的人。这项挑战没有任何运气成分，纯靠技巧。请注意，我只会跟答案正确而有可能得奖的挑战人士联络。此外，我将不会回答任何有关这项挑战的问题。这项挑战的最新消息公布在Cipher Challenge网站：

http://www.4thestate.co.uk/cipherchallenge

一年奖金

假使没有人在2000年10月1日以前赢走这笔奖金，第一位进展最多最快的人，亦即依序完成最多阶段的人，将获得1,000英镑。换句话说，如果你解决了第一、第二、第三、第四和第八个阶段，你只能以第一至第四阶段的结果争取这笔奖金。准备申领这笔奖金前，请先上Cipher Challenge网站瞧瞧，那里会公布目前的领先者，以及他的进展。如果你相信你已经超越他的进展，请寄来所有已破解阶段的代号的前两个字母，以及您的姓名、住址和电话号码。如果这些字母正确，我们会自收信时间起28天内与您联络，请您寄来所有十个完整的代号。如果代号完全正确，你就会成为目前的领先者，你的成就也将公布在这个网站上。2000年10月1日这一天的领先者将赢得1,000英镑。这是一笔额外的奖金，与那笔将颁给最后赢家的1,0000英镑奖金没有关系。

奖金申领信件请挂号邮寄到前面所给的地址。而且请注意，我只会跟答案正确而有可能得奖的挑战人士联络。

我想建议所有挑战人士前往Cipher　Challenge网站了解这项挑战的最新情况。那里也有关于此书以及这项挑战的其他信息。

奖金的颁发

我会把这笔奖金颁发给最先完成所有十个阶段挑战、展现了最高技巧的人。

如果直到2010年1月1日都没有人赢走这笔奖金，我将公布答案，并把这笔奖金颁发给最快依序完成最多阶段挑战的人。

这项挑战以名誉为约。

第一阶段：简易的单套字母替代式密码法

BT JPX RMLX PCUV AMLX ICVJP IBTWXVR CI M LMT'R PMTN, MTN
YVCJX CDXV MWMBTRJ JPX AMTNGXRJBAH UQCT JPX QGMRJXV CI JPX
YMGG CI JPX HBTW'R QMGMAX; MTN JPX HBTW RMY CI QMVJ CI JPX
PMTN JPMJ YVCJX. JPXT JPX HBTW'R ACUTJXTMTAX YMR APMTWXN,
MTN PBR JPCUWPJR JVCUFGXN PBL, RC JPMJ JPX SCBTJR CI PBR
GCBTR YXVX GCCRXN, MTN PBR HTXXR RLCJX CTX MWMBTRJ
MTCJPXV. JPX HBTW AVBXN MGCUN JC FVBTW BT JPX MRJVCGCWXVR,
JPX APMGNXMTR, MTN JPX RCCJPRMEXVR. MTN JPX HBTW RQMHX,
MTN RMBN JC JPX YBRX LXT CI FMFEGCT, YPCRCXDXV RPMGG VXMN
JPBR YVBJBTW, MTN RPCY LX JPX BTJXVQVXJMJBCT JPXVXCI,
RPMGG FX AGCJPXN YBJP RAMVGXJ, MTN PMDX M APMBT CI WCGN
MFCUJ PBR TXAH, MTN RPMGG FX JPX JPBVN VUGXV BT JPX
HBTWNCL. JPXT AMLX BT MGG JPX HBTW'R YBRX LXT; FUJ JPXE
ACUGN TCJ VXMN JPX YVBJBTW, TCV LMHX HTCYT JC JPX HBTW JPX
BTJXVQVXJMJBCT JPXVXCI. JPXT YMR HBTW FXGRPMOOMV WVXMJGE
JVCUFGXN, MTN PBR ACUTJXTMTAX YMR APMTWXN BT PBL, MTN PBR
GCVNR YXVX MRJCTBRPXN. TCY JPX KUXXT, FE VXMRCT CI JPX
YCVNR CI JPX HBTW MTN PBR GCVNR, AMLX BTJC JPX FMTKUXJ
PCURX; MTN JPX KUXXT RQMHX MTN RMBN, C HBTW, GBDX ICVXDXV;
GXJ TCJ JPE JPCUWPJR JVCUFGX JPXX, TCV GXJ JPE ACUTJXTMTAX
FX APMTWXN; JPXVX BR M LMT BT JPE HBTWNCL, BT YPCL BR JPX
RQBVBJ CI JPX PCGE WCNR; MTN BT JPX NMER CI JPE IMJPXV
GBWPJ MTN UTNXVRJMTNBTW MTN YBRNCL, GBHX JPX YBRNCL CI JPX
WCNR, YMR ICUTN BT PBL; YPCL JPX HBTW TXFUAPMNTXOOMV JPE
IMJPXV, JPX HBTW, B RME, JPE IMJPXV, LMNX LMRJXV CI JPX
LMWBABMTR, MRJVCGCWXVR, APMGNXMTR, MTN RCCJPRMEXVR;
ICVMRLUAP MR MT XZAXGGXTJ RQBVBJ, MTN HTCYGXNWX, MTN
UTNXVRJMTNBTW, BTJXVQVXJBTW CI NVXMLR, MTN RPCYBTW CI PMVN
RXTJXTAXR, MTN NBRRCGDBTW CI NCUFJR, YXVX ICUTN BT JPX
RMLX NMTBXG, YPCL JPX HBTW TMLXN FXGJXRPMOOMV; TCY GXJ
NMTBXG FX AMGGXN, MTN PX YBGG RPCY JPX BTJXVQVXJMJBCT. JPX
IBVRJ ACNXYCVN BR CJPXGGC.

第二阶段：恺撒挪移式密码法

```
MHILY LZA ZBHL XBPZXBL MVYABUHL HWWPBZ JSHBKPBZ JHLJBZ
KPJABT HYJHUBT LZA ULBAYVU
```

第三阶段：单套字母同音密码法

```
IXDVMUFXLFEEFXSOQXYQVXSQTUIXWF*FMXYQVFJ*FXEFQUQXJFPTUFX
MX*ISSFLQTUQXMXRPQEUMXUMTUIXYFSSFI*MXKFJF*FMXLQXTIEUVFX
EQTEFXSOQXLQ*XVFWMTQTUQXTITXKIJ*FMUQXTQJMVX*QEYQVFQTHMX
LFVQUVIXM*XEI*XLQ*XWITLIXEQTHGXJQTUQXSITEFLQVGUQX*GXKIE
UVGXEQWQTHGXDGUFXTITXDIEUQXGXKFKQVXSIWQXAVPUFXWGXYQVXEQ
JPFVXKFVUPUQXQXSGTIESQTHGX*FXWFQFXSIWYGJTFXDQSFIXEFXGJP
UFXSITXRPQEUGXIVGHFITXYFSSFI*CXC*XSCWWFTIXSOQXCXYQTCXYI
ESFCX*FXCKVQFXVFUQTPUFXQXKI*UCXTIEUVCXYIYYCXTQ*XWCUUFTI
XLQFXVQWFXDCSQWWIXC*FXC*XDI**QXKI*IXEQWYVQXCSRPFEUCTLIX
LC*X*CUIXWCTSFTIXUPUUQX*QXEUQ**QXJFCXLQX*C*UVIXYI*IXKQL
QCX*CXTIUUQXQX*XTIEUVIXUCTUIXACEEIXSOQXTITXEPVJQCXDPIVX
LQ*XWCVFTXEPI*IXSFTRPQXKI*UQXVCSSQEIXQXUCTUIXSCEEIX*IX*
PWQXQVZXLFXEIUUIXLZX*ZX*PTZXYIFXSOQXTUVZUFXQVZKZWXTQX*Z
*UIXYZEEIRPZTLIXTZYYZVKQXPTZXWITUZJTZXAVPTZXYQVX*ZXLFEU
ZTHZXQXYZVKQWFXZ*UZXUZTUIXRPZTUIXKQLPUZXTITXZKQZXZ*SPTZ
XTIFXSFXZ**QJVNWWIXQXUIEUIXUIVTIXFTXFTYFNTUIXSOQXLQX*NXTI
KNXUQVVNXPTXUPVAIXTNSRPQXQXYQVSIEEQXLQ*X*QJTIXF*XYVFWIX
SNTUIXUVQXKI*UQXF*XDQXJFVBVXSITXUPUUQX*BSRPQXBX*BXRPBVU
BX*QKBVX*BXYIYYBXFTXEPEIXQX*BXYVIVBXFVQXFTXJFPXSIWB*UVP
FXYFBSRPQFTDFTXSOQX*XWBVXDPXEIYVBXTIFXVFSOFPEIXX*BXYBVI
*BXFTXSILFSQXQXQRPBUIV
```

第四阶段：维吉尼亚密码法

```
K Q O W E F V J P U J U U N U K G L M E K J I N M W U X F Q M K J B
G W R L F N F G H U D W U U M B S V L P S N C M U E K Q C T E S W R
E E K O Y S S I W C T U A X Y O T A P X P L W P N T C G O J B G F Q
H T D W X I Z A Y G F F N S X C S E Y N C T S S P N T U J N Y T G G
W Z G R W U U N E J U U Q E A P Y M E K Q H U I D U X F P G U Y T S
M T F F S H N U O C Z G M R U W E Y T R G K M E E D C T V R E C F B
D J Q C U S W V B P N L G O Y L S K M T E F V J J T W W M F M W P N
M E M T H R S P X F S S K F F S T N U O C Z G M D O E O Y E E K C
P J R G P M U R S K H F R S E I U E V G O Y C W X I Z A Y G O S A A
N Y D O E O Y J L W U N H A M E B F E L X Y V L W N O J N S I O F R
W U C C E S W K V I D G M U C G O C R U W G N M A A F F V N S I U D
E K Q H C E U C P F C M P V S U D G A V E M N Y M A M V L F M A O Y
F N T Q C U A F V F J N X K L N E I W C W O D C C U L W R I F T W G
M U S W O V M A T N Y B U H T C O C W F Y T N M G Y T Q M K B B N L
G F B T W O J F T W G N T E J K N E E D C L D H W T V B U V G F B I
J G Y Y I D G M V R D G M P L S W G J L A G O E E K J O F E K N Y N
O L R I V R W V U H E I W U U R W G M U T J C D B N K G M B I D G M
E E Y G U O T D G G Q E U J Y O T V G G B R U J Y S
```

第五阶段

```
109   182    6   11   88   214   74   77   153   177   109   195   76   37   188
166   188   73   109   158   15   208   42   5   217   78   209   147   9   81
80   169   109   22   96   169   3   29   214   215   9   198   77   112   8   30
117   124   86   96   73   177   50   161
```

第六阶段

OCOYFOLBVNPIASAKOPVYGESKOVMUFGUWMLNOOEDRNCFORSOCVMTUUTY
ERPFOLBVNPIASAKOPVIVKYEOCNKOCCARICVVLTSOCOYTRFDVCVOOUEG
KPVOOYVKTHZSCVMBTWTRHPNKLRCUEGMSLNVLZSCANSCKOPORMZCKIZU
SLCCVFDLVORTHZSCLEGUXMIFOLBIMVIVKIUAYVUUFVWVCCBOVOVPFRH
CACSFGEOLCKMOCGEUMOHUEBRLXRHEMHPBMPLTVOEDRNCFORSGISTHOG
ILCVAIOAMVZIRRLNIIWUSGEWSRHCAUGIMFORSKVZMGCLBCGDRNKCVCP
YUXLOKFYFOLBVCCKDOKUUHAVOCOCLCIUSYCRGUFHBEVKROICSVPFTUQ
UMKIGPECEMGCGPGGMOQUSYEFVGFHRALAUQOLEVKROEOKMUQIRXCCBCV
MAODCLANOYNKBMVSMVCNVROEDRNCGESKYSYSLUUXNKGEGMZGRSONLCV
AGEBGLBIMORDPROCKINANKVCNFOLBCEUMNKPTVKTCGEFHOKPDULXSUE
OPCLANOYNKVKBUOYODORSNXLCKMGLVCVGRMNOPOYOFOCVKOCVKVWOFC
LANYEFVUAVNRPNCWMIPORDGLOSHIMOCNMLCCVGRMNOPOYHXAIFOOUEP
GCHK

第七阶段

```
M C C M M C T R U O U U U R E P U C C T C T P C C C C U U P C M M P
R T C C R U P E C C M U U P C M P E P P U P U R U P P M E U P U C E
U U C U C C C M E M T U P E T P C M R C M C C U C C M P E C R T M R
U P M P M R C P M M C R U M C U U E U R P P C M O U U E U C C M U M
T U C U C T M U U U P M U U C T C U P M M C C R P P P P M M M E
E U M R C C C P U U E U P M U M M C C P E C U C U P C T C U E P M P
C U U E E U U U T P M M U C C T C C P P P C T P U C U C C U R E U
T U C M E P C C E M U U U P R M M T M U C M M C C C C C M E P U
E C U M R E R U U U U M U R C C P M U U R U U P M U P R P P U U U U
M R C C P C P E U R M M M P U T C R U U E O U U U M C M U U R U P U
R U C M U C R U M M C U P U U M U C R E U U U P C C U R R C P R M C
T R C U U U R C T P P M U U C C U U U U M U U E P C R M E P M P U U
C C C U M M U U M C U C M C C C R T C C M E E U P T M U U M M M C C
P P T M C P T E O U U U M U U C R M C C C M C P R C R C E P M C M C
P U U C M C C O M T P R C M C P C P M C P C E R R E C C R R E C R U
P U E E P M U M T C U C E U U T P C E U M R C U U U R R U C R U U C
R P P T T C P C P C U C U M U M P E C E E R P M R M M U R U M E P M
R M M C P R U C R C P E E R P U U U U R E P C C M M E P P P R C C U
M P C C C M M E E U U P P E R U E C P U E M U C C U U C P U E P U C
M C M C U U C M M M C U P C C M M U U U C U O P U C U P M P U E C C
E U P M C E P R C T R M C C U U T E C E C C R M U C U R U C M U C R
C M P C C U O R U C T U C C M C U C M U M M T R U M C M M C P U U M
U P C C M P C U U E P C T E C T U U T C E E M T U C T E P P R U U M
U U E C M U M R U E P C U M P P O U R U C C U P U C U C U E P C M M
E C C U C E C P P C C C C O C R C R C R T U C P P T P U O C U O R U
C C C E U C P P M R R C E U U U R U R C C M T P P U R P P C T R R T
R U U P M T M U U E T R P R O E M P T P T E P R E R P T R U U U M T
R U M T P P P R U U P E O U T P T R O M U U E R M M E P U T T O T O
O O M T P R M P P T M R E U R R U P M T R P P R E M U P R T R M M E O
U M M U P U U O U M E M O M E C P E U U U U C R U T T T R T U P T T
P E R E M U U R E E P E T R M P T R U U U O T R U U O O T T T O T T
E T E T O U P O M T U U O U T O E E T P T E M U U T U R C U O P T R
P O T E E M C O U U E P R M P T T T U P P R E T T R O E M U E T P O
P M T E R T E U U U P U P U U E M M O T O U M O R R C M U U U E T U
```

```
O T T E M T T C T M E T E R E U M U E E T U M E T P U T P U E T T M
P E E R T C P T O U U T R E R E T U T R E T R T R U T C M T C U U T
P O M T T P T P T O U M E O T T R P E P U T T T R T T O U M U U T P
E E C T M P P M U E C T R P U C T E U U E T P T O T P M T M C P U E
P P U P R M T P C R U R P R E M E R T U E E R O R O T O M M R C U U
E U T P T E P P E U U T P O T P P M E P E M T R E E U T U U T O T P
R E E R O P O R R M U U T M P R T T M E E E T E R U T M T O O C P E
P P M P M T P R R M E P R E U M M P R T R E E P U T T P E C T U R U
R C O P E E E O O U E M O M P T U E C E R M M M P P E P M U E M U R
T E U M R T T P U T C E R O E T M U U R O T U T T R M U E T E T T R
P R O U T U U P R E U T T R T P M T U P E E M E T E P T O E T U U T
E P T M U U E E P P T P M U P T E P R M U T T P M U M M E C R E T E
P T R T U R P M T O O U E E O T O U R U U R T U E U T P O M T P P U
R E O T C M C P R P R O O E E R U U E E R U M U U U C P P C P U E T
E R U R P O R P T P C T P E R E R M U T T R E U P R T M E C U R E P
P O U T M O T C T M P T P O E U U T O T P T O R E U E T U R M E T R
E P E E P R U C P E M M P T M U U T T E O E R M U R U U R U T P T T
E C E T O R T M T M E T T U E M U U C T O P E M U U E P U M C M U C
M T P O U C E C M T R E M C P C M C T P M M P P C M U U U C M C C
C P T M M U C R E U U C T R R E U C U R E C P M R C E C U C E U C C
P M C T T P C R E U R M U T U P M P P M M C U T M C M C C E U U C T
U P U U U U R C U M E P O T U U U C T E P C C P M C C T P C P U M
E R U C U M E M M R M U P C M U U C U C R U U U C P C U P C E C M
C U U P O P C U U U C U T T C P C M C U U C C E P U U P C M P U C
M M M P U U U E P M P P E C R C M P R E C R R U M C U E C P U P U C
E M P M U C R T U T U C R C C U P U U C U M M P U U U U E C U U C C
E C P P P R R M C M M E C C R M M R C C E C T U R M C E C C C P M M
M R P E C U U U C P P M M E C C M M R R C M U C M R C P C U C M U C
C C P C T R C U U E U C C M T E M C R C P E C C U U C U U C P E T P
C C P P T U M P C M P C M C E U C C C P C U C T C C C M T U M P T U
M E U C P P M U M P M M R E M C U M M M E R U C U C C M P U U E U C
P C E P P R U U C C U C T P U E T E R C M M M U R U U P U R P U E E
M U M U M R C U U C R M R C P T E M E C M M U C U C U U P P E T T T
M P C P M M U E M P P C U T P M C M U U P U C C P M P R C M C R P U
P M E M U U U R C O C P C U E P M R C P T M M M M C C E C U M C U U
C E C P P U C P M R M E P C U U R U C U C P R T U E R M C C R P M U
```

```
U R U U P M E U P C E C P T R U T U M C E C E P C U T C U C P E P C
C U U E T P P C P U U M C M M R O U C C P U C P P E P M E C R P C M
C U M P U C U U U E M M C U T M C U M C U E U C M U C C T P U R E U
P P C O P M P M U U M M M U U E T P U U U U U P P P P M U E C E R U
R P U R T P M P P P M E M C T U P C M E C P P C C E M U R M P T U U
R C U E P C U E C P U T C U R U C P R U M T C O C C M P U C M E P E
M P R U P P E C C P C U U C C C E U M R U U E U U E U C P C P M P U
C U M P U C U M P P R E U U U P E U P E U U C T P O T U P E T U O E
C O T T E M O T E U T E U M U P M U T P O U P E T E R P U T P R U U
U P O T T E P T R R M T C E T O R O P M T R E T R C O E T P R O E E
P T E P M M E U P E P E P U P U U R E E P E R T P E E C E P O R T U
E M E T T E P T E R M M T T E T T T P O R U M P T T E R P P U U R M
T T O M T M U M M U U T U O E P E U U O T C P E P T M R E R U R P E
T P P T T P C O R P T T T M U T R U P P T E R R E U R P R T R E T T
R C P R C U U M U P R U U U M T P R T R E T T U U U O C U M U U U U
M O T T P E M E T T E R P C T O E T U U R M E P E E O R C P E T M P
P R U T T R U U E T M O T M U U M T E R U T O T C R P M U R M U M R
M P M O O M O U O T P O R E M E M U P T O R T R R P O O U T P P P E
P M T P E O C T R R M E T O R T P E M M P E E E T R U U R U R P P U
P U R T R O U M T M R C U O T E T R C R P E E C P T E E U U E M T T
P U R U P E U O E U U M P E M U U T T E R E U M E R T T E T T T M E
U T M R T O R M E C U C U E U E P R U M T U U E R M U T R E U U P E
E M E E R C U U U T R M R T R M U U M M E P P T P R T E M T E M P E
U E T P O O O U U M O T O U T O O P E P R U U R T T T M U R T U T E
T P C O T E M T U O E T R M T E T E M M T U M O E E O O U M O P T P
R U T M R M T R T P T U U E P U U P U R R O E U E R U U O U P R T M
E T P E P P O T R M C M R U T T P U U E U R T T E E T E T U U E U E
E T U R R M E E M R E U R C T P E M U U R E P R U E O R U R U U P T
U M P E M T T P T U E M U P M O R T O O O U T P P M U U P U P E R E
R U U O U E E T U P E T E T P T T T E M R U U R T T T U T T M U P R
P R R U R U U T M T U R T C U E E O M R R T E T T M U T P P R P E P
T R E E O O T T E T R E T R U T P R U T M U U U T M U U C T U U P U
E R U E E M M U E E T T P E T M U M E T T E T T P M R E M R T P T E
T O U R T P P O E T T O M T P T E T E U T P U C U M U C U O E T U C
P E C U C M U P M U C U T T U C T U U M U C U R P U C P M C U U M U
C C E P C M M U C P T P U M U P U C M E C M P U M P P M U E M P P E
```

```
P U T E U M E P E P U P U U R M T P E M R P M M P T P O P R C R U E
P C M P P M R C C C P U C U P T U M U U P C P E M P T U U M C C C U
P C C U T U U U R C E M P E U C M R P P E P C C M M M U M P E C M T
R E R P U M P C C P T U C M C O P C U R U E C M T E C M M C C R P P
E P U U C U T M U U U C C T M C M E C P C U U U P U C U U U T C U C
C P T U U C C M M P P R E M C U U R U U M U E U U P P U C R P M R U
P C M U U E C U U C C U U R C E R R C U C P M P U U M T U U R C M P
E M U U U U C T U M T T T C U M P U M C M R T U U U C P P M E P U C
T O U P C M M C E C U M C P E C U P M T E P R U U R U R M P U P E R
C R U U C C C M P C U C M R M P M P E E P T P E M C U R C P C P U R
U T E U U E U U U P T C U C C C E M M T U T R E R E M P R R M U C C
R C U M U E P U P U E U E P M U T R U C C M U U C M M U U P M E C M
M E M U U U C M R P C M C U U C C E T P C P R R M U R R C T E C M C
M U U U U U U E C U U C U U T E P M U U R C C C U U R C U C E C P P
U C M U R C U U C R U C M C R C C C U C U M E M U U C P P P P R C R
U R U C M C P P C R M P U E P U M P O M U M M C U U U P C C C E C T
M R P U P M P O C C T P C M U U M C M C C T U C E C U U M C C M C U
E R T T R C M M U M T C P E R U U M M T R U E U M C M C C M C U U P
M U C C T P U M C U T P U M C U U U C P P U C E T U P E R T R U U
U U M M C U M E E M C T C C P U R R U U R C P C U P C C U P M P M M
U R U U C C C E P R P U M M U T C M C M C C C U C P P C M E P C R E
M U U R C T P E M C M C C P R U C C U U U C C U U P C U U P U T R U
E E U U U E U C R P M R U U U O C P O C R P C M E C R C P C E C U U
E C P P U M P P E P C P R M P E U C P T U E M T U T T E O P R U E P
E P M T P U P T T R R E R P U E M M O P M U P R U U U M E M P P P U
T O U R O P R O P P M E T P R M T U U R P T P U U T O U U M T E P C
O E M C U U T P U U P T O T U U T T U U U R T P T R T T M O C T R U
T R O T T R O P T U M P P M U R T E U M T P E U M C M P R E P M R E
E E E U T T T E U U T M T P U R U E U U M T U P P U T T R E M T P T
R R U T U R T R U U T O T E R O T M U U U T M U P T P U U R T E R U
M M T M T T U P R P P P E M E P C M U M T R R E M U C E U P P T T T
T T P R U U U R T E E P U P U T M M T U P M R U O P E U E E T M M P
E M T P E C R E T M E O U T M E E P R E U M E M R T O T E M T O T P
T E C E P T U T R E E E M P P T P E E C P P T M U U T M U M P R M E
R E U U P T O E O P U E P T R T T E P M O U M P E U T M T T M U U U
T T P T E R M T R R U U R U U E U R T E E M U T T E P O U U E M E E
```

```
P C R U R M E T M E T O R E U U O T R T P R T T E U M M T P M M R P
E U U R E R T E O T U T R R O T O T E T T E O T U E U U E T U E T P
M U O O R T O U M C O T U E C E U U R E U U M T T E R U O T T M T E
T T E O T U T E P T R C T U U P P E R U T O U U E O R M U E M P R E
M U U P O P M O U O O T E C U O E T U C M T T P T T U U R T T M M O
P T P U C M T U U O M U M T T T O R T U P E T E T R O M T R E T T U
E U U T P P T M E U M U R U U U U R E T U T R U R R T T P P T T P O
E T E M U O T C O U E M T T M T U E U U P T U P U P T R O T U E E R
O E R O U E M C P T E R C P P T M U U M T O M C E M U T P T T T O U
T O E M T T P P C R E P O T E P P E R P O P P O T E U U U U R P U U
C P R P R M T R E U U E R M U C T O P T T U U T P M C T R M E T E M
M U O P T U U E T P P M M R M T U P R M U P R M O U P R T E U U U R
M M C O R T U M T O E T M U P M U T T P U T T E R M U U P C E T M T
U P T P P E T R U T T P O T M E C U R C P U O P M T P M C M P E P C
M M U O R R M P C M M O R C C U T C C O M C U U P R C P P P U C U U
E U P R U P M C E C T M C C U U R P P M U U E U U U U C E T U U R C
P U U R E U C E C U C C U E C U U U R C P P M C C C U P R M U C M U
C P R U P P U O M P U U U C M U U C P M U C R C P M M T C M M U O M
C M C C M U U P C C T U R U E U U U C U M T U C C M M U C T C R R U
R U M R P R U C U C E M U C C U U U E T U M C P C U R P U R C U U M
U P P C E M P P P U U M P P C C P R R C E C C R M C P P R C C R P P
M U U U R C M E P C P U C C C C U P R R U U P M C E M C U T M U C C
M E P M M P P M U U C C E M P R E U U T C P C U C M C C U C M R T P
M P C U C P P M R C M P C P E M P P P M R U U C C U U P R C E R T U
U P C U M U P U M P C R C C E P C U C C P M T R P C P C U U C R P P
R U R C C M E U U R U U M U R P E M R U C C M M U C R M C T M R P R
C U C M C U U C U M M U U U E M C T M C C M U C T C M U C M P M U T
R U R R E O C U C R C U P U C M P C E U C C E U U E P U M P T C C E
U R C U U C P U R C T P E U U M M U U U C C M M T U C R C R M R P O
U C U C U P C M P C U C T P M M U P U C U M U M C U T P P M E U U U
P U P C U U U U C M P U E M C U P C C R P P R U U M C C U C U P C P
C P C C U U U C U R C C P U R C U T U R E C R U U C M T C C C M U C
C P P P C M U C C U U U U U M M P U C R C U E C C T P C P M E E C M
U U C C C U U M C P C C C U U C U P C U P U T C M M C U M M M U M M
P U M M P T R M M P P P M R U U U C U U R E T U C P E C R P U R U R
C C C T P P M T P U P M P P M R M U R P U P U U U U U E P U C M P R
```

```
P P C C R O U U E C T U P C U P C C U U C P C P C M U E C M U T U U
P C U U T P P P C M M U P C C R U C E R T U C T E C M C U U E C R P
U M C U T C U E C C U P C U C C P U R P M M T U T P P O C U R C P C
P P M C M C C C P U P P M R U T E R M O T U M U U E M R C U U T P U
P P T T T M U O T T E R P R E T T R M T E M T E U U T T R P T T C U
T M T U P M R E U P M U E U U U U P T E T C P U C E E C T E R M M
T M O T M P M E T R P E R O P E M E M M P R P T R U P T U O E U M P
P U R M U U E M M M P U C P U M U T M P E U U O P P U O M P T O T R
R M T P C P P P R E P E E R M R E M U T P O U E M P P E E R R M T R
T O M E P T E M U E P R T U R O O T O M U P P E R O T T P T T M P P
T P C U U M T T U R E O P M T R E T T M E E U U O P M E R M P E T
E E R M U T T M M P E P O E T M E T E R U U O O R M E M M T R U U R
U O P R U P R P P U U U E E T T T T P E U R E R R P U E T R U U E
O O O U E T E U U M U T U R U T R U U T O P O T U P M U R U U E R U
U U P U O O T T T P M E U E R T M O U M T P P P E O M T T U U U O E
U U E T U U E T U R P U M T M M E R R U U E T O T P T T T R P T M P
E E M T M E U U P O E T T P P P R U T E E C O U M E U U T T R T T T
R T T R T T M E P P T R T P O U T R T T O P E C R T P U T T C E M P
T O M R E T T T R E U C O T O T R P U R P T U T E U U E P M E O T
M M U U U R R E T M O U M M P C P E T P T P R M T U P U E T E T E E
M C C T E R U R O E E P R R R R T P T U U M T P E E M C U O U U R E
C T U P P R T P P M T M U M C T T T P R R E O U T P E R U T M P U R
R U T U M O T T E E T M T R M R T O M T R R R T O P T T E R U O O M
U T P R M M P R P U E T M E U T T M P P R T P T P T T U U M R T E T
T R R O T U R U T R U U C M R C M T O C R U T P O T T P T M T E O R
R M R U E U R R T T O U R U P T U E C T E O T M T P R T P U M M R E
E E P O R P U R P R U M E M O T T R O P R U E T T U E T R O M T O U
E O P U T M T U R P T P R R T M O R E T C T M T M U E T T M R T T E
O R P C P P M M U M T T O U M T E U U R T R T R M E M U U T M T U T
R E T P M T P P M M
```

第八阶段

反转滚筒		滚筒 3		滚筒 2		滚筒 1		接线板	键盘
Y	A	B	A	E	A	A	A		A
R	B	D	B	K	B	J	B		B
U	C	F	C	M	C	D	C		C
H	D	H	D	F	D	K	D		D
Q	E	J	E	L	E	S	E		E
S	F	L	F	G	F	I	F		F
L	G	C	G	D	G	R	G		G
D	H	P	H	Q	H	U	H		H
P	I	R	I	V	I	X	I		I
X	J	T	J	Z	J	B	J		J
N	K ←	X	K ←	N	K ←	L	K ←	←	K
G	L	V	L	T	L	H	L		L
O	M	Z	M	O	M	W	M		M
K	N →	N	N →	W	N →	T	N →	? →	N
M	O	Y	O	Y	O	M	O		O
I	P	E	P	H	P	C	P		P
E	Q	I	Q	X	Q	Q	Q		Q
B	R	W	R	U	R	G	R		R
F	S	G	S	S	S	Z	S		S
Z	T	A	T	p	T	N	T		T
C	U	K	U	A	U	P	U		U
W	V	M	V	I	V	Y	V		V
V	W	U	W	B	W	F	W		W
J	X	S	X	R	X	V	X		X
A	Y.	Q	Y	C	Y	O	Y		Y
T	z	O	Z	J	Z	E	Z		Z

```
K J Q P W C A I S R X W Q M A S E U P F O C Z O Q Z V G Z G W W
K Y E Z V T E M T P Z H V N O T K Z H R C C F Q L V R P C C W L
W P U Y O N F H O G D D M O J X G G B H W W U X N J E Z A X F U
M E Y S E C S M A Z F X N N A S S Z G W R B D D M A P G M R W T
G X X Z A X L B X C P H Z B O U Y V R R V F D K H X M Q O G Y L
Y Y C U W Q B T A D R L B O Z K Y X Q P W U U A F M I Z T C E A
X B C R E D H Z J D O P S Q T N L I H I Q H N M J Z U H S M V A
H H Q J L I J R R X Q Z N F K H U I I N Z P M P A F L H Y O N M
R M D A D F O X T Y O P E W E J G E C A H P Y F V M C I X A Q D
Y I A G Z X L D T F J W J Q Z M G B S N E R M I P C K P O V L T
H Z O T U X Q L R S R Z N Q L D H X H L G H Y D N Z K V B F D M
X R Z B R O M D P R U X H M F S H J
```

钥匙

```
0716150413020110
```

词

```
begin 644 DEBUGGER.BIN
(-&>`_EU-_/$`
`
end
```

第九阶段

```
begin 600 text.d
MM5P7)_)8F_,H[JOF1C//L/W+)%QSK*Q37CJ-N 'W[_;CQSTW'UY0S2,\LQVG0
M@1&HY^1MHYI\>2P'F:6Y*E%X4A&$2'=L28$$..9["-ZIGA_VP(GIPK[CW3^L
M55+60OD^&=FS61(L96YG> '59*1Q^)/C?$1/C&9PN35-HP;.>V8_/P8_/P_P(.:+R(
M61]'NG^UF:,#57MMQSKKN[N7M>1NE;2(!RUA495Q916!;Q<*("["C**"A"@%A+-S
M8AR45+G$-#8A?29V_..6%7*6D$J_G4JJX'JM^1? K@._#_(B/N7-<-YNN;/,,JF8C
M6LD[90MVJ2'I**.G@>9U%!!E(33!S^K# N7JH_Y5RU5E&=;J@S!>'^"3Y+P%-RP
M9&++^^"JL/POK%%T)-5KI+IU4%"W^7;;;&D(D-2/U'$3\C7 ?]B* 3*C/Y!%U >&V6
M%W85NNN(PO(>#C1)CFEL&;^^H^3YYKR259XJVDVD??)\MX+  [S?3X_F^/*1$NGH$B&
M1I$$L2-C'E/@*OK&5;5;+P+PG1S  D49A0=#9\C(4D$$/F;C(H#Mmm:\%G[K[OR+2RG
M@@@SSBvg!45%FE6!=P$YD"V2.2T06@C/-&) 3H<:Y9BOR=V#S_>\:S8GZ.*A"$*$T
MZOE!=/4QWLLB<[:K8T TZ@C9, ( #D:/G4) P2>,S?%9: Q]MV0;?F9;F1VP'@
M=!XCI_M>2?F' ;20):%Y61[[.! -W8%7M3BJVXX[6!/-E-@A4?6C\(>>5ZSEXESE$$$SLZ
MF_\_U//JGV"KKhe259927762%P-9J!*J@ DPJF]M2/>DXHA?JT"^2C7;;_-9B;
MBBB'CFTYR9R#O21.44MMWY=3L8V+P!#S+++PW;K=+W/rq.+-9BM
MN4F"O!=+LQ3$6F***14Q3Q(3_U:64V/L9$<E%%">*H*9P%@#("66#X4O3l-"'_*\JZE.,=G29I
MM9JLH#.Y++^^+.?^^?]I!"?#"??H5C#!#L^^+H3#C^^.+++#+,+.+,+
MMMS[XKkP#JY(:3@V);U2,5PG 6$!146,6./B/L[Y^^*"Q'(^*/./Q+;++"./
MPP55L0((>)UF9O0U7[<]9^E:0*-MMB^.I(Q+>+%IHF+,M0+&"Om0l"I%L8@"_)+)<Y$<ZRU+
M']&9L9!WWD/IУ:L[D[/4:4;D*%[&X+#K02[[/[(&?@%]IG+Sl/L?ov[/@7.mm'mKE
M.(./_&E=E=(*(*(W5HO3RA5WP8P8P8W
M2J1)K3%2)(T2) )ORRABi, 1. m19WY!5W9L>mm$%;^^"Y*0$FC">";I!NI*
M@#0SN.y_0lu_-EK1>);84QMTa0/(KQQ2LL+R####KKI=NNNN7mm.OT
```

第十阶段

较短的信息

10052 30973 22295 13534 12990 66921 15454 81904 58209 26472 18119
11542 99190 01294 87266 20201 55809 80932 92390 96710 64341 91354
27685 27572 48495 78859 80627 33369 29356 36094 85523

较长的信息

```
begin 600 text.d
M.4#)>S I:R!!4)NA+\%T%V/(AW!7HHDPS$;T[\E!RWA?,J8:X#D[!:XF,A>K
MXT9$Q)37\IOMG6KL-$6?A!#FZ2Y)N+4%*.^2K!SP?Z2'8O7LZ]QP \T=QG-*
MAMJA;Q@3H[8^U/L<ILL%TA0J9M*F@8F?H:76%<33JOESAP=@3:(\:8NBGFM0
M,MP3B^CP%/D8DICZ$VO(7IS(DTJRZ&#Y- 7I\-#VI0">J@+O!CT.+6B9K$J%
4:EAB9%1#;(P+I>1!#<+2+;(7.W<

end
```

附录 A 小说《虚空》开头第一段

Today, by radio, and also on giant hoardings, a rabbi, an admiral notorious for his links to masonry, a trio of cardinals, a trio, too, of insignificant politicians (bought and paid for by a rich and corrupt Anglo-Canadian banking corporation), inform us all of how our country now risks dying of starvation. A rumour, that's my initial thought as I switch off my radio, a rumour or possibly a hoax. Propaganda, I murmur anxiously - as though, just by saying so, I might allay my doubts - typical politicians' propaganda. But public opinion gradually absorbs it as a fact. Individuals start strutting around with stout clubs. 'Food, glorious food!' is a common cry (occasionally sung to Bart's music), with ordinary hard-working folk harassing officials, both local and national, and cursing capitalists and captains of industry. Cops shrink from going out on night shift. In Mâcon a mob storms a municipal building. In Rocadamour ruffians rob a hangar full ot foodstuffs, pillaging tons of tuna fish, milk and cocoa, as also a vast quantity of com - all of it, alas, totally unfit for human consumption. Without fuss or ado, and naturally without any sort of trial, an indignant crowd hangs 26 solicitors on a hastily built scaffold in front of Nancy's law courts (this Nancy is a town, not a woman) and ransacks a local journal, a disgusting right-wing rag that is siding against it. Up and down this land of ours looting has brought docks, shops and farms to a virtual standstill.

附录 B　频率分析的基本要领

(1)先计算密码文每个字母的出现频率。应该会有 5 个字母的出现频率少于 1%，这些字母很可能代表 j、k、q、x 和 z。应该会有一个字母的出现频率大于 10%，它大概代表 e。如果密码文的频率分布概况跟英文的不太符合，就要考虑原始信息不是英文的可能性。分析频率的分布概况可以帮您辨识原始信息所用的语言。例如，意大利文通常会有 3 个出现频率超过 10% 的字母，有 9 个出现频率少于 1% 的字母。德文的字母 e 则有特别高的出现频率：19%。所以，凡碰到含有一个出现频率特别高的字母的密码文，你可以大胆推测它是德文。判别出明文的语言后，就取用那个语言的字母出现频率表来进行频率分析。只要有适当的频率表，即使是一段不熟悉的语言的密码文，多半仍可以成功地解开。

(2) 如果各种迹象显示它很可能是英文，初步套进频率分析结果所显示的明文却不像英文(这是很正常的)，就从一对对的重复字母下手。英文单词中，最常出现的重复字母是 ss、ee、tt、ff、ll、mm 和 oo。密码文若含有重复出现的字母，很可能就是代表上述的某一对字母。

(3)如果密码文单词之间有空格，就先尝试判别只含一个、两个或三个字母的单词。只有一个字母的英文单词是a和I。最常用的两个字母的单词是of、to、in、it、is、be、as、at、so、we、he、by、or、on、do、if、me、my、up、an、go、no、us、am。最常用的三个字母的单词是the和and。

(4)可能的话,为你要解译的信息专门制作一套字母出现频率表。例如,军方的信息通常会省略代名词和冠词,所以会少掉I、he、a和the这几个字,一些最常用的字母出现频率就会跟着降低。如果确知手上拿的是军方的信息，你应该使用一套以军方信息为基础所计算出来的频率表。

(5)密码分析家最有用的技巧是，凭经验或猜测功夫判断单词或甚至整段词组的能力。早年一位阿拉伯密码分析家卡里尔(A1 Khalil)，在破解一段希腊密码文时，就展现了这方面的天赋。他猜想这段密码文的开头可能是祝辞"以上帝之名"，以此推断出几个密码文字母所对应的明文字母。这几个字母就成为他撬开剩余密码文的工具。这就是"对照文"(crib)的应用。

(6)有时候,密码文最常用到的字母就是E,第二常用到的字母就是T,以此类推。换句话说，密码文的字母出现频率跟频率表所列的几乎一模一样。密码文的E似乎是真正的e，而其他字母也是有如此的倾向，可是这篇密码文读起来根本就是胡言乱语。那么，您所面对的不是替代式密码法，而是移位式密码法。所有的字母都保留自己的面目，只是位置错了。

海伦·根兹(Helen Fouché Gaines)所著的《密码分析》(*Cryptanalysis*)，Dover出版社出版，是很好的入门读本。除了提供要领之外，也有许多语言的字母出现频率表，以及最常用的英文单词表。

附录 C　所谓的"圣经密码"

1997年，麦克·卓思宁(Michael Drosnin)所著的《圣经密码》(*The Bible Code*)在世界各地造成轰动。卓思宁宣称，检视圣经中某些等距字母序列(equidistant letter sequences, 简称EDLSs)，就可以发现圣经内文所隐藏的信息。任取一段文字，挑选某个特定字母当起点，反复跳过固定数目的字母所得到的字母，串在一起，就是一个EDLS。以附录A《空虚》的文字为例，我们从第一行的rabbi这个字的r开始，跳过五个字母，来到a，再跳过五个字母，来到r，以此类推，就会得到一个EDLS:rarofloro……。

我们上面这串EDLS没显示出什么有意义的单词，卓思宁却发现了数量惊人的圣经EDLS，而且它们不仅拼出有意义的单词，还成为完整的句子呢。照卓思宁的说法，这些句子是圣经的预言。例如，他声称他发现了约翰·肯尼迪、罗伯特·肯尼迪和安瓦尔·萨达特(Anwar Sadat)遇刺事件的相关字句。有一个EDLS在gravity(地心引力)这个字旁边出现牛顿的名字Newton。在另一个EDLS,爱迪生的名字Edison则跟light bulb(灯泡)

连接在一起。卓思宁的书是延伸自多朗·威祖(Doron Witzum)、艾里亚胡·里普斯(Eliyahu Rips)和尤夫·罗森贝格(Yoav Rosenberg)所发表的论文,卓思宁的野心却大多了。这本书招引大量的批评。最主要的论点是,卓思宁所研究的文稿非常庞大,文稿够大时,变化一下起始字母和字母跳跃距离,一定可以得出有意义的词汇。

澳大利亚国立大学的布兰登·麦凯(Brendan McKay)为了证明卓思宁的理论基础薄弱,就在《白鲸记》(Moby Dick)这本书寻找EDLS,发现13个字句跟知名人士的遇刺有关,包括托洛茨基(Trotsky)、甘地和罗伯特·肯尼迪。此外,希伯来文稿的EDLS一定特别丰富,因为它们几乎没有元音字母,解读者可以视需要插入元音字母,所以更容易找出预言。

附录 D　猪圈密码

单套字母替代式密码法以多种形式沿用好几世纪。18世纪初的共济会(Freemason)就使用一种称为"猪圈密码"(Pigpen Cipher)的密码法来保藏他们的纪录，今日的学童仍常使用这种密码法。这种密码法不是用字母取代字母，而是依下列模式用符号来取代字母。

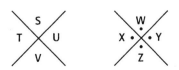

加密信息时，找出每个字母在方格中的位置，然后以围绕它的网格线来代替它，所以：

a = ⌐

b = ⊔

:

:

z = ∧

如果知道钥匙的话，猪圈密码很容易就可以破译。如果不知道的话，请依以下要领：

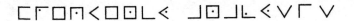

附录 E　普雷费尔密码

普雷费尔密码是因圣安德鲁斯的第一任普雷费尔伯爵莱恩·普雷费尔(Lyon Playfair)而广为人知，实际发明人是电报研发先驱之一的查理·惠斯顿(Charles Wheatstone)爵士。他们俩住得很近，就在铁键匠桥(Hammersmith Bridge)的两边。他们时常碰面讨论他们对密码的想法。

这种密码法是替换一对一对的字母。要加密信息时，发信人和收信人必须先协议一个钥匙单词。我们且用惠斯顿的名字CHARLES当钥匙。然后，在加密前，如下把所有字母，以钥匙单词所含的字母开始，——写入一个5×5的方格，I和J放在一起：

C	H	A	R	L
E	S	B	D	F
G	I/J	K	M	N
O	P	Q	T	U
V	W	X	Y	Z

接着，把信息分解成一对对的字母，或称字母对(digraphs)。组成字母对的字母必须互异；必要时，就在原始信息的适当位置插入一个x。

如果最后只剩一个字母，也是加入 x 来组成字母对。

明文	meet me at hammersmith bridge tonight
分解成字 母对的明文	me-et-me-at-ha-mx-me-rs-mi-th-br-id-ge-to-ni-gh-tx

现在可以开始加密了。所有字母对都可分成三类：两个字母都在同一行，或是两个字母同在同一栏，或是前面两种情况皆非的。如果两个字母都在同一行，就分别请右方邻居替代；依此原则，mi 就变成 NK。如果其中一个明文字母刚好位在那一行的最后一位，右边没有邻居了，就用那一行的开头字母替代；依此原则，ni 变成 GK。如果两个字母都在同一栏，就分别请下方的邻居替代；

依此原则，ge 变成 OG。如果其中一个明文字母刚好位在那一栏的最下面一位，下方没有邻居了，就用那一栏的开头字母替代；依此原则，ve 变成 CG。

如果某个字母对的字母既不在同一行，也不在同一栏，就用另一种方法加密。加密第一个字母时，先找到它所在的那一行，再找出另一个字母所在的那一栏，这一行和这一栏交会的字母就作为这第一个字母的替身。加密这个字母对的第二个字母时，就以它所在的那一行和第一个字母所在的那一栏交会字母作为替身。依此原理，me 变成 GD，et 则变成 DO。

分解成字 母对的明文	me	et	me	at	ha	mx	me	rs	mi	th	br	id	ge	to	ni	gh	tx
密码文	GD	DO	GD	RQ	AR	KY	GD	HD	NK	PR	DA	MS	OG	UP	GK	IC	QY

　　知道钥匙单词的收信人，逆向执行这些程序，就能解开密码文。例如，密码字母出现在同一行时，就分别用左方的邻居替换回来。

　　普雷费尔不仅是科学家，也是显赫的公众人物（身兼下议院的副议长、邮政大臣，以及公共卫生委员，对现代卫生设备的基础发展有功）。他决定向资深官员大力推荐惠斯顿的构想。1854年，他跟亚柏特亲王以及后来的首相帕莫斯顿爵爷共进晚餐时，首度提出这个构想，稍后就把惠斯顿介绍给外交部副部长。不幸，这位副部长抱怨这套系统太复杂，不适用于战场。惠斯顿争辩道，他可以在15分钟内就让邻近小学的小男孩学会这套办法。"那很有可能，"这位副部长回答道，"但你绝对不可能教会使馆馆员。"

　　在普雷费尔的坚持下，英国国防部终于秘密采用了这套办法，大概就在布尔战争中首度实施。普雷费尔密码法，尽管有效实施了一阵子，却谈不上难以攻坚。找出密码文里最常出现的字母对，假定它们代表英文最常用的几个字母对——th、he、an、in、er、re、es后，就能破解它了。

附录 F　ADFGVX 密码

ADFGVX密码兼具替代法和移位法的特性。使用这套密码的第一个步骤是画一个6×6的方格，然后随机填入26个字母和10个数字，再分别以A、D、F、G、V、X作为每一行、每一栏的名称。方格里的字母与数字的排列是加密钥匙的一部分，收信人也必须知道这个方格的内容，才能解译信息。

	A	D	F	G	V	X
A	8	p	3	d	1	n
D	1	t	4	0	a	h
F	7	k	b	c	5	z
G	j	u	6	w	g	m
V	x	s	V	I	r	2
X	9	e	y	0	f	q

加密程序本身份成两个阶段。首先,找出明文字母在这个方格的位置,再以那个字母所在的栏名称和行名称代替这个字母。例如，8会被替换为AA，p则会被替换为AD。下面是一则简短信息的加密结果：

信息	attack at 10 pm
明文	a t t a c k a t 1 0 p m
第一阶段的密码文	DV DD DD DV FG FD DV DD AV XG AD GX

到此为止，只是个简易的单套字母替代式密码法，应用频率分析法就可以破解。可是执行第二个阶段的加密程序移位法后，这个密码的分析工作就会困难多了。移位法的执行需要一个钥匙单词，收信人也需要它才能解译信息。假设钥匙单词是 MARK，就把它写在一个新格子的第一行，再把第一阶段的密码文一行一行写进这个新的方格。接着，根据字母顺序重新排列钥匙单词的字母所带头的栏位位置。最后，一栏一栏抄下这些重新排列过的字母，就可以利用摩斯电码传送出去了。收信人反向执行这些加密程序，就可以揭示原始信息。

M	A	R	K		A	K	M	R
D	V	D	D		V	D	D	D
D	D	D	V	栏位重新排列，让	D	V	D	D
F	G	F	D	钥匙单词的	G	D	F	F
D	V	D	D	字母可以依照字母	V	D	D	D
A	V	X	G	顺序排列	V	G	A	X
A	D	G	X		D	X	A	G

密码文	VDGVVDDVDDGXDDFDAADDFDXG

这种密码法的密码文只由六个字母(A、D、F、G、V、X)组成，亦即第一个6×6方格的栏行名称。您可能会跟其他人一样，好奇地问道：为什么要用这六个字母，而不用其他字母，例如A、B、C、D、E、F呢？

答案是：A、D、F、G、V、X这几个字母译成摩斯电码的点和线时，相似性很低，可以降低传输错误的风险。

附录 G　单次钥匙簿的回收缺点

　　如第3章所说明的，单次钥匙簿密码法的加密结果是无法破解的，但它的前提是：每一把钥匙只能使用一次，绝不可重复使用。如果我们拦截到两则内容不一样，但用同一把单次钥匙簿的钥匙所加密的信息，我们可以用如下的方法解译它们。

　　第一篇密码文很可能在某个地方含有the这个词，我们就暂且假设这整篇信息由一连串的the所组成，再研究出一把会把一连串的the改写成这篇密码文的加密钥匙。这就是我们对这把钥匙的初步推测。但是，我们怎么知道这把钥匙的内容有哪一部分是正确的？

　　我们把这把推测出来的钥匙套进第二篇密码文，看看会不会产生有意义的明文。运气不错的话，我们会在第二篇密码文里辨认出一些词汇片段，这意味与这些词汇字母所对应的钥匙部分是正确的。随之，我们也可以认出第一篇密码文在哪里含有the这个词。

　　推衍扩展我们在第二篇密码文所发现的词汇片段，就可以推定出更多钥匙内容，并套进第一篇密码文找出新的词汇片段。进一步推测第一篇密码文新揭露的词汇，钥匙内容就会更加清晰，而又可以在第二篇密码文找出新的词汇片段。不断反复进行这几个动作，就可以完全解译出这两篇密码文的内容了。

　　这套解译法跟本书第3章所说明的维吉尼亚密码破解方法很像，那个例子的密码文用了一把由许多单词组成的钥匙：CANADABRAZILEGYPTCUBA 。

附录 H 《每日电讯报》纵横字谜的答案

横向	纵向
1. Troupe	*1.* Tipstaff
4. Short Cut	*2.* Olive oil
9. Privet	*3.* Pseudonym
10. Aromatic	*5.* Horde
12. Trend	*6.* Remit
13. Great deal	*7.* Cutter
15. Owe	*8.* Tackle
16. Feign	*11.* Agenda
17. Newark	*14.* Ada
22. Impale	*18.* Wreath
24. Guise	*19.* Right nail
27. Ash	*20.* Tinkling
28. Centre bit	*21.* Sennight
31. Token	*23.* Pie
32. Lame dogs	*25.* Scales
33. Racing	*26.* Enamel
34. Silencer	*29.* Rodin
35. Alight	*30.* Bogie

附录 I　尚待解译的古文字

　　有些历史上最非凡的解译成就是业余人士的杰作。在解译楔形文字的过程中，最先有所突破的是一位学校教师乔治·葛罗特芬(Georg Grtefeng)。有意效法他的读者可以试试其他神秘文字。迈诺人的文字、线形文字A，至今无人能解，部分原因是数据太少。伊特拉斯坎文没有这个问题，它有超过一万个铭文可以研究，却仍教世界各地最伟大的学者摸不着头绪。比罗马文字古老的爱比利亚文(Iberian)以及斯堪的纳维亚的弗塔克文字符号(futhark runes)，都是解不开的谜。

　　最教人想一解究竟的古欧洲文字出现在1908年于克里特岛南方所发现的费斯投斯圆盘(Phaistos Disc)上。这是一块可回溯到公元前1700年的圆形板子，两面各有一种螺旋形文字。这些符号不是手刻的，而是用各种印章盖出来的，可谓世界最古老的活字印刷实例。奇怪的是，竟没有其他类似文件的踪影，能据以分析解译的数据因此非常有限——共有242个可以分成61类的文字符号。不过，一份印刷文件的存在暗示了大量印制的可能性，所以也许考古学家终会发现一大叠类似的圆盘，叫这些难解的文字透露它们的意义。

在欧洲之外的最大挑战之一是铜器时代印度古文明的文字，镌刻在数千个公元前3000年的印章上面。每一个印章都刻有一只动物和简短的铭文。到目前为止，没有一位专家能说得出这些铭文的意义。这个文字的唯一一个特例是出现在一块大木板上，上面所刻写的巨大文字符号高37厘米。它可能是世界上最古老的告示板。这暗示并非只有精英分子才有读写能力。这块板子在公告什么呢？最可能的答案是一项尊崇国王的活动。如果能判别出那位国王的身份，这块告示板或能帮忙解开这个文字的其他铭文。

附录 J　RSA 所使用的数学

如下是 RSA 加密与解密过程的数学描述：

(1)爱丽丝挑选两个巨大的质数 p 和 q。这两个质数应该要非常庞大，不过，为了简化说明，我们假设爱丽丝所挑选的是 p=17，q=11。这两个数字必须保存好，不让任何人知道。

(2)爱丽丝让这两个质数相乘，得到另一个数字 N。在此例，N=187。她又再挑一个数字 e，假设是 e=7。

[数字 e 和数字 (p-1)×(q-1) 必须互质，也就是说，它们不可以有共同的因数。]

(3)爱丽丝把 e 和 N 公布在类似电话簿的地方。这两个数字是加密程序的要素，应该让任何想加密信息给爱丽丝的人都拿得到。这两个数字一起，被称为公开钥匙。（爱丽丝所选取的 e 值可以跟其他人的 e 值一样，跟 p 和 g 有关的 N 值却必须是独一无二的。）

(4)加密信息时，必须先把信息转换成一个数字 M。例如，文字被转换成 ASCII 二进制数(bits)时，我们可以把这些二进制数字想成一个十进制的数字。根据如下的公式，就可以把 M 加密成密码文 C：

C=M^e(mod N)

(5) 假设鲍勃想送爱丽丝一个吻：就单单一个字母的 X。X 的 ASCII 码是 1011000，换算成十进制的数字，就变成 88。所以，M=88。

(6) 鲍勃查询爱丽丝的公开钥匙，发现 N=187，e=7。这两个数字等于提供了他加密信息给爱丽丝所需的公式。已知 M=88，这个公式就变成

C=88^7(mod 187)

(7) 用电子计算器运算这个式子反而费事，因为它的显示屏容不下这么大的数字。事实上，模算术的指数函数有一个计算诀窍：

88^7(mod 187)=[88^4(mod 187)×88^2(mod 187)×88^1(mod 187)] (mod 187)

88^1=88=88(mod 187)

88^2=7,744=77(mod 187)

88^4=59,969,536=132(mod 187)

88^7=88^1×88^2×88^4=88×77×132=894,432=11(mod 187)

鲍勃就把密码文 C=11 寄送给爱丽丝。

(8) 我们知道模算术里的指数函数是单向函数，要从 C=11 逆向求出原始信息 M 是非常困难的事。所以，伊芙没有办法解译这则信息。

(9) 爱丽丝可以解译这则信息，因为她有特别的信息：她知道 p 和 q 的值。她会利用下面的公式计算出一个值 d，它就是解密钥匙，也就是她的私人钥匙：

e×d=1(mod (p−1)×(q−1))

7×d=1(mod 16×10)

7×d=1(mod 160)

d=23

(d值的演算并非轻而易举的工作,不过一种称为欧几里德演算法的技巧可以帮爱丽丝又快又简单地求出d值。)

(10) 爱丽丝利用下面的公式解译信息:

$M = C^d \pmod{187}$

$M = 11^{23} \pmod{187}$

$M = [11^1 \bmod 187) \times 11^2 \pmod{187} \times 11^4 \pmod{187} \times 11^{16} \pmod{187}]$ $\pmod{187}$

$M = 11 \times 121 \times 55 \times 154 \pmod{187}$

$M = 88 = X$ in ASCII

瑞维斯特、薛米尔和艾多曼创造了一个特殊的单向函数,只有持有特别信息(亦即p值和q值)的人才能求回原值。每个人都挑选不一样的p和q,等于把这个函数个人化。任何人都可以取用某人的N值,亦即他所挑选的p和q的乘积,套入这个函数,加密信息给这个人,但只有这个人才有办法解译这则信息,因为他是唯一知道p值和q值的人,也就是唯一知道解密钥匙d的人。

术语释义

ASCII：美国标准信息交换码(American Standard Code for Information Interchange)。把字母和其他符号转换成数字的转换标准。

asymmetric-key cryptography(非对称钥匙加密法)：一种加密所需的钥匙跟解密所需的钥匙不一样的加密形式。泛指公开钥匙加密系统，如RSA。

Caesar-shift substitution cipher(恺撒挪移替代式密码法)：狭义是指把信息内容的字母一一改成它在字母集里后三位的字母的密码法。广义则指信息内容的字母一一改成它在字母集里后x位的字母的密码法；x是介于1和25之间的数字。

cipher(密码法)：任何为了隐藏信息的内容而把原始信息的所有字母一一替换成其他字母的系统。这种系统应该有某种内含的弹性，亦即所谓的钥匙。

cipher alphabet(密码字母集)：一般(或明文)字母集的重组结果，决定原始信息的每个字母该如何加密。密码字母集也可以由数字或任何其他文字符号组成，但不管怎样，都是在指定原始信息字母的替换字母。

ciphertext(密码文)：信息(明文)加密后的结果。

code(代码)：为了隐藏信息的内容而把原始信息的单词或词组替换成一个符号或一组符号。替换定义会列在一本代码簿里。

(code的另一种定义是：任何没有内建弹性，亦即只有一把钥匙——代码簿——的加密形式。)

codebook(代码簿)：列出原始信息单词或词组的替代符号的列表。
cryptanalysis(密码分析学)：在不知道钥匙的情况下，从密码文推测出明文的科学。

cryptography(密码术)：加密信息或隐藏信息内容的科学。有时候也被用来泛指任何跟密码有关的科学，因而成为cryptology(密码学)的同义词。

cryptology(密码学)：所有形式的秘密书写的科学，包括密码分析学和密码术。

decipher(解译)：把加密过的信息转换回原始信息。这个术语的正式用法只涉及持有解密所需钥匙的原收信人解读信息的过程，但在非正式用法，它也泛指敌对拦截信息人士所做的密码分析过程。

decode(解码)：把用代码法加密的信息转换回原始信息。

decrypt(解密)：把用任何加密形式加密的信息转换回原始信息。

DES：数据加密标准。原为IBM所研发的，1976年开始采用。

Diffie–Hellman–Merkle key exchange(迪菲－黑尔曼－墨克钥匙交换方案)：一种发信人和收信人可以公然讨论、建立出秘密钥匙的方法。钥匙协议好后，发信人可以使用DES之类的密码法来加密信息。

digital signature(数字签名)：一种证明电子文件来源的方法，通常是让文件作者用自己的私人钥匙加密要传送出去的文件。

encipher(加密)：把原始信息转换成用密码法改写过的信息。

encode(编码)：把原始信息转换成用代码法改写过的信息。

encrypt(加密)：把原始信息转换成用任何加密形式改写过的信息。

encryption algorithm(加密演算法)：一般性的加密方法。定出钥匙后，才成为明确的密码法。

homophonic substitution cipher(同音替代式密码法)：一种每个明文字母都有数个替代符号可以选用的密码法。必须注意的是，假设明文字母a有6个替代符号可以选用，这6个符号只能代表字母a。是一种单套字母替代式密码法。

key(钥匙)：把一般性的加密算法变成一个特定的加密方法的要素。一般而言，让敌人知道发信人和收信人所使用的加密演算法并无所谓，但不可以让敌人知道钥匙的内容。

key distribution(钥匙发送)：确保发信人和收信人拥有加密和解密所需的钥匙，而又不让钥匙落入敌手的过程。发明公开钥匙系统前，钥匙发送是一个非常大的运输与安全问题。

key escrow(钥匙托管)：使用者把他们的秘密钥匙交给一个可信赖的第三者，亦即托管代理人。在特定情况下，例如法院下令时，这位第三者会把钥匙交给执法人员。

key length(钥匙长度)：计算机加密所用的钥匙都是数字。钥匙长度指的是钥匙的数字或位的数目，而暗示了可作为钥匙的最大数字，并由此定义了可用钥匙的数目。钥匙长度愈长(可用钥匙的数目愈大)，密码分析家就得花更长的时间才能搜查完所有钥匙。

monoalphabetic substitution cipher(单套字母替代式密码法)：在整个加密过程中，只固定用一套密码字母集的替代式密码法。

National Security Agency (NSA)(国家安全局)：美国国防部的下属单位，负责保障美国通讯安全以及窃听其他国家的通讯。

one-time pad(单次钥匙簿)：唯一已知无法破解的密码形式。它使用跟信息一样长的随机钥匙，而且每把钥匙只能用一次。

plaintext(明文)：加密以前的原始信息。

polyalphabetic substitution cipher(多套字母替代式密码法)：在加密过程中轮番使用不同的密码字母集的替代式密码法，例如维吉尼亚密码法。密码字母集的更换顺序由钥匙定义。

PrettyGoodPrivacy(PGP)：菲尔·齐玛曼以RSA为基础发展出来的计算机加密演算法。

private-key(私人钥匙)：在公开钥匙加密系统中，收信人用来解译信息的钥匙。私人钥匙的内容不可以让其他人知道。

public-key(公开钥匙)：在公开钥匙加密系统中，发信人用来加密信息的钥匙。公开钥匙可以公开给大众知道。

public-key cryptography(公开钥匙加密系统)：一种克服了钥匙发送问题的加密系统。公开钥匙加密系统使用不对称密码法，让每个使用者都可以造出一把公开的加密钥匙和一把私密的解密钥匙。

quantum computer(量子计算机)：一种利用量子理论，尤其是物体可以同时处于不同状态的理论，或是物体可以同时处于多重世界的理论，而产生惊人运算能力的计算机。如果科学家能造出相当程度的量子计算机，所有现今密码法的安全，除了单次钥匙簿密码法外，都会受到严重的侵害。

quantum cryptography(量子密码)：一种利用量子理论，尤其是测不准原理（断言要明确地测定一个物体的所有方面是绝不可能的），而将无法破解的加密形式。量子密码能让我们绝对安全地交换随机的位序列，然后再以其作为单次钥匙簿密码法的应用基础。

RSA：第一套符合公开钥匙加密条件的加密系统，由瑞维斯特、薛米尔和艾多曼于1977年所发明。

steganogmphy（隐匿术）：掩饰信息存在的科学，跟密码术相对，后者所隐藏的是信息的内容。

Substitution cipher(替代式密码法)：原始信息的每个字母都用另一个字母取代，但位置不变的加密系统。

symmetric-key cryptography(对称式密码法)：一种加密所需的钥匙跟解密所需的钥匙一样的加密形式。泛指所有传统加密形式，亦即在1970年以前所使用的各种系统。

transposition cipher(移位式密码法)：原始信息的每个字母都被移动了位置，但字母身份不变的加密系统。

Vigenère cipher(维吉尼亚密码法)：大约在1500年发展出来的多套字母密码法。维吉尼亚方格含有26套互异的密码字母集，每一套都是恺撒挪移式字母集，钥匙单词会定义每一个信息字母加密时该用哪一套字母集。

致 谢

撰写此书时，我很荣幸得以拜会几位世界最了不起的编码专家和译码专家，包括曾在布莱切利园工作的，以及正在研发能使信息时代更蓬勃的密码的人士。我要谢谢卫德费·迪菲和马丁·黑尔曼，他们在阳光普照的加州花了很多时间为我解说他们的工作。同样地，克里佛·考克斯、马尔科姆·威廉森和理查德·沃顿在多云的查腾翰给我极大的协助。我尤其感谢伦敦皇家哈洛威学院(Royal Holloway College)的信息安全组(Information Security Group)允许我参加有关信息安全的硕士班课程。弗瑞德·派柏教授(Fred Piper)、西蒙·柏雷本教授(Simon Blackburn)、强纳森·徒利安尼教授(Jonathan Tuliani)以及法赞·密尔哲教授(Fauzan Mirza)都给我上了很有用的代码和密码课程。

我在弗吉尼亚州时，极幸运地在比尔神秘故事专家彼得·维麦斯特的向导下，作了一趟比尔宝藏线索之旅。此外，贝得福郡博物馆，以及比尔密码与宝藏协会的史蒂芬·考尔特(Stephen Cowart)也协助我研究这个主题。我也要感谢牛津量子运算研究中心的大卫·多伊奇和米歇尔·莫斯卡(Michele Mosca)，以及查尔斯·本内特与他在：IBM沃森实验室的研究小组，还有史蒂芬·威斯纳、里奥纳德·艾多曼、隆纳·瑞维斯特、保罗·罗森门德(Paul Rothemund)、吉姆·吉勒里(Jim Gillogly)、保罗·里兰(Paul Leyland)与尼尔·巴瑞特(Neil Barrette)。

迪瑞克·休特、亚伦·史特里普(Alan Stripp)与唐纳·戴维斯(Donald Davies)好心地跟我说明布莱切利园如何破解"奇谜"，而布莱切利园信托基金会(Bletchley Park Trust)也提供不少协助，此一组织的会员定期发表很有启发性的各种主题演讲。揭示阿拉伯密码分析学早期的突破的穆罕默德·拉雅提博士(Mohammed Mrayati)和伊本瑞幸·卡迪博士(Dr Ibrahim Kadi)好心地寄送相关文件给我。《密码学》(*Cryptologia*)期刊也刊登了许多有关阿拉伯密码分析学的文章，多谢布莱恩·温克(Brian Winkel)寄送这个杂志的往期给我。

我衷心建议读者走一趟美国华盛顿特区附近的"国立密码学博物馆"(National Cryptographic Museum)以及英国伦敦的"内阁战争展示馆"(Cabinet War Rooms)，希望您也会像我一样为那里的数据着迷。我要感谢这两所博物馆的馆长与馆员对我的研究工作所提供的协助。在我时间紧迫之际，詹姆斯·霍华德(James Howard)、宾杜·马撒(Bindu Mathur)、布蕾蒂·赛谷(Pretty Sagoo)、安娜·辛(Anna Singh)与尼克·谢林(Nick Shearing)帮我找出重要、很有意思的文章、书籍和文件，我非常感谢他们为我费了那么多功夫。我也要谢谢www.vertigo.co.uk的安东尼·布欧诺摩(Antony Buonomo)协助建立我的网站。

除了拜访专家外，我也受益于无数的书籍和文章。之后所列的参考书目包含我的部分数据源，但不是我完整的参考文献，也不是一份权威的参考文件清单，而只是我认为一般读者可能会感兴趣的数据。在我参阅过的书籍中，我想特别提出来的是：大卫·坎恩的《解码者》(*The Codebreakers*)。这本书记载了历史上几乎所有密码相关事件，是非常宝贵的数据源。

许多图书馆、机构和个人提供了珍贵的相片。他们的名字全列在相片来源附注里，但我要特别感谢莎莉·麦克廉寄送纳瓦霍密语通话员的相片给我，艾娃·布兰(Eva Brann)找出爱丽丝·考柏唯一一张公开的相片，乔安妮·查德威克寄了一张约翰·查德威克的相片给我，布兰塔·艾利斯允我借用詹姆斯·艾利斯的相片。也谢谢修·怀特摩允我从他的剧本《破解密码》引用一段对话，这出戏是他以安德鲁·哈吉斯(Andrew Hodges)的《阿兰·图灵——谜题》(*Alan Turing—The Enigma*)为蓝本所创作的。

在个人方面，我要谢谢我的朋友、家人在我撰写此书的两年时光中对我的包容。尼尔·勃因顿(Neil Boynton)、唐恩·哲基(Dawn Dzedzy)、桑妮亚·霍布瑞德(Sonya Holbraad)、蒂姆·约翰森(Tim Johnson)、理查德·辛(Richard Singh)和安德鲁·汤普森(And-rew Thompson)在我跟错综复杂的密码学概念奋战之时，帮我保持清楚的神智。特别感谢贝娜德特·埃尔维斯(Bernadette Alves)给我大量的精神支柱与敏锐的批评。我也要谢谢所有对我的工作有所启蒙的人士与机构，包括惠灵顿学校(Wellington School)、皇家学院(Imperial College)和剑桥大学的高能物理研究群；BBC的丹娜·普维斯(Dana Purvis)引我进入电视圈；我的第一篇文章是在《每日电讯报》的罗杰·海菲德(Roger Highfield)的鼓励下诞生的。

最后，我要说，我的运气特别好，而能与几位出版界最棒的人士一起工作。帕特里克·沃尔什(Patrick Walsh)是一位爱好科学、关心作者、有无限热诚的经纪人。在他的协助下，我得以与几家最亲切、最有效率的出版社接触，尤其是Fourth Estate，它热诚的职员以无比的耐心容忍我不间断地咨询问题。最后，一样重要地，这本书的编辑克里斯多弗·帕特(Christopher Potter)、里奥·霍里斯 (Leo Hollis) 和彼得内尔·亚斯戴尔(Peternelle Arsdale)帮我为这个主题找出一条蜿蜒横越三千多年的清晰路线。对此，我由衷感谢万分。

延伸阅读

下面这份书单是针对一般读者所列。我已避免列出太过技术性的参考书籍，不过下面许多书籍都列有详细的参考书目。例如，你若想进一步了解线形文字 B 的解译（第 5 章），建议你阅读约翰·查德威克所著的《线形文字 B 的解译》；如果觉得这本书仍不够详细，则请参考它所列的文献。

互联网上有非常多很有意思的密码相关数据。所以除了书籍外，我也列出一些值得拜访的网站。

一般性

David Kahn, *The Codebreakers* (New York：Scribner, 1996).

《解码者》：厚达 1200 页的密码学历史。若要了解直到 20 世纪 50 年代的密码学沿革，此书是最佳作品。

David E. Newton, *Encyclopedia of Cryptology* (Santa Barbara, CA：ABC-Clio,1997).

《密码学百科全书》：一本有用的参考数据，清楚、确切地解释古代和现代密码学绝大部分方面。

Lawrence Dwight Smith, *Cryptography* (New York: Dover, 1943).

《密码学》：非常好的密码学初级读本，包含150多个密码问题。Dover出版很多有关代码与密码的书籍。

Albrecht Beutelspacher, *Cryptology* (Washington, D.C.: Mathematical Association of America, 1994).

《密码学》：非常好的密码学总论——从恺撒密码法到公钥加密系统；偏重于技术层面。它有密码学著作中最棒的副标题：An Introduction to the Art and Science of Enciphering, Encrypt-ing, Concealing, Hiding, and Safeguarding, Described Without any Arcane Skullduggery but not Without Cunning Waggery for the Delectation and Instruction of the General Public。

第1章

Helen Fouché Gaines, *Cryptanalysis* (New York: Dover, 1956).

《密码分析》：研讨各种密码及其解答。非常好的密码学导论，附有很多有用的频率表。

Ibraham A. Al-Kadi, "The Origins of Cryptology: The Arab Contributions", Cryptologia, vol. 16, no.2 (April 1992), pp.97—126.

"密码学起源：阿拉伯的贡献"：讨论近年所发现的阿拉伯文稿以及 al-Kindī 的作品。

Lady Antonia Fraser, *Mary Queen of Scots* (London：Random House，1989).

《苏格兰玛丽女王》：叙述苏格兰玛丽女王生平，可读性很高。

Alan Gordon Smith, *The Babington Plot* (London：Macmillan，1936).

《贝平顿阴谋》：写成两部，分别以贝平顿和沃尔辛厄姆的角度来检视这宗阴谋。

Steuart, A. Francis (ed.), *Trial of Mary Queen of Scots* (London：William Hodge，1951).

《苏格兰玛丽女王的审判》：《英国著名审判》(*Notable British Trials*) 系列之一。

第 2 章

Tom Standage, *The Victorian Internet* (London：Weidenfeld & Nicolson，1998).

《维多利亚时代的互联网》：电报发展的精彩故事。

Ole Immanuel Franksen, *Mr Babbage's Secret* (London：Prentice-Hall，1985).

《巴贝奇的秘密》：叙及巴贝奇如何破解维吉尼亚密码。

Ole Immanuel Franksen, "Babbage and cryptography. Or, the mystery of Admiral Beaufort's cipher", Mathematics and Computer Simulation, vol. 35, 1993, pp.327-67.

"巴贝奇和密码学"：详细说明巴贝奇的密码研究工作以及他与海军上将法兰西·波佛特爵士的关系的论文。

Shawn Rosenheim, *The Cryptographic Imagination* (Baltimore, MD：Johns Hopkins University Press, 1997).

《密码遐思》：学术性地评估爱伦·坡(Edgar Allan Poe)涉及密码的作品以及它们对文学与密码学的影响。

Edgar Allan Poe, *The Complete Tales and Poems of Edgar Allan Poe* (London：Penguin, 1982).

《爱伦·坡小说与诗作全集》：包括〈金甲虫〉(The Gold Bug)。

Peter Viemeister, *The Beale Treasure：Histoty of a Mystery* (Bedford, VA：Hamilton's, 1997).

《比尔宝藏——神秘事件的历史》：深入探讨比尔宝藏，由相当受敬重的地方历史学者所著。本书包括比尔小册的所有文字，你可以直接向出版社洽购：Hamiltons, P.O.Box 932, Bedford, VA, 24523, USA。

第3章

Barbara W. Tuchman, *The Zimmerman Telegram* (New York：Ballantine, 1994).

《齐玛曼电报》：叙述第一次世界大战中影响最深的密码解译事件，可读性很高。

Herbert O. Yardley, *The American Black Chamber* (Laguna Hills, CA: Aegean Park Press, 1931).

《美国黑房厅》:生动的密码学历史，问世之初是颇具争议性的畅销书。

第4章

F.H. Hinsley, *British Intelligence in the Second World War: Its Influence on Strategy and Operations* (London: HMSO, 1975).

《二次世界大战期间的英国情报工作：对战略与军事行动的影响》：二次世界大战期间英国情报的官方纪录，包括终极情报所扮演的角色。

Andrew Hodge, *Alan Turing: The Enigma* (London:Vintage, 1992).

《阿兰·图灵:谜题》:阿兰·图灵的生平与成就。最佳的科学传记之一。

David Kahn, *Seizing the Enigma* (London:Arrow, 1996).

《破解奇谜》:坎恩所记载的大西洋战役历史以及密码学的重要性。他戏剧性地描述了在德国潜水艇所做的"顺手牵羊"，这些偷来的数据对布莱切利园的解码专家很有帮助。

F.H. Hinsley and Alan Stripp (eds), *The Codebreakers: The Inside Story of Bletchley Park* (Oxford:Oxford University Press, 1992).

《解码者：布莱切利园内幕故事》：由亲身参与此一历史上最伟大的密码分析成就的当事人所写的文章合集。

Michael Smith, *Station X* (London：Channel 4 Books, 1999).

《十号站》：根据英国第四台的同名系列影集所写的书，叙及布莱切利园（或称十号站）的工作人员的逸事。

Robert Harris, *Enigma* (London：Arrow, 1996).

《奇谜》：以布莱切利园的解码专家为主角的小说。

第5章

Doris Paul, *The Navajo Code Talkers* (Pittsburgh?PA：Dorrance, 1973).

《纳瓦霍密语通话员》：旨于避免纳瓦霍密语通话员的贡献被遗忘的专著。

S.McClain, *The Navajo Weapon* (Boulder, CO：Books Beyond Borders, 1994).

《纳瓦霍武器》：整个故事的叙述非常引人入胜。作者花了很多时间访问那些发展、使用纳瓦霍秘语的人士。

Maurice Pope, *The Story of Decipherment* (London：Thames & Hudson, 1975).

《文字解译的故事》：描述了各种文字的解译，从Hittite象形文字到Ugaritic字母，针对一般大众。

W.V. Davies, *Reading the Past: Egyptian Hieroglyphs* (London：British Museum Press, 1997).

《阅读过去：古埃及象形文字》：大英博物馆所出版的一系列导读书籍

之一。这套书的其他作者分别写了介绍楔形文字、伊特拉斯坎文、希腊铭文、线形文字B、玛雅文字以及北欧古文字的书。

John Chadwick, *The Decipherment of Linear B* (Cambridge: Cambridge University Press, 1987).

《线形文字B的解译》：精彩描述文字解译工作。

第6章

Data Encryption Standard, FIPS Pub. 46-1 (Washington, D.C.: National Bureau of Standards, 1987).

《数据加密标准》：官方的DES文件。

Whitfield Diffie and Martin Heilman, "New Directions in cryptography" ? IEEE Transactions on Information Theory, vol. IT-22 (November 1976), pp.644-54.

"密码应用学的新方向"：揭示迪菲和黑尔曼所发明的钥匙交换方法的经典论文，开启了通往公开钥匙加密系统的大门。

Martin Gardner, "A new kind of cipher that would take millions of years to break", Scientific American, vol. 237 (August 1977), pp. 120-24.

"数百万年才解得开的新式密码"：将RSA公之于世的文章。

M.E. Heilman, "The mathematics of public-key cryptography", Scientific American, vol. 241 (August 1979), pp. 130-39.

"公钥加密系统的数学"：清楚概述了各种公开钥匙加密形式。

Whitfield Diffie, "The first ten years of public-key cryptography" ? Proceedings of the IEEE, vol. 76 (May 1988) , pp. 560-77.

"公钥加密系统的头十年"：非常好的公钥加密系统概论。

第 7 章

Philip R. Zimmerman, *The Official PGP User's Guide* (Cambridge,MA：MIT Press, 1996).

《正式的PGP使用说明书》：平易近人的PGP概论，由研发者亲撰。

Simson Garflnkel, *PGP: Pretty Good Privacy* (Sebastopol, CA：O'Re-illy & Associates, 1995).

《PGP：Pretty Good Privacy》：非常好的PGP导论，也讨论了现代密码学的问题。.

James Bamford, *The Puzzle Palace* (London：Penguin, 1983).

《迷宫》：描述美国最机密的情报组织"国家安全局"(NSA)的内幕。

Bert-Jaap Koops, *The Crypto Controversy* (Boston, MA：Kluwer, 1998).

《密码论战》：概述密码学对隐私、人民自由、执法者和企业界的影响。

Whitfield Diffie and Susan Landau, *Privacy on the Line* (Cambridge, MA：MIT Press, 1998).

《在线隐私》：讨论窃听和加密技术。

第 8 章

David Deutsch, The Fabric of Reality (London：Allen Lane, 1997).

《真实世界的脉络》：Deutsch 花了一个章节讨论量子计算机，尝试把量子物理和知识论及运算与演化理论结合在一起。

C.H. Bennet, C. Brassard and A. Ekert, "Quantum Cryptography", Scientific American, vol. 269 (October 1992), pp. 26–33.

"量子密码"：明确阐析量子密码的演变。

David Deutsch and A. Ekert, "Quantum computation", Physics World, vol. 11, no.3 (March 1998), pp. 33–56.

"量子运算"：《物理世界》特刊的四篇文章之一。其他三篇讨论了量子信息和量子密码，都是这个领域的顶尖人物所写的。这些文章的对象是物理系研究生，提供了很好的研究现状概观。

Internet 网站

The Mystery of the Beale Treasure(比尔宝藏之谜)
http://www.roanokeva.com/ttd/stories/beale.html
集合了所有与比尔密码有关的网站。比尔密码与宝藏协会(Beale

Cypher and Treasure Association)目前正处于变迁期中。

Bletchly Park(布莱切利园)

http://www.cranfleld.ac.uk/ccc/bpark

官方网站，列有布莱切利园的开放参观时间，以及交通信息。

The Alan Turing Homepage(阿兰·图灵)

http://www.turing.org.uk/turing/

Enigma emulators("奇谜"模拟机)

http：//www.attlabs.att.co.uk/andy c/enigma/enigma_
j.html

http://www.izzy.net/-ian/enigma/applet/index.html

两台示范"奇谜"运作方式的模拟机。前面那一台允许改变机器设定，但无法追踪编码器电线线路。后面那台只有一种设定，但有第二个窗口显示编码器的动作以及后续的电线线路。

Phil Zimmerman and PGP（齐玛曼和PGP）

http://www.nai.com/products/security/phil/phil.asp

Electronic Frontier Foundation（电子疆界基金会）

http：//www.eff.org

一个致力于保障互联网上的隐私权与自由的组织。

Centre for Quantum Computation(量子运算中心)

http：//www.qub it.org/

Information Security Group, Royal Holloway College（伦敦皇家哈洛威学院的信息安全研究群）

http://isg.rhbnc.ac.uk/

National Cryptologic Museum（国立密码学博物馆）

http://www.nsa.gov:8080/museum/

American Cryptogram Association（美国密码协会，简称 ACA）

http://www.und.nodak.edu/org/crypto/crypto/

一个专门编造并解决密码难题的协会。

Cryptologia（《密码学》期刊）

http://www.dean.usma.edu/math/resource/pubs/cryptolo/
index.htm

探讨密码学各个方面的季刊。

Cryptography Frequency Asked Questions（密码学问答集）

http://www.cis.ohio-state.edu/hypertext/faq/usenet/
cryptography-faq/ top.html

RSA Laboratories' Frequency Asked Questions About
Today's Cryptogra- phy（RSA 实验室：今日密码学问答集）

http://www.rsa.com/rsalabs/faq/html/questions.html

Yahoo! Security and Encryption Page（雅虎！安全与加密）

http://www.yahoo.co.uk/Computers_and_Intemet/Security_
and_En- cryption/

Crypto Links（密码链接）

http ://www. ftech.net/ ~ monark/crypto/web.htm

图片来源说明

Figure 1 Scottish National Portrait Gallery, Edinburgh;

Figure 6 Ibrahim A. Al-Kadi and Mohammed Mrayati, King Saud University, Riyadh;

Figure 9 Public Record Office, London;

Figure 10 Scottish National Portrait Gallery, Edinburgh;

Figure 11 Cliché Bibliothèque Nationale de France, Paris, France;

Figure 12 Science and Society Picture Library, London;

Figures 20 and 25 *The Beale Treasure - History of a Mystery* by Peter Viemeister;

Figure 26 David Kahn Collection, New York;

Figure 27 Bundesarchiv, Koblenz;

Figure 28 National Archive, Washington DC;

Figure 29 General Research Division, The New York Public

Library, Astor, Lenox and Tilden Foundations; Figures 31 and 32 Luis Kruh Collection, New York;

Figure 38 David Kahn Collection;

Figures 39 and 40 Science and Society Picture Library, London;

Figures 41 and 42 David Kahn Collection, New York;

Figure 43 Imperial War Museum, London;

Figures 44 and 45 Private collection of Barbara Eachus;

Figure 47 Godfrey Argent Agency, London;

Figure 50 Imperial War Museum, London;

Figure 51 Telegraph Group Limited, London;

Figures 52 and 53 National Archive, Washington DC;

Figures 54 and 55 British Museum Press, London;

Figure 56 Louvre, Paris © Photo RMN;

Figure 58 Department of Classics, University of Cincinnati;

Figure 59 Private collection of Eva Brann;

Figure 60 Source unknown;

Figure 61 Private collection of Joan Chadwick;

Figure 62 Sun Microsystems;

Figure 63 Stanford, University of California;

Figure 65 RSA Data Security, Inc.;

Figure 66 Private collection of Brenda Ellis;

Figure 67 Private collection of Clifford Cocks;

Figures 68 and 69 Private collection of Malcolm Williamson；

Figure 70 Network Associates, Inc.；

Figure 72 Penguin Books, London；

Figure 75 Thomas J. Watson Laboratories, IBM.

出版后记

提到密码，你能想到什么？本尼迪克特·康伯巴奇主演的《模仿游戏》？丹·布朗的超级畅销小说《达·芬奇密码》？自人类开始用符号表达语言开始，密码就随之诞生了。古人云："知己知彼，百战不殆"，在一切战场上，若想让敌方无从得知己方的实力底牌便要加密，要知道对方的战略部署便要解密，密码的战争持续了三千年之久，这是人类智慧的巅峰之战。

事实上，即便是在日常生活中，密码的角色虽然不起眼，但却是至关重要。譬如，你的银行卡总有支付密码，你的社交工具也必须有密码，你的wifi也须臾离不开密码，密码守卫着你的财富、隐私、特权。设想一下，如果你的密码被人攻破，结果会怎样？

这是一部极度烧脑又广受赞誉的科普书，史料翔实，行文却妙趣横生，把一部人类密码战争的简史说得明明白白：从最初的单字母替代密码及对应的频度分析解码，到多字母替代密码和关键词法解码；从机械化加密及对德国的秘密系统"奇谜"的破解，到令人匪夷所思的量子密码，尤其是对两次世界大战期间密码战争的描述，让人不得不承认，谁在密码上取得了优势，谁便掌握了战争的主动权。在这场没有硝烟的战争中，人类顶尖的数学家和科学家纷纷投入其中，而决定人类未来的发明——计算机，也在此时奠定了基础。人类最强大脑巅峰对决所擦出的火花，照亮了人类的未来。

　　读这本书就像是对大脑做了一次按摩，其效果比读一本优质推理小说有过之而无不及。如果有兴趣，还可以尝试做一做书里留下的题目，挑战一下真正的智慧。

服务热线：133-6631-2326　　188-1142-1266

读者信箱：reader@hinabook.com

后浪出版公司

2017年12月

图书在版编目（CIP）数据

码书 / (英) 西蒙·辛格著；刘燕芬译. -- 南昌：江西人民出版社, 2018.3（2020.8重印）
ISBN 978-7-210-09840-9

Ⅰ.①码… Ⅱ.①西… ②刘… Ⅲ.①密码—普及读物 Ⅳ.①TN918.2-49

中国版本图书馆CIP数据核字(2017)第256703号

本书中文简体字译本由台湾商务印书馆授权使用。

本书中文简体版由银杏树下（北京）图书有限责任公司出版发行。

版权登记号：14-2017-0484

码书

作者：[英]西蒙·辛格　译者：刘燕芬
责任编辑：冯雪松　钱　浩　特约编辑：高龙柱　筹划出版：银杏树下
出版统筹：吴兴元　营销推广：ONEBOOK　装帧制造：墨白空间
出版发行：江西人民出版社　印刷：北京盛通印刷股份有限公司
690毫米×960毫米　1/16　30印张　字数337千字
2018年3月第1版　2020年8月第3次印刷
ISBN 978-7-210-09840-9
定价：68.00元
赣版权登字 -01-2017-821